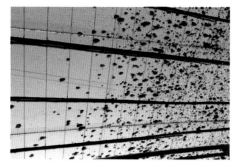

高温季节棚膜撒土进行遮阴降温

日光温室自动放风系统
（控制顶部放风口）

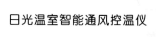

日光温室智能通风控温仪

蔬菜立体槽式栽培

大棚黄瓜根瓜开花期

黄瓜落蔓前将植株下部叶片全部剪除

刚落蔓后的黄瓜植株

大棚甜瓜盛果期生长状

番茄基质盆式栽培

日光温室番茄品种栽培展示

大棚地面育辣椒苗

温室用育苗盘育辣椒苗

3

保护地芹菜地面栽植

甜瓜化肥施用对比（图左为习惯施肥的甜瓜苗，图右为施用天脊化肥长势健壮的甜瓜苗）

大棚盐渍化严重，土壤团粒结构被破坏，形成坚硬的块状

大棚富营养化地表布满青苔

4

施用天脊化肥的黄瓜
果实商品率高

大棚自控熏蒸器对
白粉病防治有特效

黄瓜缺钙新生叶片向下卷曲

黄瓜缺钾叶片出现镶金边症状

黄瓜缺硼果实木质化

黄瓜白粉病叶背症状

黄瓜白粉病叶面症状

黄瓜灰霉病病果

番茄晚疫病后期病叶全部萎缩
干枯，直至全株死亡

甜瓜炭疽病果实病部黄褐色
凹陷，病斑椭圆至长圆形

辣椒苗期突遇高温，叶片
自下而上变黄萎蔫

番茄感染花叶病毒病叶色不
均，叶片细长狭窄扭曲畸形

辣椒白粉病初期叶背产生黄色斑点

辣椒白粉病中后期叶背生
有白色粉状霉层

辣椒红蜘蛛危害状

蚜虫初期危害辣椒叶背症状

8

蔬菜温室大棚保护地栽培

主 编

宋元林 杨福旺 史庆林

副 主 编

郑 利 申潞军 范 浩

郭小芳 王小翠

编写人员

蔡锦华 赵锦华 李嘉浩

连利军 王嘉豪 刘 昊

毕 升 张 静

金盾出版社

内 容 提 要

　　蔬菜保护地栽培可以不受生产的季节性限制,使蔬菜避开不利自然条件的影响而发育成长,对于保证蔬菜的周年均衡供应有重要作用,是农民增加收入的重要项目。由于保护地是在改变了的环境中栽培蔬菜,出现的问题较多,研究和宣传保护地栽培技术为当务之急。本书作者将从事保护地蔬菜生产技术指导工作近 50 年的生产经验总结成书。内容包括:概述,蔬菜保护地栽培设施,保护地设施性能与环境调控,保护地蔬菜生产模式,主要蔬菜的保护地栽培技术。本书注重实用性和可操作性,内容丰富系统,文字通俗易懂,可供广大农民、农业技术推广人员以及农业院校师生阅读使用。

图书在版编目(CIP)数据

　　蔬菜温室大棚保护地栽培/宋元林,杨福旺,史庆林主编.
—北京:金盾出版社,2018.1
　　ISBN 978-7-5082-9375-2

　　Ⅰ.①蔬…　Ⅱ.①宋…②杨…③史…　Ⅲ.①蔬菜—保护地栽培　Ⅳ.①S626

　　中国版本图书馆 CIP 数据核字(2017)第 212876 号

金盾出版社出版、总发行

北京太平路 5 号(地铁万寿路站往南)
邮政编码:100036　电话:68214039　83219215
传真:68276683　网址:www.jdcbs.cn
双峰印刷装订有限公司印刷、装订
各地新华书店经销

开本:850×1168 1/32　印张:13.25　彩页:8　字数:321 千字
2018 年 1 月第 1 版第 1 次印刷
印数:1~7 000 册　定价:39.00 元

目 录

第一章　概　述

第一节　蔬菜保护地栽培的
发展历史及现状

　　蔬菜保护地栽培是在人工建造的设施条件下进行蔬菜栽培的生产方式，因此有人又称之为设施园艺、设施栽培。保护地的设施，部分地改变了环境条件，使之更适于蔬菜的生长发育，或是增加了产量，或是改变了收获期，或是改善了品质。由于增加了设施，生产成本一般比露地要高；由于要人为地通过设施来改变环境条件进行生产，栽培技术要复杂得多。当然，由于蔬菜产量的提高，以及在不利于蔬菜生产的季节收获产品，增加了适于人们不同口味的花色种类，也极大地改善了蔬菜的市场供应状况，缓解了蔬菜供应和生产上的淡季问题。所以，蔬菜保护地栽培的发展是国民经济发展的标志，是农业技术现代化的标志，是人民生活水平提高的标志。保护地的设施主要包括温室、大棚、中小棚、阳畦、风障、温床、遮光设施及地面覆盖等种类，本书重点介绍温室和大棚等设施。

　　我国应用保护地设施栽培蔬菜的历史悠久。早在2 000多年前的《古文奇字》中记载："秦始皇密令人种瓜于骊山沟谷中温处，瓜实成。使人上书曰'瓜冬有实'。"这是最早的用温泉进行冬季生产蔬菜的记载。汉书《循吏传》载有："自汉世大宫园，冬生葱韭菜菇……"唐朝诗人王建的诗中有"内园分得温汤水，二月中旬已进瓜。"元朝王桢《农书》中记载了利用马粪、遮光软化栽培韭菜的技术。上述栽培在寒冷的冬季,估计就有用竹木做支架,用布等物作覆盖的保温措施,可以说是保护地的雏形。

风障栽培在山东省济南市和北京市郊区都有 150 余年的历史,玻璃覆盖阳畦在济南于 1924 年首次应用。至 20 世纪 50 年代,我国北方大城市近郊,风障阳畦成为主要的蔬菜保护地栽培设施。60 年代后,以塑料薄膜作为透明覆盖物逐步代替了玻璃,成为风障塑料薄膜阳畦,至今仍为主要的耐寒蔬菜越冬保护设施。

我国土造温室始建于清朝北京郊区,20 世纪 50 年代北京市发展了改良温室,鞍山市发展了日光温室,以后逐步建造了一些大型温室。60 年代开始建造塑料大棚,70 年代塑料大棚的发展已遍及全国。80 年代塑料地膜覆盖普及全国,在我国北方地区日光温室也迅猛发展起来,成为我国主要的保护地栽培设施。

1985 年后,北京、哈尔滨等地从美国、荷兰、罗马尼亚、日本等国引进具有自动控制环境条件的铝合金现代化大型温室,少数科研单位还引进和试制了不少人工气候室和人工气候箱,把蔬菜保护地设施发展推向了一个新阶段。

截至 2015 年,据国家部门统计我国有蔬菜保护地栽培设施 5 700 余万个。面积不小,但是城市蔬菜的自给率不高。总体来看,我国的蔬菜保护地栽培仍处于很落后的地位。蔬菜保护地栽培面积占蔬菜播种面积很低,人均占有面积少,单位面积产量不高。在现有的保护地面积中,低效能的改良阳畦、中小拱棚占的比例还比较大,大棚、温室占的比例还是较小。从结构上看,我国的大棚、温室基本上是土木结构,内部没有自动调控环境条件装置,环境条件受自然条件影响制约很大,自然灾害严重,效益低下。无论从设备上,还是技术上都处于大棚、温室发展的低级阶段。

根据目前的现实条件,随着人们生活水平的逐步提高,仍大有必要迅速发展我国的蔬菜保护地生产。首先应大力发展大棚、温室等高效能的保护地设施,充分满足人们四季对鲜菜的需求,解决当前保护地蔬菜生产的产品价格高的问题。要实现这一目标,扩大保护地蔬菜生产面积,增加产量是很重要的措施之一。其次,以先进国家为榜样,结合我国国情,研究和发展土洋结合、低成本的温室设施内的调控环境条件设施,如二氧化碳施肥设施、临时增温防冻设施等,逐步提高保护设施内的管理水平,为当务之急。当然,研究推广新的适宜保护地的蔬菜品种和栽培方法也是不能忽视的。只有通过多方面的、多层次的努力,才能使我国的蔬菜保护地栽培事业日臻成熟、迅速步入世界先进之列。

第二节 蔬菜保护地栽培的特点和意义

一、蔬菜保护地栽培的特点

大多数蔬菜生产是在平整的耕地上进行的,土地的上层空间不加其他设施,环境条件完全依赖自然条件,称为露地生产。蔬菜保护地栽培中,土地的上层空间有人工建造的设施,使蔬菜的地上或地下部分所处的环境条件与露地有所不同,所以蔬菜保护地栽培有其独特的特点。

(一)异于露地的环境条件

保护地的作用是改变自然环境条件,设施内的环境条件与外界有较大的差异。

1. 温度 绝大多数保护地其作用是改善蔬菜生育的温度环境条件,且以在秋、冬、春三季提高温度为主。在低温季节,设施内的温度条件显著高于外界自然环境,保证了在不宜蔬菜生育的季节里蔬菜能正常生长发育,这对生产是极为有利的。

近年来,用于降低温度的蔬菜保护地栽培设施亦开始发展。

如遮阳网栽培在炎夏应用,可降低蔬菜周围的温度条件,减轻大白菜、番茄等作物苗期病害。

2. 光照　绝大多数蔬菜保护地栽培是在秋、冬、春低温季节进行,此期日射角度小,光照强度弱,日照时间亦大大短于夏季。在设施内,日光要透过塑料薄膜或硬质塑料等透光覆盖物,方能被叶片吸收利用。这些透明覆盖物对日光的反射、吸收,使本来就较弱的光照强度更低。因此,保护地栽培中光照强度低、光照时间短的特点,对蔬菜生长发育是非常不利的。

在炎夏,日照强度过大时,利用遮阳网等保护设施遮挡部分日光,降低日照强度,反而有降低番茄、辣椒等叶面温度,防止和减轻日灼的作用。

在进行韭黄、蒜黄等蔬菜软化栽培时,保护地的遮光作用,有利于产品的黄化和减少纤维含量,反而可提高产品质量。

3. 湿度　在保护地内,由于设施的阻挡,与外界空气流通较少,其空气湿度随着温度的变化而变化。在中午前后,因气温过高,空气相对湿度较低。而夜间,由于土壤含水量高,空气湿度则很大。总的看来,蔬菜保护设施内的空气湿度大大高于露地。空气湿度过大有利于病害的发生和蔓延,抑制作物的蒸腾作用,是不利于蔬菜生产的。

4. 气体条件　蔬菜保护地内空气的流动十分缓慢。外界气流对保护地内的空气运动影响较小,内部虽有微弱的气流流动动力,但叶片的阻挡,使气流的运动速度大大降低。气流的迟滞对作物是不利的。

保护地内与外界隔绝的条件也导致了气体成分的剧烈变化。如二氧化碳在夜间含量高,而在上午植物大量吸收利用,外界不易进入补充,含量则大大降低。在保护地内,二氧化碳缺乏现象是经常发生的。

此外,由于保护地内的密闭环境,使土壤、塑料薄膜及田间管理中放出的有害气体,如氨气、二氧化硫、一氧化碳等积累较多,这些气体均会影响蔬菜的生长发育。

5. 土壤条件 蔬菜保护地内的施肥量一般都高于露地,特别是化学肥料的大量施用,使土壤中有害的盐分大量积累。蔬菜保护地内较少受雨水的冲刷,地表盐分随水下渗的概率较小,而土壤的蒸发量较大,盐分随水上升至地表的概率较大,因此保护地内土壤的含盐量较大。盐分积聚较多,不利于蔬菜生长发育。目前,大多数温室、大棚中由于化肥施用超量土壤酸化现象严重,导致病害加重。

6. 雨季影响 在雨季,保护地的覆盖材料可以有效地阻挡雨水的冲刷,避免雨水浸渍叶片,减少病害的发生。同时,雨水排到棚外,可以人为地控制土壤的进水量,避免涝害的发生。

总的来看,蔬菜保护地栽培是改变当时周围的环境条件,使之适于蔬菜的生长发育,在主要的方面是有利的。如冬季保护地中,把外界寒冷的温度条件改造成较高的温度环境,能使蔬菜正常生长发育,而在气体、光照等方面,却带来一些不良影响,但这些方面是次要的和可以改善的。

(二)生产成本高、栽培技术复杂

较之露地栽培,蔬菜保护地栽培要利用保护设施,要增加建筑用工,成本高是显然的,但经济效益也明显地增加。目前,我国蔬菜温室栽培的投资大大高于中小棚、风障阳畦等保护设施,其经济效益也远远超过它们。所以,只有适当增加投资,加大成本,才有获得更大经济效益的可能。但是,过高的成本和投资,在经济基础薄弱的我国农村,也是发展的障碍之一。

蔬菜保护地栽培需要利用不同于露地栽培的新技术,还要人为地改造环境条件,在改造过程中带有很多副作用,出现一些过去没有的新问题,需要防止和克服,这大大增加了栽培管理的难度。

因此,蔬菜保护地栽培需要较高的技术水平。

(三)特殊的品种和管理技术

蔬菜保护地内的环境条件是人为创造的,是过去自然界中所不存在的。所以,适应露地生产的大多数蔬菜品种在保护设施内表现不良。同人为创造环境一样,也应人为地培育适合保护地栽培的耐低温、弱光、耐湿、早熟的新品种。当然,研究制定不同于露地的新的管理技术也必不可少。

(四)其他特点

蔬菜保护地的环境及管理技术,生产产品的季节、品质等都不同于露地栽培,这就要求新的采收、贮藏保鲜、运销体制与技术相适应。

二、蔬菜保护地栽培的意义

(一)社会效益

蔬菜和粮食、肉类一样,是人类日常生活中不可少的食品。大多数蔬菜含水量高、鲜嫩、不耐贮藏,其产品供应往往集中在收获季节,不似粮食、肉类等食品可以通过贮藏很容易地四季均衡供应。蔬菜种类繁多,对外界条件的要求各异。在北方,一般只能在温暖季节生长发育,在漫长的低温季节,大多数蔬菜不能进行生产。即使在温暖的南方地区,也不是都适于所有的蔬菜生长。所以,蔬菜的周年均衡供应,特别是群众喜爱蔬菜的周年均衡供应,一直是亟待解决的问题。

为了解决蔬菜生产的季节性和社会需求的周年均衡性之间的不协调矛盾,目前利用保护设施,生产的产品鲜嫩,可以就地供应,无须长途运输,减少加工环节,可以解决蔬菜的均衡供应问题,也比较适合我国的国情。

我国北方地区绝大多数蔬菜保护地栽培以保温增温为目的,实现秋、冬、春低温季节进行蔬菜生产,对解决寒冬蔬菜淡季问题起了关键性的作用。即使在长江流域的冬季,因低温致使蔬菜品种单调,利用保护地栽培亦可增加蔬菜花色种类,满足人们生活需求。利用遮阳网等降温保护设施,使在高温多雨的炎夏蔬菜也能正常生长发育,也有利于解决夏季蔬菜淡季问题。保护地的遮光软化栽培技术为人们提供了多种色美、味鲜的新种类蔬菜。由此看来,蔬菜保护地栽培对于解决我国蔬菜的周年均衡供应、增加蔬菜花色品种、提高人民生活水平和健康水平有着极其重要的作用。很多保护地栽培的蔬菜产品也用于出口,同时亦是育种、留种和加代繁殖所必不可缺的,在科学研究和种子生产上作用很大。

(二)经济效益

我国是一个农业国,提高农民的生活水平是奔小康的关键。要想使广大农民增加收入、富裕起来,可以从种植业上找出路。为此,各地纷纷提出调整种植业结构,增加土地产出的措施。其中,改粮田为菜田便是措施之一。蔬菜田的经济效益大大高于粮食,而蔬菜保护地栽培的经济效益又在蔬菜生产中居于前列。故而发展以保护地为主的蔬菜生产,便成了我国很多农村致富的重要门路。以山东省为例,一个农户建一个 667 米^2 的保护地,每年纯收入在 2 万~3 万元。目前,蔬菜保护地生产仍是农民致富的重要项目之一。

第二章 蔬菜保护地栽培设施

蔬菜保护地栽培设施目前已发展成多种多样的种类。从建造上,由简单的面积较小的单栋保护地发展到规模宏大、连栋复杂的大型保护地;从性能上,由简单的保温性能,发展到能自动调节温度、光照、气体成分等多种环境条件。为便于应用,从性能上可分为保温、增温设施,降温、遮光设施,防病虫害、雨害和昆虫传粉设施,以及多功能综合设施等几大类。蔬菜生产发育需要温度、光照、水分、肥料、气体等条件,其中以温度条件最突出,是冬季蔬菜生长的关键制约条件,同时也比较容易调节控制,所以目前蔬菜保护地栽培设施主要为保温、增温设施。

第一节 保护地栽培设施种类及建造

一、塑料大棚

该类型塑料大棚的高度在 1.8~2 米以上,跨度 7~12 米,每个棚面积在 300 米² 以上,人可以入内操作管理。

(一)大棚类型与结构

1. 根据大棚屋顶的形状 可分为拱圆形、屋脊形、单栋及连栋,拱圆形大棚中又分弧形、半椭圆形和半圆形。

目前,国内绝大部分大棚是拱圆形的。屋脊形大棚的透光和排水性能良好,但因建造施工复杂,且棱角多,易损坏塑料薄膜,故生产中很少采用。连栋形大棚在 20 世纪 70 年代曾盛行一时,后因通风困难,不便排除雨水和积雪,于 80 年代初已渐渐淘汰。但是,进入 21 世纪随着自动化通风设施的普及,连栋大棚又有开始发展的趋势。拱圆形大棚则以其建造方便、管理容易而普及各地。

2. 根据大棚的骨架结构形式 可分为拱架式、充气式等类型。

(1)拱架式大棚 这种类型的大棚又有落地拱架与支柱拱架 2 种。落地拱架是每条拱杆的两端直接插入地内。有支柱拱架是把拱架固定在大棚两边的边柱上,使棚两面呈垂直于地面的直立形。

拱架式大棚的结构简单,施工容易,成本低,设施内光照条件良好,通风方便,适用于跨度较小的大棚。其中落地拱架式大棚的强度较大,坚固耐用,但棚两边空间较小,不便于操作和高秆蔬菜生长发育。有支柱拱架式大棚其优缺点与之相反。

(2)充气式大棚 充气式大棚分拱形和单斜面 2 种。一般多用拱形。拱形充气大棚是在简单的拱形空心棚架上覆盖双层充气膜而成。整个棚可分成几个纵向的双层膜带,两层膜间增加纵隔使双层膜成型坚固。利用充气机或充气扇充气,为保证有足够的张力,应不断向设施内充气。在双层膜外用压膜线固定。

充气式大棚由于双层薄膜中间有一层空气,所以保温效果较好,比单层大棚的棚温高 5℃~6℃。由于利用了薄膜充气后的张力,可减少立柱和拱杆的数量,降低了建棚成本。缺点是由于焊接技术的局限,大棚漏气快,需不断充气,而且双层膜的透光率低,对蔬菜生长亦有影响。

根据大棚的骨架结构形式还有蒙古包式大棚、钢丝悬索大棚等类型,在生产中应用不多,故不叙述。

3. 根据大棚的建筑材料 可分为竹木结构、混合结构、水泥结构、钢筋结构及装配式钢管结构等。

(1)竹木结构大棚　竹木结构大棚的建筑材料以竹竿和木杆为主。跨度12~14米,矢高2.6~2.7米,以3~6厘米直径的竹竿为拱杆,每一拱杆由6根立柱支撑,拱杆间距为1~1.1米。立柱用木杆或水泥预制柱。棚长50~60米,每棚面积为600米² 左右。拱杆上盖薄膜,两拱杆间用8号铁丝作压膜线,两端固定在预埋的地锚上。地锚为水泥预制块,长、宽、高为30厘米×30厘米×30厘米,上置铁钩,亦可用石块作地锚。

竹木结构大棚的建筑材料多为农副产品,来源方便,成本低廉,适于我国经济基础薄弱地区的农民应用。故在20世纪70年代我国大棚开始发展时该大棚应用较多,现在仍占有很大面积。由于设施内支柱多,比较牢固,较抗风雪。其缺点是支架过多、遮光、光照条件不好、设施内作业不便。

该类大棚的保温性能有限,在北方地区仅可作春季果菜类早熟栽培或秋季喜温蔬菜的延迟栽培,亦可用于春季蔬菜育苗。

(2)水泥柱拉筋竹拱棚　这种类型的大棚是由竹木结构大棚发展来的。其纵梁有两种:一是6号钢筋,一般称为拉筋吊柱大棚;二是单片花梁,称为水泥柱钢筋梁竹拱大棚。

水泥柱拉筋竹拱棚多为南北向延长,宽12~16米,矢高2.2米,棚长40~60米。立柱全部用钢筋水泥预制柱,断面为8厘米×10厘米,顶端制成凹形,便于承担拱杆。每排柱横向由6根组成,呈对称排列。两对中柱距离2米,中柱至腰柱2.2米,腰柱至边柱2.2米,边柱至棚边0.6米。中柱总长2.6米,埋入土中0.4米,地上部高2.2米。腰柱总长2.2米,地上部高1.8米。边柱总长1.7米,地上部高1.3米。南北向每3米一排立柱。纵梁是6号钢筋。

水泥柱钢筋梁竹拱大棚的纵梁是单片花梁纵向连接立柱,支撑小立柱和拱杆,加固棚体骨架。单片花梁顶部用8毫米的钢筋,下部用6毫米的钢筋,中间用6毫米的钢筋作小拉杆焊成,宽20

厘米。单片花梁上部每隔 1 米焊接 1 个用直径 8 毫米的钢筋弯成的马鞍形拱杆支架,高 15 厘米。

拉筋吊柱大棚是用 6 毫米的钢筋纵向连接立柱,支撑小立柱和拱杆,加固棚体骨架。在拉筋上穿设 20 厘米长的吊柱支撑拱杆。

这两种形式的大棚拱杆均用 3～5 厘米粗的竹竿制成,拱杆间距 1 米。其他与竹木大棚相同。

这种结构的大棚建造简单,支柱较少,设施内作业方便,遮光较少。一般棚上可加盖草苫保温。在我国北方地区多用于喜温蔬菜的春早熟和秋延迟栽培,亦可用于春季育苗。

(3) 水泥预制件组装式大棚 这种大棚的骨架由水泥预制件拱杆与水泥柱组装而成。20 世纪 80 年代在山东省应用较多。根据拱杆的结构又分 3 种。

双层空心弧形拱架预制件组装大棚。棚宽 12～16 米,矢高 2～2.5 米,长 30～40 米,面积 500～600 米²。其拱杆长 5 米,厚 8 厘米,为水泥预制的双层弧形拱片制成。上弦为半径 10 米的弧形,宽 8 厘米;下弦是直拉梁,上下弦间最宽处为 25 厘米,中间有三个横向连接柱。中柱为断面 10 厘米×10 厘米的水泥立柱,高 2 米,两侧边柱高 1.3 米。立柱顶端预制成凹形的顶座,以固定拱片。边柱两边有斜向顶柱,以防边柱向外倾斜。立柱均埋入地下 0.4 米,下端铸入水泥基座中。中柱与边柱距离 5 米,边柱与斜顶柱脚 0.5 米。每隔 1.2 米设一排立柱。柱顶架设水泥预制拱片、通过预埋孔,用 8 号铁丝固定在柱顶。各排拱杆纵向用直径 10 毫米的圆钢连结固定。南北两头立柱用拉筋拉紧,埋入地下与地锚相连。

玻璃纤维水泥预制件组装大棚。这种大棚与上述组装大棚相同。不同处是拱杆为玻璃纤维作增强材料的水泥预制件。

水泥预制件组装式大棚的棚体坚固耐久,应用年限长,抗风雪能力强,棚面光滑便于覆盖草苫,内部空间大,操作管理方便。其缺点是棚体太重,不易搬迁,拱架体积太大,遮光量大,影响蔬菜生长发育。同时,造价亦稍高,推广应用有一定局限性。在山东省仅限于工矿区和建筑材料方便的地方应用,多用于喜温蔬菜的春早熟和秋延迟栽培。

近年来,有的地方,利用山东省当地产的菱苦土作材料,用竹片作筋,制成直径 10 厘米左右的拱架,代替水泥梁做成大棚的骨架。这种大棚重量轻,遮光少,造价较低,有一定的推广面积。

(4)装配式镀锌钢管大棚 这种大棚全部骨架是由工厂按定型设计生产出标准配件,运至现场安装而成。目前国内生产的跨度有 6 米、8 米、10 米等几种,长度 30～66 米,矢高 2.5～3 米,均为拱圆形大棚。棚体南北向,设施内无立柱。

装配式大棚骨架由镀锌薄壁钢管制成,还有拱杆、纵筋、卡膜槽、卡膜弹簧、棚头、门、侧部通风装置等,通过各种卡具组装而成。大棚拱杆是由两根弧形直径 25～32 毫米钢管在顶部用套管对接而成,拱杆距 0.5 米。全棚用 6 条纵筋连接。大棚附有铁门和手摇卷膜通风装置。

该种大棚结构合理,棚体坚固,抗风雪能力强,搬迁组装方便,无立柱,设施内操作管理方便,便于通风、透光,应用年限长,可达 10 年以上。唯其造价高,一次性投资太大。从长远来看,是我国大棚的发展利用方向。该种大棚目前遍布国内各地,由于其保温性能有限,一般均用于喜温蔬菜的早熟和秋延迟栽培,科研单位、大专院校多用于科研应用。

(二)大棚建造

1. 建棚前的准备 大棚是投资较大,应用年限较长,易受外界环境条件影响的保护设施。建棚要周密计划。首先,要选好建棚场地。我国土地为集体所有,土地的使用权经常更迭,所以建棚场地一定要有较长时间的稳定的使用年限。其次,科学布局,并根据自然条件、经济力量和原材物料,确定棚型和规模。最后,根据计划筹集物料。

在确定大棚结构时,应充分考虑土地利用率,充分利用光照、温度条件,便于通风、透光、降湿,以利蔬菜生长发育,减少病虫害发生。同时要求设施内操作管理方便,产品销售运输方便。我国农民经济基础薄弱,建棚材料力求就地取材、价格低廉、轻便、坚固耐用,尽量降低成本。

2. 场地选择和布局

(1)**场地选择** 大棚是固定设施,为便于管理,应集中建设,而且应选有发展前途,可不断扩大的场地。为运输方便,宜安排在道路两侧。在农村应建于村庄之南侧,在城市应避开排放烟气、灰尘的工厂。尽量利用有高坎、土崖及院墙自然避风向阳的场地。

太阳光是大棚的光源和热源,必须选择有充足光照条件的场地建棚。大棚的东、西、南面不应有遮光的树木或高大的建筑物。

大棚春、夏、初秋温度较高,需要及时通风换气及降温。因此,大棚场地应具备较好的通风条件。但要注意防止大风危害,大风不但降温,还有可能吹坏塑料薄膜,吹塌大棚,故棚址应避开风口和高台。多大风地区,大棚周围应有防风屏障。

大棚内蔬菜种植茬次多、产量高,要求土壤有良好的物理性状。最好选用疏松而富含有机质的肥沃壤土。同时要求前茬3～5年内未种过瓜类、茄果类蔬菜,以减少病害发生。大棚场地要求地下水位低、排水良好。如果地势低洼,设施内湿度大,土壤升温慢,不仅蔬菜根系发育不良,还易发生病害。

此外,大棚场地要求水源充足、水质良好,以冬季水温较高的深水井为佳。灌水管道以暗渠水管较好,防止冬季水在地表流动时间过长而降低水温。近年来大棚内多采用电热温床育苗、电力人工补充光照等措施,所以大棚内应具备电源。

（2）**规模与方位** 一般情况下大棚的覆盖面积越大,冬季保温性能越好,温度稳定,受低温影响越小,但亦造成通气不良、管理不便的弊端,一般面积以 300～600 米^2 为宜。大棚的长度以 40～60米为佳,过长则运输管理不便,且两头温差过大,造成设施内蔬菜生长发育不一致。大棚的宽度以 8～12 米为宜。太宽通风不良,棚面角度太小,进光量不足;另外,拱杆负荷加大,支撑应力降低,抗风和雪压力减弱,且棚顶面平,易积水、雪,棚膜的固定也困难。大棚的高度以 2.2～2.8 米为适宜,最高不要超过 3 米。大棚两侧肩高以 1.2～1.5 米为好,过低影响高秆和爬秧蔬菜的生长。大棚越高承受风的压力越大,易遭风害,且保温能力下降,建造成本亦大。但大棚过低时,棚面弧度变小,承受压力能力弱,积雪不易下滑,易积水,容易造成超载塌棚。

大棚的棚面有流线型棚面和带肩的棚面 2 种。流线型棚面从棚顶到地面均为弧形,其支撑应力均匀而强,稳固性好,易上棚膜,棚膜不易损坏。但设施内靠两侧处低矮,作业不便,不利于高秆蔬菜的生长和发育。带肩的棚面是棚顶为弧形,在两侧近地处为垂直于地面的直线骨架。它的优缺点与流线型棚面相反,特别是两肩部分有棱角,塑料薄膜易损坏。

大棚的棚型应因地而异,我国南北方气候差异很大,故棚型要求也不相同。一般大棚的棚型越大,棚面/地面值越小,设施内热容量越大,散热越慢,所以北方大棚的面积应大于南方。北方冬季严寒,冻土层深,设施内两侧地温受外界冻土影响形成 1 米左右宽的低温带。故而大棚的跨度应大一些,在 10 米以上,以降低此低温带所占设施内土地的比率。南方地区温度较高,此低温带不明显,故跨度可小一些。跨度小,在南方地区还有利于排雨水。

大棚的长宽比值对稳定性有密切关系。相同的大棚面积下,长/宽值越大,周长越长,骨架在地面上固定的长度也越长。因此,大棚的稳定性也越强。如 500 米^2 的大棚,跨度 8 米,长 62.5 米,周长为 141 米;而当长为 40 米,跨度为 12.5 米时,周长仅有 105 米。当然长/宽值越大,支撑点越多,大棚越稳固。一般长/宽值应大于等于 5 时较好。

大棚顶面弧度的矢高与跨度有一定合理的关系。矢高越小,跨度越大,则高跨比值越小,此时大棚顶面较平,不仅不利于排除雨雪,而且从空气力学的角度上分析,在有风天气时,内外气压差,容易损坏塑料薄膜。高跨比大时,大风不易损坏塑料薄膜。但高跨比越大,建造成本提高,单位面积用塑料薄膜量也增加。高跨比一般在风多的北方地区以 0.3～0.4 为宜,南方地区以 0.25～0.3 为宜。

大棚的方位以东西为宽、南北延长,即南北向为佳。这种南北向大棚上午东部受光好,下午西部受光好,设施内受光量东西相差 4.3%,南北相差 2.1%,全天总透光量高于东西向的大棚。这样蔬菜受光均匀,全天温度变化也较缓和。缺点是中午日光的入射角偏大,东西两坡光线折射率高,进光量少,设施内温度及光照强度均低于东西向大棚。以南北为宽,东西方向延长的大棚,以南坡面为主要受光面,午间光的入射量大,设施内骨架的遮阴面较小,光照强度较南北向大棚高 10%左右,棚温也较高。缺点是大棚东西方光线较弱,光照分布不均匀,拱杆及支柱遮阴面积大,东西光照相差 12.5%,南北光照相差 20%～30%,并且全天棚温变化剧烈。为此,在建造大棚时,除了要根据地形来决定方位外,在寒冷地区,以早春、晚秋生产为主时,选用东西向延长的大棚有利;反之,宜选用南北向延长的大棚。

(3) 大棚群的规划与布局　建造场地确定后,首先应绘出平面布局图。场地以东西长的正长方形为宜。场地四周应设防风屏障,以使场地内气流相对稳定。排列时尽量使大棚长边平行,道路与渠道与短边平行,以利灌溉和交通。大棚的东西间距 2 米左右,南北间距 4 米以上。如果场地为正方形或南北长的长方形,则可将较短的大棚对称排列。

大棚的方位还要考虑外界气候条件。在寒冷地区,冬春季多东北风和西北风,南北向延长的大棚与风向平行,风的阻力小,不但风力小,散热量小,冬天的积雪也少。

3. 建　造

(1) 竹木结构塑料大棚的建造　现把面积为 667 米^2、跨度为 10～12 米、长 50～60 米、矢高 2～2.5 米的竹木结构拱圆大棚的建造方法介绍如下。

建棚时间以栽培时间为准,如果用于秋延迟栽培,则应在早霜来临前进行。如果用于春早熟栽培,则应在入冬前土地尚未封冻时进行。入冬前深耕土地,晒土。定好大棚的方位后,按规格用白灰画出大棚四边的线,标出立柱位置,然后挖坑。先在大棚南北两端按设计要求挖出 6 根立柱坑,再从各柱基点南北方向拉上 6 条直线,从南向北推移,每 3 米 1 排立柱。立柱坑深 40 厘米,宽 30 厘米,下垫砖或基石,后埋立柱,并夯实。要求各排立柱顶部高度一致,南北向立柱在一直线上。

固定拉杆时,先将竹竿用火烤直,去掉毛刺,从大棚一头南北向排好,竹竿大头朝一个方向,然后固定在立柱顶端向下 20～30 厘米处。拉杆接头要用铁丝缠牢,全部拉杆要与地面平行。

拱杆直接与塑料薄膜接触、摩擦,因此要求拱杆通直而且光滑。故用前要挑选,烤直,修整毛刺。一般选用 6～7 米长的竹竿,每条拱杆用两根,在小头处连接,固定在立柱或小支柱顶部,弯成弧形,大头插入土中。如果拱杆长度不够,可在棚两侧接上细毛竹弯成圆拱形插入地下。拱杆接头处均应用废塑料薄膜包好,防止磨坏塑料薄膜。

扎好骨架后,在大棚四周挖一个 20 厘米宽的小沟,用于压埋薄膜的四边。为了固定压膜线,在埋薄膜沟的外侧埋设地锚。地锚为 30～40 厘米大的石块或砖块,埋入地下 30～40 厘米,上用 8

号铁丝做个套,露出地面。

扣塑料薄膜应在早春无风天气进行。大棚薄膜一般焊接成3~4 块,两侧围裙用的薄膜幅宽 2~3 米,中间的塑料薄膜可焊成一整块,亦可焊成两块。焊接成一整块时只能放肩风,焊接成两块时,除了放肩风,还可放顶风。在棚面较高,跨度较小时,放顶风困难,可把中间的薄膜焊成一整块,反之可焊接成两块。扣膜时先扣两侧下部膜,两头拉紧后,中间每隔一段距离用铁丝将薄膜上端固定在拱杆上。薄膜下端埋入土 30 厘米。顶膜盖在上部,压在下部以上重叠 25 厘米,以便排除雨水。在顶部相接的薄膜也应重叠25 厘米。南北两端包住棚头,埋入地下 30 厘米。棚膜要求绷紧。

压杆是防风的主要措施。压杆一般选用 3~4 厘米粗的竹竿,用铁丝绑在地锚上,在两道拱杆中间把薄膜压上后,用铁丝将压杆穿过薄膜紧紧绑在拉杆上。有的地方不用压杆,而是用 8 号铁丝或压膜线代替压杆,铁丝两端拉紧后固定在地锚上。薄膜压好后,棚面呈波浪形。

为了供人们出入和通风换气的需要,应在大棚上做门、天窗和边窗。棚门在南北两头各设 1 个,高 1.5~2 米,宽 80 厘米左右。北侧的门最好搞成 3 道,最里边是坚固的木门,中间吊一个草苫,外面是薄膜门帘,这样有利于严寒时节保温。为了便于放风,可在大棚正中间每隔 6~7 米开一个 1 米^2 的天窗,或在大棚两边开边窗。天窗与边窗均在薄膜上挖洞,另外粘合上一片较大的塑料薄膜片,通风时掀开,闭风时固定在支架上。

一般建造 667 米^2 竹木结构大棚需长 6~7 米、直径 4~5 厘米的竹竿 120~130 根,直径 5~6 厘米粗、长 6~7 米的竹竿或木制拉杆 60 根,2.4 米长的中柱 38 根,2.1 米长的腰柱 38 根,1.7 米长的边柱 38 根,8 号铁丝 50~60 千克,塑料薄膜 120~140 千克。

(2)竹木水泥混合结构大棚的建造 这种大棚的建造方法与竹木结构基本一样。唯其立柱是用水泥预制而成。立柱的规格为断面 7 厘米×7 厘米、8 厘米×8 厘米、8 厘米×10 厘米,长度按要求标准,中间用钢筋加固。每个立柱的顶端成凹形,以便安放拱杆,杆端向下 20～30 厘米处分别扎 2～3 个孔,以固定拉杆和拱杆。

一般 667 米² 大棚需用水泥中柱、腰柱各 50～60 根。

(3) 无柱钢架大棚的建造 钢架大棚的跨度一般为 12～14 米,长 50～60 米,高 2.5～2.8 米,覆盖面积 600～666 米²。

制作拱形架时先在水泥地面上画弧形线,按弧线焊成桁架。拱形架之间的距离,以 3～6 米较合适,中间用竹竿或钢筋作拱杆,拱杆距离 1 米。拱形架之间的距离增大,则抗风力减弱,易受风害;如距离减小,会增加钢材的用量。

跨度大的大棚,最好设 7 根柱梁。中间的一根为三角拉梁,起支撑拱杆,连接各拱形架的作用。大棚每边设三个单片花拉梁,起支撑拱杆和加固骨架的作用。

大棚顶面的坡降很重要,如坡降不合适,会造成拱形面凹凸不平,压膜线无法压紧薄膜,棚顶容易积存雨水和雪,造成棚架倒塌和降低抗风能力。如坡降合适,形成一个抛物线拱形,压膜线各部受力均匀,既防雨、雪积存,又能增强抗风能力。合适的坡降中间的拉梁高为 2.75 米,第一道拉梁高度为 2.62 米,坡降为 13 厘米;第二道拉梁高度为 2.24 米,坡降为 38 厘米;两个边梁高度为 1.6 米,坡降为 64 厘米。总的要求是从大棚顶端越向两边,坡降应逐渐加大。

各立柱底部、拱形架两端均应建造混凝土基座。拱形架的混凝土基座应在一个水平面上,或从北向南有一些坡降,形成北高南低的趋势,以利于增加设施内光照。基座的上表面应高出地平面 5～10 厘米,以减缓基座钢板锈蚀。

拱形架在焊接时注意其拱形面与地面垂直,若有倾斜,则降低稳固性。

在安装拉梁时,应保持拱架的垂直。为了增加强度,在拉梁的两头应加设拉线和地锚,用拉链向外拉紧。

大棚内的湿度很大,各钢材易生锈腐蚀,应及时涂防锈漆防蚀。使用过程中也应经常检查及时维修。

(4)装配式镀锌钢管大棚的建造　安装时先按图在地上放线,沿棚边内侧挖 0.5 米深的沟,沟底夯实,拉设一圈用 12～16 毫米的圆钢做成的圈梁。圈梁的四角焊接在水泥基础桩上,每根拱杆均用铁丝与圈梁扎紧,安装后覆盖土壤夯实。这种大棚的基础很重要,基础不牢,在大风时很易吹倒大棚。

拱杆间距都有一定要求,不得任意加大或缩小。拱杆间距加大虽有降低成本、扩大使用面积的作用,但却有降低抗风雪能力和薄膜固定不紧的副作用,在风大地区慎用。

管式大棚的架材均为薄壁钢管,很易变形和伤残,破坏其配合关系而失去紧度。因此,装配时切忌用铁器狠砸猛敲。

管式大棚的塑料薄膜是用卡簧和卡膜槽固定的,固定处的薄膜极易老化损坏。最好在固定薄膜时垫上一层牛皮纸或废报纸,既可遮蔽一部分日光而降低卡槽温度,减缓薄膜的老化速度,又能减少机械损伤。

拱杆在安装时一定注意在同一平面上,不能扭曲,弧度要圆滑,距离要一致,纵向拉杆和卡槽要平直。覆盖塑料薄膜后,一定要用压膜线压紧薄膜。

(三)性能及应用

塑料大棚由于较高大,一般不覆盖不透光保温覆盖物。因此,光照条件比中小塑料设施内优越。在大棚的离地面 1 米高处的光照强度约为棚外的 60%。影响设施内光照强度的因素很多,如薄膜的透光率、骨架的遮阴状况等,均可降低设施内的光照强度。设施内的光照时间与露地相同。

塑料大棚覆盖面积大,设施内空间大,温度比不覆盖保温不透光覆盖物的中小塑料棚优越。在春季大棚的利用季节,设施内 10 厘米地温比露地高 5℃～6℃(表 2-1)。管理好的大棚,早春平均地温可比露地高 10℃ 以上。

表 2-1　大棚内 10 厘米地温与露地比较

时间/天气	10 厘米地温(℃)		
	棚内	棚外	内外温差
11 月 3 日/晴	7.0	2.0	5.0
12 月 3 日/多云	11.0	6.0	5.0
1 月 3 日/小雪	10.3	3.0	7.0
平　均	9.3	3.3	6.0

塑料大棚内的气温随外界变化而剧烈变化。在晴天中午,设施内气温比露地可高达 18℃ 以上(表 2-2),而最低气温仅比露地高 1℃～5℃。一般露地气温为 −3℃ 时,大棚内最低气温不低于 0℃。露地最低气温稳定通过 −3℃ 的日期可近似地作为大棚最低气温稳定通过 0℃ 的日期。

表 2-2　设施内外最高气温比较

天　气	最高气温(℃)		
	棚　内	棚　外	内外温差
晴	38.0	19.3	18.7
多　云	32.0	14.1	17.9
阴　天	20.5	13.9	6.6

由于大棚的密闭环境,设施内空气相对湿度十分高,特别是夜间温度低的时候,可达 100%。白天随着温度的升高,空气湿度有所下降。较高的空气湿度容易引起病害的发生。

　　塑料大棚的性能决定了它的应用范围。在我国北方地区冬季寒冷,大棚内在 12 月份至翌年 1 月份仍有气温在 0℃以下的时间。故黄瓜、番茄等喜温蔬菜不能作越冬栽培,只能作秋延迟和春早熟栽培。芹菜、韭菜等耐寒蔬菜在设施内加小拱棚,再覆盖草苫时可作越冬栽培。在南方地区如冬季不寒冷时,可作喜温作物的越冬栽培。

　　塑料大棚内可以生产的蔬菜种类很多,其中叶菜有:芹菜、芫荽、叶用莴苣、茼蒿、茴香、莴笋、菠菜、油菜等;十字花科蔬菜有:甘蓝、花椰菜、大白菜、芥蓝、小白菜等;葱蒜类有:韭菜、大蒜、葱等;瓜类有黄瓜、冬瓜、西葫芦、瓠瓜、西瓜、甜瓜等;豆类有:菜豆、豇豆、豌豆、蚕豆等;茄果类有:番茄、茄子、辣椒等。除了作秋延迟栽培和春早熟栽培外,还可用于露地蔬菜的育苗。在栽培中利用间作套种耐寒蔬菜,基本可实现周年生产。

二、遮光设施

　　遮光设施的目的是在夏季高温季节减弱光照、降低温度或缩短光照时间,从而满足某些蔬菜对温度和光照条件的要求,创造丰产、优质的条件。

　　在蔬菜栽培中,我国利用遮光设施已有很久的历史。如夏季培育黄瓜、番茄秧苗时,利用苇箔、竹竿遮阴;在种植生姜时,在姜苗侧插草遮阴等,都已在农村普遍应用。近年来,随着黄瓜、番茄秋延迟栽培的发展,这些蔬菜夏季育苗量越来越大,遮阴育苗设施也慢慢发展起来。在夏季利用大棚栽培时,由于大棚栽培存在通风不良、温度过高等问题也促进了遮光降温设施的发展。加上无纺布、遮阳网等遮光材料的发展,我国的遮光大棚栽培技术就迅速在各大蔬菜产区和城市近郊发展起来。

(一)遮光设施形式、材料和性能

遮光设施的形式很多,目前常用的有如下几种。

1. 荫棚 这种遮光设施各地应用很普遍。它的构造简单,用材方便。它是在大棚内栽培畦上扎棚架,架上用密排的细竹竿或苇帘子遮光。这种荫棚的遮光率在 24%～76%,棚下蔬菜的温度可降低 2℃～3℃。

2. 塑料薄膜遮光 在夏季,在大棚的骨架上面覆盖已污染的废旧的塑料薄膜作遮光材料,起着遮光、降温的作用。一般冬季或春季利用过大棚,在夏季拆除基部周围的塑料薄膜,加强通风,保留顶部的薄膜,进行越夏蔬菜生产。由于塑料薄膜破旧和污染,遮光率达 30%～50%,可降温 1℃～2℃。基本可保持蔬菜的正常生长。有的地方为了增强塑料薄膜的遮光作用,利用喷雾器在薄膜内面喷布 1% 石灰水乳液,使薄膜呈乳白色,其遮光和降温性能更强。

3. 无纺布遮光 在立柱较少的大棚中,用无纺布在室内做二层保温天幕。这种无纺布在冬季用于夜间保温,在夏季可用于白天遮光。由于其密度较大,遮光性能很好,能有效地降低大棚的温度条件。

4. 遮阳网遮光 遮阳网又称寒冷纱,是用塑料扁丝编织成的专用遮光覆盖材料,有黑色、白色、灰色、绿色等不同颜色的产品。遮阳网的强度高,耐老化性好,使用期达 3 年以上。遮阳网质量轻,柔软,便于运输和操作应用。除了成本稍高外,适于我国普及应用。遮阳网的遮光效果可达 30%～70%,中午可降温 4℃～6℃,地表可降温 10℃。夏季应用还有避大风、暴雨、冰雹、害虫危害的功效,并能防止土壤板结,提高出苗率。此外,银灰色遮阳网兼有避蚜作用和防轻霜的保温作用。

遮阳网主要用于夏秋季节,利用大棚的骨架,覆盖遮阳网进行越夏蔬菜栽培。

(二)遮光设施的应用

遮光设施具有较强的降低光照和降低温度的作用,故主要用于夏秋高温季节的蔬菜栽培和育苗。大棚中夏季栽培的叶菜类蔬菜,均需在遮光设备下生长发育。新建的遮阳网棚主要用于芹菜、大白菜、甘蓝、番茄、黄瓜等蔬菜育苗或栽培,可比露地播种提高出苗率 30％左右,并有减轻病毒病等病害发生的作用。芹菜利用遮阳网栽培还有提高产量和改善品质的作用。在应用中,注意防止由于光照不足而出现的徒长现象,应根据日照情况及时逐渐地撤除遮光设施。

三、纱网设施

纱网设施是利用大棚骨架,在骨架的四周和顶上用塑料窗纱严密地包围起来,其内进行蔬菜栽培的保护设施。

纱网大棚由于有窗纱保护,可有效地防止蝇、蜜蜂等昆虫的进入,在蔬菜的开花期避免昆虫传粉导致自然杂交。所以,纱网设施一般用于保持品种纯度的采种之用。在进行大白菜、萝卜、甘蓝等蔬菜杂交制种时,自交系种子的生产需在纱网内进行。其他虫媒花蔬菜在保纯制种时,也需用纱网设施。

纱网设施的作用决定了一般科研单位和种子生产单位应用较多,农民应用较少。

夏季进行大白菜、番茄等育苗时,为了防止蚜虫传播病毒病,也可利用纱网设施。

在进行纱网设施栽培时,应注意采用无毒的聚乙烯纱网,切忌用聚氯乙烯纱网,以免释放的氯气毒害蔬菜。

四、软化栽培设施

软化栽培是依靠冬前植物体内贮存的养分,把植株置于无光的条件下生长,从而获得柔嫩的产品的栽培方式。这种栽培方式我国应用很久,在国内各地都有零星栽培,其中在北方应用较广的是韭黄、蒜黄栽培。在初冬挖出养分贮藏较充足的韭菜根,或将蒜头移栽到较保温的窑洞、地窖、民房、仓库内,供给适宜的温度、肥、水、气等条件,在避光的情况下生长出黄色柔嫩的产品。软化栽培设施很不固定,近年来利用地道、防空洞作蔬菜软化栽培场所也很经济。在软化栽培中,适宜的温度是关键。由于多在冬春季节进行,所以栽培场所的温度条件要稍高于外界温度。

随着大棚栽培的发展,塑料大棚越来越多,在北方冬季的塑料棚,一般因气温较低要空闲一段时间。在这段时间内,可在设施内挖深40~50厘米深的坑,作软化栽培床,培育韭黄或蒜黄。这种栽培方式目前发展利用很快。

五、遮雨栽培设施

遮雨保护地是进行遮雨栽培的设施。遮雨栽培有减少暴雨的冲刷、减轻病害、控制土壤含水量、防治涝害等功效,在生产中很有推广价值。遮雨栽培设施一般是大棚,只是在夏季多雨季节,保留顶部的塑料薄膜,起到遮雨的作用,可拆除大棚周边的薄膜,用于通风降温。这一栽培方式在我国南方地区发展较快。

六、温　室

温室是利用较大投资和较多设施,创造一个人工控制较多的环境条件,解决露地蔬菜生产上的难题,特别是解决周年生产问题的一种保护地设施。

目前国内温室中 95% 以上是塑料薄膜日光温室,仅山东省一地就有 10 万公顷以上,居全国首位。由于日光温室建造较为容易,成本较低,不用能源,加上经济效益较高,所以各地纷纷利用作为调整种植结构、提高农业经济效益的主要措施。

日光温室的经济效益很高。一般种植 667 米² 的越冬黄瓜,收益可达数万元。日光温室是目前蔬菜生产中经济效益最高的项目。

塑料薄膜日光温室在山东省很多地方称为塑料大棚。这一称谓的误差,源于 20 世纪 80 年代初,当时日光温室是新生事物,大多数人不了解它。温室与大棚之间虽然差异巨大,但两者之间却没有明显的界线。一般把有墙体的、有地下基础的、建造较费工、使用年限较长的用塑料薄膜或塑料板作透光材料的保护设施,称为温室;反之,称为大棚。

(一)类型与结构

由于温室的历史悠久,发展迅速,各地利用率高,因此种类异常繁多。其分类方式也有多种多样。目前,国内温室的分类有如下几种。

1. 按外形分类　根据温室的外形可分为 7 类。

(1)单窗面温室　这是我国最早的温室形式,其温室的透光面为单平面。目前应用极少。

(2)双窗面温室　又名二折面温室。这种温室目前利用较多。其透光面为两个平面,一是上折面,一是下折面。下折面接地,又有与地面垂直和倾斜之分。

(3)三折面温室　这种温室的透光面为三个平面。最上的一个折面与地面夹角较小,第二个折面与地面夹角较大,有利于冬季日光的入射,第三个折面与地面垂直或略有倾斜。这种温室冬季采光性能好,是目前应用较多的一个类型。

(4)半拱圆形温室 温室的透光面为弧形。这种温室的透光性亦良好,且骨架平滑,塑料薄膜不易损坏,工厂生产的定型温室骨架多为该类型。

(5)屋脊形 温室的透光面如屋脊形,由最高线向两侧伸展,又称等屋面温室。这种温室的保温性能稍差,一般用于大型的加温温室。

(6)连栋形 由多个屋脊形或圆拱形温室并连在一起组成的大型温室称为连栋形。这种温室的土地利用率高,管理方便,但温度条件较差,一般用于人工加温栽培。

(7)其他形式 有圆形的、多角形的等多种形式的温室,一般用于科研、观赏,生产上利用的较少。

2. 按热量来源分类 温室内必须有固定的热量来源才能维持其合适的温度条件。其热量来源有两大类:一是人工加温。一般利用农作物秸秆、煤作燃料,在炉子中燃烧,利用烟囱在温室内散热。较现代化的温室是利用锅炉和暖气设备来供热的,国外采用热风炉,直接向温室吹热风来维持适宜的温度。这种类型的温室称为加温温室。加温温室也利用日光热源,其温度条件完全由人为控制,非常适宜,蔬菜生产发育良好,生产成本较高。二是日光为热源,又称日光温室。这种温室人工不加温,完全利用日光作热能来源,加上良好的保温设施来创造适宜的温度环境。目前,我国发展的绝大多数为此种温室,建造方便,设施简单,造价低廉,不用其他能源,生产成本低,比较适用于我国经济基础薄弱的农民。缺点是室内温度完全依赖自然阳光,一旦日光热源不足,极易因冻害和冷害而造成损失。

3. 按温室的温度分类 按温室的温度基本分为两类:一是高温温室。一般加温温室均属此类。在日光温室中,跨度较小,室内高度较大,塑料薄膜的角度合理,保温性能良好的亦属该类。这类温室在严寒的冬季,室温能保持在 10℃ 以上,一般为 18℃~25℃,最低气温不低于 5℃,故可供黄瓜、番茄等喜温蔬菜越冬栽培之用。为此,一般称之为冬用型温室,目前我国北方发展的多为这种类型的温室。这种温室的经济效益高,产品对解决冬淡季蔬菜供应问题的作用极大,故农民多喜用之。缺点是该类温室要求较高的栽培技术,易遭冻害和冷害,风险较大。二是低温温室。在日光温室中跨度大,塑料薄膜与地面的角度较小,日光射入量小,室内温度较低,保温性能较差的均属这类。这类温室寒冬的室温有时降至 0℃,故除了耐寒蔬菜可以越冬栽培外,一般喜温蔬菜仅可作秋延迟或春早熟栽培。所以,生产上又称为春用型日光温室。这类温室的跨度大,土地利用率高,相对的建造成本较低,所以在 20 世纪 80 年代初期发展非常迅速。随着冬用型日光温室的发展,其面积才逐渐减小。

4. 按建筑材料分类 根据使用者经济实力状况,温室的建筑材料种类繁多。较现代化的温室的骨架材料有:铝合金、硬质塑料以及钢、铝混用等。这类温室多为国家出资,集体经营利用,在国内起榜样示范作用。其造价成本十分高昂,在消费水平低下的我国,农民不宜利用。优点是建造方便,室内设备齐全,操作管理方便,坚固耐用,是我国未来发展利用的方向。目前我国常用的温室如下。

(1)钢架温室 该类温室的骨架均用钢材焊接成桁梁组成。此种温室建造方便,坚固耐用,室内支柱较少,操作管理方便,造价较高,在经济基础雄厚的地区多有采用。一般科研单位、大专院校亦有利用工厂定型生产的组装式镀锌钢管作温室骨架。

(2)水泥预制柱温室 温室的主要骨架用水泥预制而成。此种温室建造方便,坚固耐用,成本较低,目前国内应用较多。缺点是室内立柱多,操作管理不便。

(3)竹木结构温室 温室的骨架为竹竿和木杆组成。此种温室的建筑材料均可就地取材,来源方便,成本低廉,适于我国经济基础薄弱的农村应用。缺点是骨架强度不足,使用年限短,室内立柱多,管理操作不便。

目前,生产中应用的温室多是钢材、水泥和竹木混用组成的骨架。在建造中,主要考虑材料来源的方便与否,对使用年限则很少考虑。

温室的墙体材料也多种多样,有砖墙、土打墙、草泥垛墙、砖和土混合等形式。

5. 国内生产上常用的温室结构及性能

(1)单坡面温室 温室的进光面是一个平面,由北向南倾斜入地上。

目前,该种温室在我国经济基础薄弱的地区,新开发的蔬菜产区利用极少。

(2)双折面温室 又叫一斜一立温室,哈尔滨日光温室。用8号铁丝代替部分拱架的琴弦式日光温室均属此类。该种温室的透光塑料面为两个面。顶面在上,前立面接地,前立面有的垂直于地面,有的略向南倾斜。其结构规格各地差异很大。

哈尔滨式日光温室的结构规格是:温室长20米,跨度6.5米,中柱高3.2米,腰柱高1.7~1.8米,前立柱高0.6米。后墙高2.6~2.8米。后墙用土打时,底宽1.2米,上宽1米,用砖砌时,一般为三砖空心墙。后坡长1.6~1.75米,铺上苇箔,并抹草泥共30厘米厚。这种温室的骨架主要是木料,是土木或砖木结构。透光覆盖物是塑料薄膜,保温覆盖物多用长8米、宽2米的棉被。该种温室结构合理,采光性能良好,保温性亦强,在哈尔滨稍作短期加温即可栽培喜温蔬菜越冬。

(3)琴弦式日光温室 为双折面式。跨度7米,中高3~3.3米,长30~100米。后墙高2米,厚0.8~1米,后坡长1.2~1.5

米,上用木杆作檩条,上覆玉米秸秆、麦秸,并抹草泥,厚 0.5~0.6 米。立柱为水泥预制柱,规格为 8 厘米×10 厘米的长方形截面。后立柱距后墙 1.2~1.5 米,柱高 3.4~3.7 米,埋入地下 0.4 米。腰柱距后立柱 2~2.5 米,高 2.4 米,埋入地下 0.4 米,前立柱距腰柱 2 米,高 1.1~1.3 米,埋入地下 0.3 米。三排立柱上各架水泥预制横梁。立柱的东西间距为 3 米。有的地方不设腰柱,在后立柱和前立柱上架设钢制桁梁,可省去室内支柱。三排立柱上用 5~6 厘米直径的竹竿纵向放在前、腰、后立柱上。用铁丝固定好,作为棚面拱架。最后在室顶面上每隔 40~50 厘米拉一道 8 号铁丝。铁丝横过温室两侧的墙顶,固定在山墙以外 2 米处的地锚上。铁丝用紧线钳拉紧,使在室顶面呈平行的平面。温室的南侧用细竹竿在离前立柱 0.5 米处插入地下 0.2~0.3 米,上端与前横梁连接。覆盖塑料薄膜后,在薄膜上每隔 0.6~0.8 的间距纵向压细竹竿,用细铁丝把细竹竿固定在 8 号铁丝上,不用压膜线。

该种温室由辽宁省大连市瓦房店首创。温室内支架少,透光性能好,保温性强,在华北地区可作喜温蔬菜的越冬栽培。由于其建造方便,坚固耐用,在山东省应用很广泛,一般适用于经济基础较好的地区。

(4) 微拱式日光温室　该温室与双折面温室的结构相似,不同之处在于室顶面中间微拱,前面呈弧形。跨度 6.5~7 米,长 30~100 米,中高 2.4~2.5 米,棚面呈弧形,底角 45° 以上,天角大于 20°。墙多为土打墙,或用草泥垛墙,厚 0.8~1 米,高 1.5~1.7 米。后立柱用木杆或水泥柱预制,距后墙 1.2~1.5 米,柱高 2.6 米,埋入地下 0.4 米。腰立柱在后立柱南 2 米处埋设,高 2.1 米,埋入地下 0.4 米。前立柱在中立柱南边 2 米处埋设,高 1.1 米,埋入地下 0.3 米。三排立柱上各架木杆或水泥预制横梁。小支柱高 15 厘米、木制,在中横梁和前横梁上每隔 80 厘米固定一根,用以支撑拱杆。竹拱杆用竹片或 5 厘米直径的竹竿,上端插入后梁上固定,中间用小支柱支撑,下端插入前支柱南侧 0.5～0.8 米的土中。

该种温室覆盖塑料薄膜后,前屋面呈二折,但微拱,前屋面亦为弧形,故称微拱形日光温室。建造方便,投资较少,透光及保温性能良好。在山东省经济基础较差的地区采用较多,可作喜温蔬菜的越冬栽培利用。

(5) 三折面式日光温室　该温室的上屋面由三个平面组成。北墙高 1.75 米、厚 0.8～1 米,为土打墙或砖砌墙。后立柱高 2.2 米,腰柱高 2.1 米,前立柱高 1 米。屋面分成天窗、腰窗和地窗,全长 5.6 米,地窗长 0.9 米,腰窗长 3.0 米,天窗长 1.7 米,后屋面长 1.35 米。立柱间用横梁和拱杆连结。亦可用钢桁梁作骨架,取消前、腰立柱。

该种温室加大了腰窗与地面的夹角(25°),冬季日射角度小时,有利于日光射入。室内光照均匀,日照条件较好,可用于喜温蔬菜的越冬栽培,在我国北方地区仍有零星应用。

(6) 半拱式日光温室　该日光温室的透光屋面为拱式弧形。根据后屋面的宽窄又分为长后坡矮后墙式和短后坡高后墙式两种日光温室。

长后坡矮后墙式日光温室的结构为:跨度 5～6 米,中高 2.2～2.4 米,后屋面宽 2.0～2.5 米,由横梁上夹设檩条,上铺玉米秸秆并抹草泥而成。后墙高 0.6～0.8 米,厚 0.8～1 米,后墙外培土。前屋面为半拱形,由支柱、横梁、拱杆(竹片或细竹竿)构成,拱杆上覆盖塑料薄膜,在塑料薄膜上面两拱杆间设压膜线。夜间盖草苫防寒。前屋面外底脚处挖防寒沟,深 40～50 厘米,沟内填乱草,上盖土,以减少室外冻土低温传入温室内部。

该种温室内的光照条件好,保温性强,适于喜温蔬菜的越冬栽培。由于后坡较长,3 月份后遮光现象严重,不适于春早熟栽培利用。该类型温室在河北省永年县使用较多,故在山东省称为永年式温室。

短后坡高后墙式日光温室的结构为:跨度为 5～7 米,后坡长 1～1.5 米,中高 2.2～2.4 米。其他结构均与前者相同。

该种温室由于后墙高,后屋面短,冬春季光照条件好,春秋光照充足,保温性能亦较好,室内作业方便。适于北方地区喜温蔬菜的越冬栽培。

(7)木桁架悬梁吊柱式日光温室　温室的跨度为 5～6 米,中高 2.2～2.4 米。后坡长 1～1.5 米,结构与短后坡高后墙日光温室相似。不同处是取消腰柱,在前立柱和后立柱上架设木桁架。木桁架上设横梁和小支柱支撑拱杆。由于减少了支柱,增加了透光,且作业方便,有利于挂保温天幕或扣小拱棚保温。

该种温室的骨架为竹木结构,由于少了一排腰柱,强度稍差。一般用于喜温蔬菜的春早熟和秋延迟栽培,亦可用于喜温蔬菜的越冬栽培。

(8)无前柱钢竹混合结构日光温室　温室跨度 6 米左右,中高 2.3～2.4 米,东西长 30～60 米。屋面呈弧形。后墙为土打墙或砖砌墙,高 1.5 米,厚 0.5～0.8 米。后立柱距离后墙 1.2 米,高 2.6 米,埋入土下 0.4 米。后横梁用 10 厘米×10 厘米的水泥预制梁。后屋面用水泥预制板或木檩条,上铺玉米秸,厚 50～60 厘米。拱架用宽 20 厘米的桁梁。桁梁上端用直径 32 毫米的钢管,下端用 8 毫米的钢筋,中间用 6 毫米的钢筋作小拉杆焊成。桁架梁上端固定在横梁上,下端与地面预埋的水泥基础连接,间距 3 米一根。桁梁下端每隔 1.5 米焊 3 条单片花梁纵筋。单片花梁纵筋是上下各用 8 毫米和 6 毫米的钢筋,中间用 6 毫米钢筋作拉杆焊成的 20 厘米宽的花梁。花梁上每隔 1 米焊一个高 15 厘米的支撑叉,以便固定竹拱杆。

拱杆用直径 5 厘米的竹竿制成,弯成弧形拱面,上端插入横梁固定,下端埋入土下 30 厘米。扣塑料薄膜后,上压 8 号铁丝作压膜线。

该种日光温室结构坚固,经久耐用,室内立柱少,光照充足,有利于保温,且作业方便。只是造价稍高,适用经济基础较好的农村应用,可作为喜温蔬菜的越冬栽培之用。

(9)钢丝绳桁架吊柱式日光温室 这种温室的跨度一般为6米,中高2.5米,后墙高1.6米,后墙为土打墙或砖砌。中柱为水泥预制或用圆木,距后墙1.2米。前屋面等距离横拉钢丝绳3道,跨过温室两侧山墙,固定在室外两侧的地锚上。钢丝绳上每隔60~100厘米绑缚一个20厘米高的木制小支柱。小支柱上架设竹片拱杆,拱杆上覆塑料薄膜。

该种温室前部无支柱,遮光少,光照条件较好,适于保温,室内作业方便,而且构造简单,造价低廉,适于北方地区进行喜温蔬菜的越冬栽培之用。

(10)全钢拱架日光温室 温室跨度为6.8米,中高2.9米,后墙厚60~80厘米,用砖砌成空心墙,高2米。钢筋骨架,拱架为单片桁架,上、下弦为14~16毫米的圆钢,中间用8~10毫米的钢筋作拉花,宽15~20厘米。拱架间距60~80厘米,拱架上端搭在后墙后,下端固定在前端水泥预埋基础上。拱架间用3道单片桁架花梁横向拉接,以使整个骨架成为一个整体。在温室顶部后端1.5~1.7米处,骨架上铺木板,木板上抹草泥,后坡1/2处向北铺炉渣作防寒层。后墙后每隔4~5米设一通风窗口,温室前底脚处在有条件处可加设暖气沟或加温火管。

该种温室为永久性建筑,坚固耐用,室内没有立柱,采光性好,通风方便,操作亦方便,春季天暖后,可将后屋面拆除,换上塑料薄膜,改善室内光照条件。该种温室造价较高,适于经济基础良好的地方利用,可用作喜温蔬菜的春早熟、秋延迟栽培。

(11)装配式镀锌钢管温室 这种温室的骨架一般由国内专业工厂按图纸定型生产。温室的跨度6~10米,中高2.5~3米,长

30～60米。后墙高 1.5 米,厚 50 厘米。中柱用 8 厘米×10 厘米截面的水泥预制柱制成,后屋面长 1.2～1.5 米,上铺玉米秸秆和草泥,厚 50～60 厘米。拱杆均为弧形直径 25～32 毫米的镀锌钢管制成,拱杆上端插入横梁上,下端插入地下,拱杆间距 50～60 厘米,在温室南端挖深 40 厘米的深沟,沟内置 6 毫米粗的钢盘,用铁丝连接各拱杆。在拱杆上用各种卡具连接三道纵筋,使骨架成为一个整体。骨架装好后,覆盖塑料薄膜,在南下端安装卷帘通风设备。

该种温室内无立柱,棚面弧度大,遮光少,透光性好,便于操作,易加天幕防寒,保温性能好,而且易通风。由于骨架均为装卸式的,所以安装容易,搬迁也方便。缺点是造价较高,适于大专院校、科研单位及经济条件较好的地方应用,可用于喜温蔬菜的越冬栽培。

(12)无后坡日光温室 温室跨度为 5～6 米,中高 2.3～2.4 米,多为竹木结构,也有利用钢筋作骨架的。

该种温室一般是建在山坡、河岸、堤坝或房屋的南墙上。拱架直接固定在墙壁或其他建筑物上,省掉后坡,降低了投资。其光照条件一般较好,增温快,适于喜温蔬菜的春早熟或秋延迟栽培之用。

6. 山东省温室的特点 山东省蔬菜生产在世界上名列前茅,日光温室面积占国内总面积的 50% 以上,其日光温室利用有其独特之处。

20 世纪 80 年代,山东省大力发展双折面、大跨度的春用型日光温室。其高度为 2～2.5 米,跨度 10～13 米,前立窗高 1～1.3 米,北墙厚 60 厘米左右。当时山东省称之为塑料小拱棚。由于其光能的利用率不高,温度条件不好,一般用于黄瓜、番茄的春早熟栽培,或芹菜、韭菜的越冬栽培,故又称为春用型大棚。

80 年代后期,辽宁省瓦房店日光温室的创造者来到山东省寿光市落户,由此瓦房店式日光温室在山东省迅速发展起来。

在 1995 年以前,山东省绝大部分菜农建造的温室的规格是双坡面式的,以琴弦式为主,亦有部分全竹木结构的。跨度 7 米,中高 2.5~3 米,墙厚 80~100 厘米,后屋面宽 1.2~1.5 米。

1995 年后,温室的规模越来越大,材料也越来越高档。伴随着这种形势,有关科研单位也为之设计出了一些新型式规格的温室。主要的有以下 5 种(表 2-3)。

表 2-3　山东省冬暖大棚 5 种棚型结构参数

棚型号	跨度(米,棚内径)	前跨(米)	走道(米)	后墙高(米)	脊高(米)	采光屋面角度(°)	后屋面角度(°)
山东Ⅰ型(SD-Ⅰ)	7	6	1.0	2.0~2.1	3.1~3.2	27.3~28.1	45~47.7
山东Ⅱ型(SD-Ⅱ)	8	6.8	1.2	2.1~2.2	3.3~3.4	25.9~26.6	45
山东Ⅲ型(SD-Ⅲ)	9	7.7	1.3	2.3~2.4	3.6~3.7	25.1~25.7	45~47
山东Ⅳ型(SD-Ⅳ)	10	8.6	1.4	2.4~2.5	3.8~4.0	23.8~24.9	45~47
山东Ⅴ型(SD-Ⅴ)	10~11	9.7~9.8	1.2~1.3	2.9~3.1	4.2~4.3	23.2~23.9	45~47

上述温室的墙厚均为 100~200 厘米,用土打成,或用土打 60~80 厘米,外用 12~24 厘米厚的砖砌外墙。后墙高 2.0~2.5 米,每间留一个 40~60 厘米×50~80 厘米的通风窗。后屋面角度为 45°以上。塑料薄膜为长寿无滴膜,或多功能复合膜,近年来消雾膜也投入试用。草苫厚 4 厘米以上,用自走式机械卷帘机构

电力卷草苫。

上述规格的温室以Ⅱ、Ⅲ型较多。由于利用的建筑材料不同，其骨架形式各异，一般有钢架无支柱式、复合材料无支柱式、钢管式、氢烧镁材料等。

(1)钢架无支柱式 采用钢架无支柱式规格的温室以山东Ⅲ、Ⅳ型为多，跨度9～10米。拱架多为三角桁梁或单面桁梁。桁梁的上弦为10～16毫米直径的圆钢，下弦为6～8毫米直径的线钢材，腹杆为6毫米直径的线材。拱架每隔80～100厘米1根，亦有300厘米1根，中间架设2根竹片做拱架。桁梁下东西向焊接3道横梁，横梁用单面桁梁。

(2)复合材料无支柱式 采用复合材料无支柱式规格的温室以Ⅰ、Ⅱ型为多，跨度7～9米。拱架直径5～7厘米，每隔80～100厘米1根。拱架下设3根横梁，材料同拱架。

(3)氢烧镁材料无支柱式 该种温室的结构与复合材料式基本相同。不同之处在于后支柱和拱架是用氢烧镁、锯末、卤水混合做成的方形柱，柱的边长为8～10厘米。

(4)钢管材料无支柱式 该种温室的结构与钢架无支柱式相同，不同之处在于拱架是用2～3厘米直径的钢管做成。

总的来看，上述规格的温室，虽然较高、宽和大，支柱少，操作方便。但是，由于透光面的角度未增加，日光入射量并未增加，光照条件未改善，温度条件也没有大的提高。基建投资却增加了3～5倍，人工卷草苫很困难，必须用电力机械卷帘。

2001年初由于山东省普降20～30厘米的大雪，很多跨度大、拱架强度不足的温室被压塌，造成了很大损失。目前来看，片面追求温室的大跨度，没有实际意义，而片面追求无立柱、降低拱架强度的做法更不可取。

（二）温室建造

1. 建温室前的准备 温室是一个投资较大,使用年限较长的保护设施。因此,建造前应周密计划。在选好场地,科学布局后,根据经济实力,确定建造规模和材料结构;根据用途,确定温室的结构;根据当地的自然条件,确定保温采光性能。在设计好后再着手建造,以免修至半途,因财力、材料不济而荒废。

2. 场地选择和布局 温室是固定设施,一般 5～10 年不搬迁。为此,在建造温室时,首先要考虑到 5～10 年内使用权不会有大的变动的土地为宜。

山东地区很多温室的建造是由乡、村级政府统一规划安排的。这种方式有利于统一规划结构,确定温室方位、安排温室间的距离。规划时,尽量做到温室形式一致,统一修道路和通电线路,以及设置灌水设备。

温室群建造在冬季寒风较小的村南为宜。如有避风的院墙、山崖等条件,应充分利用。温室应避开排放有毒烟尘、废水的工厂。

日光是温室中热量的主要来源,因此必须选择有充足光照条件的场地建温室。场地应平坦开阔,东、西、南三面没有高大的建筑物和树木遮阴,北侧可有防风的林带或建筑。

温室建造场地应具备良好的通风条件,但要避开风口,以免大风损坏温室。

建造温室的土壤应是疏松、肥沃、富含有机质、地下水位较低的壤土为宜。

温室的管理和产品销售均要求有方便的交通条件。但是应避开主干公路,以防止人来车往,尘土污染塑料薄膜,以及重车通过,地面震动,损坏温室结构。

温室场地应有电源和排、灌方便的水利设施。

温室一般为东西向,坐北向南。在建造温室群时,温室应东西向平行安排,灌水渠道和道路南北向,四周有防风林或防风障。

3. 场地的规划　建造温室每栋的面积以 $600 \sim 1\,000$ 米^2 为宜。山东地区很多温室为 667 米^2,其土地利用率显著提高,室内温度条件亦好。温室过小时,东、西山墙遮阴降温的室内面积占总生产面积比例增大,具有较好的生产条件的土地所占比例小,温室建造不经济。温室过大,室内运输不便,管理亦麻烦,故一般控制在 $1\,000$ 米^2 以内,东西长度在 100 米以上。

温室建造位置应离开南侧高大建筑物或树木的阴影。在北方地区,温室南侧建筑物或树木至温室南侧的水平距离,应大于建筑物或树木高度的 $2 \sim 3$ 倍。保持这个距离,在冬至太阳角度最低的这一天,温室仍不会被遮光。温室群中,温室的南北栋之间的距离以 $6 \sim 8$ 米为宜。温室间距过大,虽有可在春秋进行小拱棚配套生产的土地供利用,但温室的土地利用不经济,而且温室间互相挡风的性能降低。温室间距过小,则会互相遮光。温室东西两栋间距 $2 \sim 3$ 米即可。

日光温室一般是坐北向南,东西延长,很少是正南正北方向的,有的向东倾斜,有的向西倾斜。温室方位为正南或偏东方向 $5°$ 左右时,称为抢阳性温室。这种温室在上午可以及早接受较多的阳光。蔬菜光合作用产物 70% 是上午形成的,这种抢阳性温室上午日光照条件好,有利于产量的形成。温室方位偏西 $5°$ 左右,称为抢阴性温室。我国北方冬季早上往往多云雾,日照不良,而下午天晴日朗,加上早晨气温过低,为了充分利用午后的光照,提高室内温度,防止夜间低温冻害,这种抢阴性温室有其独特的优越性。温室的方位是抢阳还是抢阴,应根据当地的条件而定。一般在工矿区烟雾多,用于蔬菜的越冬栽培时的温室以抢阴方位为佳。在南方温暖地区烟雾少,用于春早熟和秋延迟栽培的温室以抢阳位置为佳。抢阳和抢阴的偏离角度为 $5° \sim 7°$ 为宜。在确定温室的方位时,应以子午线为准,即中午太阳最高时的南北方向为准,而不应以指北针指的南北方向为准。指北针指的南北方向是磁子午线,与子午线间有一个磁偏角存在。故在利用指北针确定方位时,应根据当地的磁偏角进行校正。

4. 温室结构的确定

(1)采光角度　温室中采光量的大小,直接关系到温室的温度性能。影响温室采光量的因素中,采光角度是最主要的因素之一。温室的采光角度有2种:一是透光屋面的采光角度;二是不透光屋面——即后屋面的角度。

透光屋面的采光角度又叫屋面角,屋面角是塑料薄膜平面与地面的夹角。屋面角的大小,直接影响日光射入温室中入射角的大小,屋面角越大则入射角越小。当屋面角大至一定程度,使塑料薄膜平面与日光垂直时,入射角等于0°,此时日光的反射量最小,温室内的采光量最大。反之,屋面角越小,日光的入射角越大,反射量也越大,温室内的采光量就越小。

太阳光线入射角的大小还与太阳的高度角有关。太阳的高度角每天、每时都在发生变化,在确定温室的屋面角度时一般以当地光照强度最弱、日照时数最短的冬至这一天的太阳高度角为依据。不同的纬度地区冬至的太阳高度角也不相同,纬度越高,冬至的太阳高度角越小(表2-4)。计算当地的冬至时太阳高度角的公式为:90°－当地地理纬度－23.5°。

表2-4　不同纬度冬至的太阳高度角

北纬度数(°)	20	25	30	35	40	45	50
冬至太阳高度角(°)	46.6	41.6	36.6	31.6	26.6	21.5	16.6

我国北方地区纬度较大,要使阳光的入射角等于0°时,温室的屋面角度必须很大。以济南为例,冬至的太阳高度角济南为

29°50′,温室的屋面角度应为60°10′。要建造这种屋面角度的温室,脊高非常高,跨度非常小。这不仅加大了建造成本,缩小了土地利用面积,而且对保温也是十分不利的。由于太阳高度角在随时变化,仅为了满足冬至这一天的日光需要,在其他时段日光入射角不一定适宜,在建造上也是得不偿失的。

测定表明,阳光的入射角与光透过率之间呈抛物线关系,当入射角在0°~40°的范围内透光率变化不显著,在入射角40°~60°时透光率才明显下降,60°以上时透光率急剧下降。故而在实际确定温室的屋面角度时,可以用理论最佳角度减去40°,如济南地区温室的屋面角度为20°~25°即可。

拱圆形温室的前屋面角度各不相同。一般取近地面1米处弧面的平均面与地面的夹角为50°~70°为宜,中部20°~30°,上部10°~15°为宜。中部的角度最重要,中部和底部面积应占前屋面总面积的3/5~3/4。

后屋面的角度即后屋面与地平面的夹角的大小对温室的采光量亦有影响。此夹角越小,则后屋面越平坦,屋面小,建造方便,散热面积小。可是在冬至时遮光,后墙见不到日光,随着春季到来,太阳高度角越大,遮光面积就越大。如果此角度过大,阳光射入多,遮光面积减少,但是后屋面过陡,建造麻烦,卷放草苫也困难。故后屋面的角度以30°~45°为宜。

(2)高度与跨度　温室的跨度直接影响温室的性能。跨度加大,温室内的土地面积增大,利用率提高,但是温室的采光性能下降,严重影响蔬菜生长发育。这是20世纪80年代初期山东省大跨度(10~13米)温室被淘汰的主要原因。跨度太小亦有土地利用率太少,增加建造成本之弊。目前认为在华北北部地区,比较适宜的日光温室跨度为8~10米,华北南部地区可适当加大。当然这个跨度是在我国目前建造的温室以单栋为主,面积较小,以竹木结构为主,以日光为主要能源的形势下提出的。

在建造温室时首先应考虑前屋面有合理的屋面角度,保证有适宜的太阳入射角。在这个前提下,跨度每增加1米,中柱则需加高0.15~0.2米,后坡则应加宽0.5米。否则,必然会出现前屋面采光角度变小,后坡有效保护面积减少,前坡散热面积增大的现象,这对采光、保温、增温均不利。如果采用加高中柱的措施来保证适宜的采光角度,也会带来下列问题:一是加大了骨架材料的规格和用量,给建造带来困难,增加了建造成本。二是迎风面加大,降低了温室整体的牢固性。三是增加了后坡下遮阴面积,土地利用率降低。四是一般认为温室前部2.5米宽的一带产量最高,这样在相同的覆盖面积下,温室由宽变窄,就相应地减少了高产地带所占的比例。五是空间大,热容量也大,升温慢,降温也慢。昼夜温差小或夜温过高,对蔬菜生产都是不利的。综上所述,日光温室的跨度以8~10米为宜。北纬40°以北地区跨度可稍小一些,以6~8米为好。

温室的高度是指最高透光点与地面的距离,它比中柱的高度要大一点。温室高度直接影响屋面角度和空间的大小,关系到温室内的采光性能和蔬菜的生长发育。温室高度低,室内空间小,空气少,热容量也小,受光后升温快,夜间降温也快,空气对流及热的辐射量小,遇到寒流等低温天气侵袭时,容易遭受冻害和冷害。其优点是低矮温室的透光屋面小,覆盖面积小,保温防寒较容易。

过去我国北方的温室片面强调加强覆盖保持温度的一面,因此温室一般都很矮小。目前看适当提高温室的高度,有增大屋面角度、增加采光量、改善温室温度条件的功效。所以,在加强温室的保温性能,改良保温覆盖材料的前提下,温室适当增加高度是发展的方向。目前,我国的日光温室在跨度为8~10米时,高度以3.5米为宜。

温室后墙的高度也是一个结构因素。根据温室的高度和合理的后屋面仰角计算,温室后墙的高度以1.8~2米为宜。

在建造温室时,不仅要根据上述理论要求,还应考虑当地的实际情况。如果温室的跨度有变化,其高度也应相应地改变。这一改变可用合理的高跨比来实现。合理的高跨比是在温室适宜采光量的情况下,较合理的屋面角度时,温室高度与跨度的比值。温室只有合理的高跨比,才会有较佳的采光量,达到最适温度条件。此处温室的跨度与前面所提的跨度含义有所区别,此处跨度是指温室的透光屋面的最高点向地面引垂线,垂线向南的距离。后屋面占的室内跨度不计在内。与屋面角度的计算相同,从理论上计算高跨比只有增加温室高度和缩小跨度才能实现,在建造时困难太大,而且建造成本太高,保温困难,土地利用率也降低。从生产实践来看,和屋面角度一样,降低到0.4～0.5的高跨比,即可获得良好的采光效果。

(3)后屋面的宽度　温室的后屋面起着重要的温度调节作用,冬季有防风御寒和保温的作用,其夜间保温性能显然超过覆盖草苫的前屋面。后屋面白天可以吸收热量贮存起来,夜间散发热量,延缓温室温度的下降。在春季外界气温高时,后屋面又起到遮阴降温的作用。在日光强烈的天气,后屋面下凉爽空气不断流向前部,加上污染的塑料薄膜的遮光作用,室内的气温低于外界,这种温室的冬暖夏凉效应,后屋面起了很大的作用。

在温室跨度相同时,后屋面过宽,虽然保温性能提高,但遮阴面增加,采光量减少,对温室的采光量和土地利用率是不利的。后屋面过窄的结果与上面相反。生产实践表明,我国目前日光温室后屋面宽度以1.2～1.5米为宜。

(4)温室厚度　温室厚度是指后墙和两侧山墙及后屋面的厚度。厚度与保温性能有很大的关系,在一定范围内增加温室的厚度,有利于提高保温性能。据辽宁瓦房店地区测定结果,土石结构的墙为1.5～2米厚时,从室内墙表皮向外1米处,冬季始终稳定在5℃左右,向里温度逐渐升高,向外温度逐渐降低,至1.5米处温度降到 0℃ 以下。由此可见,温室墙的厚度不应少于当地冻土层的厚度。实践经验看,温室墙的厚度应根据当地冻土层的厚度加上 40~50 厘米,即可有效地保持室温,防止室外低温侵入。山东地区冬季冻土层为 40~50 厘米,日光温室的墙厚 100 厘米以上即为适宜。温室后屋面的厚度可适当减少,因为后屋面多用秸秆、碎草等导热系数小、保温性能强的材料,其厚度为墙体厚度的一半即可有效地保持室内温度。如山东地区温室后屋面厚度在 50~60 厘米。

(5)屋面形式 目前,日光塑料薄膜温室的屋面不外乎两折式(一斜一立)、微拱形和半拱式 3 种,其他形式应用较少。两折式温室的高跨比值大,光照条件好,散热面小,保温性能好,利用竹木作骨架时,建造容易。缺点是前部低矮,作业困难,不适于高秧蔬菜栽培。半拱式温室的前屋面散热面增大,保温性稍差,日光直射入量减少,散射光增多。优点是骨架符合力学支撑要求,强度大,稳固性好,屋面塑料薄膜易压紧,南侧空间大,操作方便,适于高秧蔬菜生长发育。在建造拱式温室时,利用钢骨架材料较易弯制,而竹木材料弯制就较困难。竹木材料只可弯成微拱式温室。竹片虽可弯成拱式温室的拱杆,但强度较差,必须有钢制骨架方保无虞。所以屋面形式除了根据所选温室的结构要求外,还应根据建筑材料来确定。

(6)通风面积 温室的通风面积应占采光面积的 25%,方能保证在春季降温的需要。为此,在每间温室应设 40~50 厘米×40~50 厘米的北窗(后窗),南侧也应设窗或是塑料薄膜留缝,以供开缝放风之用。

(7)温室负重 温室的骨架要承担很大的重量,平常状态下,骨架自身的重力、塑料薄膜重力、后屋面的重力、草苫的重力、人工操作掀盖草苫时的起吊压力、人上屋顶时的压力等,均由骨架承受。当下雪、下雨、大风、地震等情况下,骨架又增加了雪压、风压和地震的应力等压力。一般每平方米屋顶面受的最高压力达60～70千克。如果支架的支撑力小于上述压力之和,则会出现温室倒塌现象,这种现象各地屡见不鲜,沿海风大地区,风吹温室损坏现象较多。如1993年11月份的大雪,致使山东省10%以上的温室受到雪压倒塌的危害,2001年1月份的大雪又一次造成了大面积的危害。为防止这种灾害,必须考虑温室骨架的强度和规格。在建造温室时,一般要按照上面规定的标准选定骨架材料,万万不可降低规格。当然上述标准仅是一般年份的安全标准,如遇1993年11月份山东省大雪的侵袭时,必须采取其他措施,如人工除雪等,以保安全。

5. 温室的施工

(1)定点、放线、挖地基 在建造温室时,首先要落实好温室的确定位置,使温室的方位角合理,四角成直角,切忌偏斜。为此,应在平整的地面上画上施工基础线。画线可用经纬仪测定,亦可用民间土法,先画出北墙的双平行线后,再按距离画出两山墙的施工线。线外钉上木桩,以便及时校正测量。通常,固定了温室的四个角的位置,温室的方位即被固定。

为保证温室墙体坚固,应挖墙地基。一般地基深60～80厘米,夯实后,用三合土充填,逐层夯实后,使地基高出地面10厘米。有条件的地方,地基用砖或石块砌成。很多地方为建造省工,不专门挖墙地基。有的是平地打夯即为地基,有的是在平地上直接砌砖或土打墙。这种不打地基的做法极为有害,特别是在地下水位高、沙质土、场地极不平整时,极易造成墙体倒塌、温室变形等恶果。由于温室内外经常灌水,水浸土蚀现象在所难免,大多数温室土墙基部的土向下蚀落,形成掏空形墙,墙体上厚下薄,温室寿命缩短。这都与不打地基有关。据调查,山东省北部地区凡不打地基的温室山墙,第二年就需修补墙体,否则第3～4年即有倒塌的危险。

(2) **筑墙**　温室有三面墙,即后墙和东西两侧的山墙。温室的墙体因建筑材料不同而分为砖墙、泥墙和空心墙等,在山区有用石块加泥砌成的墙体。

①**砖墙**　用红砖砌成,厚度多为一砖半,为 36～40 厘米,内外用草泥抹面。这种墙较坚固,建造方便,但厚度不足,保温性稍差,在墙外宜堆土保温,且因造价高而使经济基础稍差地区不能采用。

②**空心墙**　在用红砖砌墙时,砖砌成内外两层,即墙的外表和内表均为砖面,中间有 10～20 厘米的空隙。此空隙可填入稻壳、麦穰、珍珠岩、蛭石、炉渣土等作绝热填充物,亦可用空气来绝热,从而增加墙体的保温性能。这种墙体的保温性能优于砖墙,也较坚固,建造方便,但其造价仍然很高。有的地方为了降低造价,增加后墙的强度,采用一层砖墙、一层土墙的办法建造空心墙。建造方法是:土墙在外,厚 35～50 厘米;砖墙在里,厚 6～12 厘米,两墙间距在 8 厘米以内,两墙顶部连接密封。这种墙体保温性好,而且砖墙在内,可承担屋后坡的檩条的压力,较坚固耐用。但是外墙是土打墙易被雨浸水冲,往往寿命不长。

③**泥墙**　目前大多数温室的墙体采用泥墙建造。建造方法有 3 种:一是夯土墙,即用长 4～5 米、宽 25～30 厘米、厚 5 厘米以上的 4 块木板夹在墙体两侧,向木板间边填土、边夯实,不断抬高木板,直到夯到规定高度。二是压土墙,这是近年来山东省创造的新方法。建墙时先把土堆到墙的位置上,用压路机或履带拖拉机拉巨形石磙子上去压实土壤,边压边堆土,到规定高度,然后按要求厚度把两侧的硬土切去,使之成为合格的墙体。这种建墙方法虽用机械,成本稍高,但建墙速度却大大提高。在建造墙体较高的温室时,一般是下半部用机械,上半部仍用人工夯土法。三是草泥垛墙,即把 15～20 厘米长的麦草或稻草,掺入土中,加水调和后,用钢叉挑泥垛墙,边垛边用木板拍实。每垛 50～80 厘米,即应晾晒 3～5 天,待干实后再垛,以免一次垛得太高而基部坍塌。泥墙具

有建造成本低、厚实、保温性强的长处,因而农民喜用,但是泥墙却有怕水浸雨淋的致命缺欠。在夏、秋雨季,水涝时,水浸塌墙也不少见,长时间的小雨亦可淋坏土墙。1992年10月份,山东省一场连续4个小时的大风中雨,使绝大部分土墙温室遭受了不同程度的损害。特别是新建的无后屋面覆盖的温室土墙,几乎全部冲刷倒塌。为此,温室的泥墙内外面最好用石灰或草泥抹面加固,或在墙的顶部加盖防雨草苫和红瓦覆盖防止雨淋。土打墙的干爆裂缝亦能降低其保温性能,及时填堵缝隙亦为建墙时的注意事项。

在建墙时,应把后墙顶部的外侧加高30~40厘米,这样可使温室的后墙与后屋面封闭严实,还可阻止后屋面上的秸秆向下滑落。这种方法建墙时,必须把后屋面顶上的草泥抹严实。否则,如有雨水浸入秸秆层,雨水会顺秸秆流入后墙中间而浸湿后墙,造成坍塌。

温室两侧山墙的建造与后墙相同。山墙由北向南倾斜,其弧度与温室前屋面的弧度相同。在建造琴弦式或钢丝绳桁架结构的温室时,钢丝均横越山墙,为防止钢丝勒入墙体,山墙顶端应放水泥板或木板承担钢丝。

④其他墙体　在就地取材、方便的情况下,有的地方利用水泥砌块建墙,或全部用砖建成花心空砖墙。

(3)建后屋面　温室的后屋面是由中柱、桁、檩、箔、草泥和秸秆组成的,也有的温室省去了桁,直接用橼和箔组成的。桁为连接中柱和后墙的梁,其长度根据后屋面的长度再加长20~40厘米。桁的小头担在后墙上,为防错动可在后墙上开坑放置。距桁的前部40~50厘米的下面用后支柱支撑。桁的前端架着脊檩,脊檩的东西两端架在山墙的最高处。桁与桁的间距为温室的间距,一般2.5~3米,脊檩以下等距离摆放3~4根檩条,并分别加以固定。为了加强桁的下部,防止土墙下塌,还可在桁的下部、后墙的前面,再加一根立柱来顶住桁。

不用杈的温室的后面屋面骨架是后立柱设后横梁。后横梁在后立柱的顶端架设，或在后立柱顶端向下 10～15 厘米处架设。后横梁的东西两端架在两侧山墙的最高处。椽子的一端架在横梁上，另一端搭在后墙上，椽子间距 40～50 厘米，上面铺放秸秆。

温室后屋面的建造顺序如下。

①配料　竹木结构的温室所有材料应符合以下规格：中柱承担着后屋面的整个重量，因此除了长度符合要求外，小头的直径一定在 10 厘米以上且顺直的木杆方可，细小、弯曲的木杆很易被压弯折断。脊檩在温室最上端，位置重要，但所受压力不大，故以光滑挺直的直径 6～8 厘米的圆木即可。其他檩条应稍粗一些，直径应在 8～12 厘米间（小头），檩细了可多加 1～2 道。杈的用料应大些，小头直径应在 10～12 厘米以上。

在不用杈时，椽子的粗度以 8～12 厘米的木杆为宜。如果椽子的粗度不够，可适当加密放置。

在利用水泥预制柱作骨架时，中柱、杈、檩均可用钢筋混凝土预制件。这些水泥预制柱的横截面均为 8～10 厘米×10 厘米的长方形，中设 6～8 毫米的钢筋做成的铁笼加固。水泥预制的顶端应留小孔，以便用铁丝连接固定。不用杈而用横梁的温室，横梁的直径应大一些，因其负载量最大。在竹子来源方便的地方，亦可用直径 8～10 厘米粗的竹子代替脊檩、檩、椽子。

②结合部的加工　利用木或竹作骨架时，中柱与杈之间宜用榫结合。杈顶部放置固定脊檩，通常需要预先锯成一个斜面。脊檩的连接处在每个杈的上面，两脊檩对头相连接后，用钉子固定。脊檩在连接时，切忌前后搭接，否则搭接处很难把塑料薄膜钉得舒展。

利用水泥预制柱作立柱、横梁、杈时，立柱的顶端应加工成凹形，以便放置横梁或杈。预制柱的顶端要留 1～2 个直径 1～2 厘米的孔，以便穿铁丝固定和连接。

③后屋面骨架的建造　首先埋设中柱。中柱是支撑后屋面的主要部件,温室中很大的重量是压在中柱上,在生产中浇水时,往往会出现下沉、前倾、后倒现象。所以,放置中柱时要掌握以下几点:一是中柱下端要垫上面积较大的石块,或用水泥预制成基础桩,以阻止或减少中柱的下沉。二是中柱要略向北倾斜 $4°\sim5°$。由于温室覆盖塑料薄膜后,在大风的吹力下,薄膜有向上向前的鼓力,很易把中柱向前拉倒。中柱略向北倾,可增加抗这股拉力的作用。但是此倾斜角亦不能太大,否则会出现后屋面后坐现象,也会造成后屋面塌落。三是中柱与桡之间,或是中柱与横梁间,均应用铁丝、木钉连接固定紧密。

中柱埋好后,架设横梁或桡。后屋面的骨架安装完毕后,应检查安装质量。一是要求中柱顶端在架设好横梁后,或是架设后脊檩后,其顶端与两山墙的最高点在一条直线上。二是后屋面的骨架基本在一个平面上,如有不符合要求的地方,应及时移动调整。最后把中柱周围的土夯实。

④后屋面的覆盖　后屋面的覆盖应该在整个温室的骨架全部完工后再进行。有条件的地方先在檩或椽子直接铺放玉米秸秆。上檩铺放时,先把玉米秸秆或高粱秸秆捆成直径 20 厘米左右的捆,每两捆为一组,梢对梢上下摆放。上面一捆的根部要探出脊檩 $10\sim15$ 厘米,下面一捆的根部触到后墙即可。捆与捆之间要挤紧,用绳或铁丝固定在檩条上。后尾面摆严后,用麦草或柴草把后屋面填平,再抹草泥一层,厚 2 厘米左右。接着把探到脊檩外面的秸秆用木板拍齐拍绒。第一遍草泥干后,再抹第二遍泥,厚度同前。抹第二遍泥时把拍绒的秸秆根部也覆上泥。抹完泥后固定塑料薄膜,把翻转过来包过脊檩顶部的塑料薄膜展放到后坡上,随后用草泥封压住,再把薄膜拉到前屋面上。然后加高后墙外侧及两山墙的后部,并在后屋面上再铺一层厚 $20\sim30$ 厘米的麦草或碎草,用成捆的玉米秸压在上面。在铺这层玉米秸时,要在后坡的上

部(中柱支撑的位置)横着放一道成捆的玉米秸,在玉米秸与脊檩之间形成的低凹处填上碎草,形成一道平直的东西走道,以供人在上面操作走动。

温室的后屋面不用柁,而是用椽子作骨架时,玉米秸是东西顺放,其他覆盖方法同前述。

利用钢架作骨架时,为了建造方便,在有条件时,可利用水泥预制板作后屋面。水泥板长1.5～2米,宽50～80厘米,厚5厘米,一头架设在后墙上,一头架设在后横梁上。水泥板上覆盖50厘米厚的炉渣,夯实,其上用水泥抹面。

(4)建前屋面 前屋面是由腰柱、前支柱、拱杆、中横梁、前横梁、塑料薄膜、压膜线、草苫等组成。

①竹木结构和水泥混合结构的温室 其前屋面下有两排立柱,即腰立柱和前立柱。这两排立柱承担着前屋面很大的重量,一般用直径4～6厘米的木杆或竹竿。水泥柱作立柱时,横断面为6厘米×8厘米的长方形。腰横梁和前横梁分别横向连接腰立柱和前立柱,用料规格同柱。这两道横梁均用榫、铆或铁丝在立柱顶端向下15～20厘米处与立柱连接固定,横梁上每隔80～100厘米用铁丝固定小支柱。小支柱高15～20厘米,木制。拱杆用宽4～5厘米的竹片,或用直径4～5厘米的竹竿制成。拱杆上端插入脊檩上,中间用两排小支柱固定,前端插入温室前侧的土中20～30厘米。如拱杆长度不够,在温室南侧可用1～2厘米直径的细竹竿代替拱杆,一端插入土中,上端绑在前横梁上。

施工时,立柱的下部一般先挖40～50厘米深、直径30～40厘米的坑。坑底夯实,底部放入大石或砖奠基,上面再立立柱。立柱的上端东西或南北向成一直线后,把立柱周围的土夯实,固定牢固,防止生产期间,因浇水而使立柱下沉。拱杆架设时,应保持拱杆上面的平滑,不要呈起伏凹凸状态。有的地区为了增加立柱的支撑力,腰立柱和前立柱在设立时均向南倾斜10°～15°,使立柱的支撑力和温室顶面的压力在一直线上,这样可增加温室的强度。

前屋面骨架建好后,选无风的晴天覆盖塑料薄膜。日光温室一般用两幅薄膜,南侧一幅宽 1～1.5 米,顶上一幅较宽。一般塑料薄膜应用电烙铁预先热合在一起才够宽度。在上塑料薄膜时,先把薄膜卷成卷,上端固定在脊檩上,下端盖在前屋面上。温室前侧的塑料薄膜的边缘,卷入高粱秸或竹竿,拉紧埋入土中。东西侧塑料薄膜要越过两山墙上面,卷入高粱秸或竹竿,拉紧后埋入山墙外侧的土中。两幅薄膜连接处,上幅的边缘要压着下幅边缘 15～20 厘米。

压膜线上端固定在脊檩上,下端固定在地锚上。地锚为砖头或石块,压入土中 30～40 厘米,砖或石块上拧着铁丝,铁丝露出地面。压膜丝在两个小支柱中间把薄膜压紧成波浪形。

②**琴弦式温室** 在拱架建造好后,在前屋面等距离拉直径 4 毫米的铁丝。铁丝拉紧,两端用地锚固定。上覆塑料薄膜后不用压膜线。在拱杆和薄膜的上侧用细竹竿压着,用细铁丝固定在一起。

③**钢架式温室** 按规格在地面上焊接钢拱架,拱架接地的地方用水泥作基础。立好拱架后,再建后屋面和上塑料薄膜。

(5)保温覆盖物 又叫不透光覆盖物,是温室夜间用于保持前屋面温度的保温材料。一般用稻草打成宽 2 米、厚 4～5 厘米、长7～8 米的草苫,亦有用蒲草帘或纸被的。草苫的上头用绳子固定在脊檩上,白天用绳子拉起卷放在后屋面上,夜间放下覆盖前屋面。草苫一直覆盖到温室南侧 50 厘米处的平地上,以保持温室外的土地不致降温太多而传导至室内。

(6)防寒沟与防寒裙 防寒沟是防止和减缓温室内外土壤热交换的设施。防寒沟设在温室的前沿。沟宽 30 厘米,深度与当地冻土层深度一致,山东省为 40～50 厘米。沟内填入杂草、秸秆、炉渣等保温绝热材料,顶部覆 10～15 厘米的泥土,并盖上地膜,防止雨水浸入。有的地方把沟顶用秸秆盖起来,上面用泥浆封严,亦有良好的效果。

温室后墙的北侧也可挖防寒沟。不过为了节省用工和绝热材料,一般采用培土的办法。即在后墙外由下向上埋上土壤,厚度与当地冻土厚度相同为宜。

防寒裙是设在温室里面前坡下的一条东西向的塑料薄膜,一般宽 1 米,长与温室一致。上边与棚膜紧靠,下部埋在土中,可减缓温室前部与外界近地面空气的热交换。

(7)进出口　温室的进出口是供人们进出的必备通道。进出口适宜与否,不仅影响操作管理,而且还关系到温室的保温性能。一般长度为 50~60 米的温室只在东西山墙上设一个进口,超过此长的应在两侧各设一个出口。进出口高 1.5~2 米,宽 60 厘米,门的内侧吊上棉帘。门外建 3~4 米^2 的小工作间,工作间门口朝南。此工作间仅供存放工具以及人员休息,还有减少冷空气侵入温室的作用。

较大的日光温室可在北墙中央开进出口。进出口外必须建一工作间,以缓冲室外冷空气进入温室内部导致降温。

(8)通风口　温室的通风口分两部分:一是后墙上的通风口;二是前屋面塑料薄膜上的通风口。后墙上的通风口在用土打墙时应预留上。一般每间温室一个,窗间距 3 米左右,通风口为 40~50 厘米见方的洞。打土墙时在通风口上方预置一木板作为梁。墙体做好后,再把通风口挖开即成。通风口冬季堵上,春季挖开。前屋面塑料薄膜的通风口有多种形式,一是在薄膜上挖 30~40 厘米的洞,黏接塑料袋,袋口的另一端用十字形木棍支撑。通风时把十字形木棍撑起,闭风时放下即可。经常利用的是把两幅塑料薄膜的接头处扒开缝隙通风。

(9)保温设施　除了覆盖物外,还有下列保温设施。

①保温幕　在温室内,薄膜下 20~25 厘米处,南北向拉上几

道平行的铁丝。铁丝上搭着黏合好的整块薄膜或无纺布,即为保温幕。夜间拉上保温幕,幕与温室薄膜间形成一个相对稳定的空气层,有着良好的防寒保温性能,效果相当于一层草苫,可提高室温 2℃左右。白天则把保温幕拉开到温室北侧或南侧存放。保温幕适于室内立柱较少的情况下应用。利用塑料薄膜作幕时,应使幕面有一定的倾斜度,从而使凝结在上面的水滴能流落在指定的地点,防止落到蔬菜叶面上诱发病害。

②多层覆盖 温室在蔬菜幼苗期,或是矮秧蔬菜栽培时,在每一栽培畦上再扣小拱棚,小拱棚上覆盖草苫,可明显改善温度环境。

③设置防风障 在温室群的外围,特别是北侧,建立 2～3 米的风障,可有效地稳定温室外的气流,有利于改善温度环境。

(10)加温设备 我国目前利用的温室仅有极少数人工加温的。由国外引进的大型现代化温室是用煤或石油作能源,加热暖气来加温。一些由国家出资建设的大型现代化温室,有的是用发电厂供给的余热,有的是利用地下热资源,有的是建造锅炉来加温。这些温室造价高昂,生产成本十分高,民间不宜采用。民间加温多用煤或柴草作能源,温室供育苗。目前,农村常用的温室加温设备多为一条龙式的火炉,也有火墙或土暖气等设施。

一条龙式的火炉用煤或柴草作燃料,以地面烟道做散热器,包括炉坑、火炉、出火口、烟道及烟囱 5 个部分。炉坑是安放炉体,添煤、掏灰等操作的地方,一般设在室外。火炉是煤燃烧的场所,必须低于烟道。煤燃烧后,经过出火口增加火的抽力,引入烟道。火炉最好建在温室外的工作间里,如在室内,易使附近的蔬菜受污染和产生有害气体使人中毒。温室较大时,火炉建在东西两侧,烟囱设在中间。温室宽度在 7 米以上时,可在温室南侧加建火炉和烟道。烟道一般用砖砌成,也可用瓦管砌成。烟道内宽 20 厘米,高度稍低于栽培床,外面抹黄泥,防止漏烟。为使通烟顺利流畅,烟道的适宜坡度为每长 1 米抬高 1～2 厘米为好。烟道的尽头竖烟囱。烟囱用以排除废烟,加强热气对流,增加火炉的抽力。烟囱出口的内径应比烟囱内径小一些。烟囱应砌在距北墙 0.4 米远的地方,高出屋脊 1 米。烟囱基部要从地面向下挖 0.5 米左右的落灰膛。

(三)性能及应用

加温温室内,冬季的温度条件基本上可以人为完全地控制,完全可栽培各种喜温蔬菜。

在山东、辽宁等地的日光温室,大多数冬季可以保持 $10℃\sim25℃$ 的室温。温室内的最低气温一般不低于 $5℃$,可以进行越冬喜温蔬菜的栽培。部分采光性能不强、跨度大、保温性差的温室,冬季室内气温也在 $0℃$ 以上,可以栽培耐寒性蔬菜,或喜温蔬菜的春早熟、秋延迟栽培。

温室内的温度条件很不均衡,白天是室南侧高于北侧,夜间是北部高于南侧。室内不同的高度温度差异也很大,白天是离地面越高,温度越高;夜间则相反。

温室内的光照条件由于塑料薄膜、温室骨架、山墙等物的遮阴,一般比露地要差。光照不足是普遍存在的问题,室内光照强度差异也很大。

温室内的空气湿度较大,夜间空气相对湿度在 90% 以上。白天在不通风的情况下空气相对湿度亦很高,也在 70%～90% 之间。

温室是一项投资较大的保护设施,生产利用必须考虑经济效益,一般以秋末、冬季、春初的蔬菜茬口为主。此时为蔬菜生产的淡季,又时值我国人民传统的元旦和春节,人们对蔬菜的品质和数量要求较高,故温室蔬菜栽培有可能取得较高的经济效益。

加温温室的茬口安排比较固定,一般以黄瓜、番茄、西葫芦、甜椒等果菜为主进行越冬栽培,元旦和春节期间上市,以取得较高的经济效益。茄子在温室内着色不良,豆类蔬菜产量低、产值低,其他绿叶菜价格不高,故栽培较少。加温温室的南侧、北墙根可见缝插针种植些叶菜、香椿、萝卜等蔬菜。

日光温室在山东、辽宁等地亦可进行喜温蔬菜的越冬栽培,其茬口安排与加温温室相同。也可在冬季进行耐寒性蔬菜的越冬栽培,在秋季和春季进行喜温蔬菜的春早熟和秋延迟栽培,以及喜温蔬菜的冬春育苗。

第二节　保护地栽培覆盖材料

一、塑料薄膜

(一)保护地栽培使用的塑料薄膜

保护地栽培对塑料薄膜的要求是:透光率高,保温性强,抗张力、抗农药性强,无滴、防尘、透明度高。当然,价格低廉也是非常必要的。

国产的塑料薄膜厚度不一,在利用中应根据实际情况而定。大型保护地进行周年生产栽培,应选用较厚的薄膜,可使用2～3年再更换;简易保护地栽培的蔬菜在短期内即可采收完毕的,不必使用厚薄膜,可采用每年更换一次较薄的薄膜;在栽培需光照强度较大的蔬菜如茄子时,宜用较薄的、更换较勤的新薄膜。

1. 塑料薄膜的种类　目前,国产的保护地用塑料薄膜主要有如下几种。

(1)聚乙烯普通薄膜　又称 PE 普通薄膜。该类薄膜透光性好,无增塑剂污染,灰尘附着少,透光率下降慢;耐低温性强,低温脆化温度为-70℃;比重小,相当于聚氯乙烯薄膜的 76％,同等质量的薄膜,覆盖面积比聚氯乙烯薄膜增加 24％;透光率较强,红外线透过率高达 87％以上;其导热率较高,故夜间保温性差;透湿性差,易附着水滴,雾滴重;不耐日晒,高温软化温度为 55℃;延伸率大,达 400％,弹性差,不耐老化,连续使用时间为 4～6 个月,保护地只能使用一个栽培周期,越夏有困难。

(2)聚氯乙烯普通薄膜 又称 PVC 普通薄膜。这种薄膜的新膜透光性好,但随时间的推移,增塑剂渗出,吸尘严重,且不易清洗,透光率锐减;红外线透过率比聚乙烯薄膜低 10％;夜间保温性好;高温软化温度为 100℃,耐高温日晒;弹性好,延伸率小(180％);耐老化,一般可连续使用 1 年左右;易粘被;透湿性比聚乙烯薄膜好,雾滴较轻;耐低温性差,低温脆化温度为-50℃,硬化温度为-30℃;比重大,同等重量的薄膜覆盖面积比聚乙烯薄膜少 24％。这种薄膜适用于夜间保温性要求较高的地区,适用于较长期连续覆盖栽培。

(3)聚乙烯长寿薄膜 又称 PE 长寿薄膜,或 PE 防老化薄膜。在生产聚乙烯普通薄膜时,在原料中按一定比例加入紫外线吸收剂、抗氧化剂等防老化剂,以克服普通薄膜不耐日晒高温、不耐老化的缺点,延长使用寿命,这种薄膜即为聚乙烯长寿薄膜。该种薄膜可连续使用 2 年以上。其他特点与聚乙烯普通薄膜相同,可用于北方高寒地区长期覆盖栽培之用。由于使用限期长,成本显著降低。应用中应注意清扫膜面积尘,保持清洁,以保持较好的透光性。

(4)聚氯乙烯无滴薄膜 又称 PVC 无滴薄膜。它是在聚氯乙烯普通薄膜原料配方的基础上,按一定比例加入表面活性剂(防雾剂),使薄膜的表面张力与水相同。应用时薄膜表面的凝聚水能在膜面形成一层水膜,沿膜面流入低洼处,而不滞留在膜的表面形成露珠。由于薄膜的下表面不结露,保护地内的空气湿度有所降低,能减轻由水滴侵染的蔬菜病害。水滴和雾气的减少,还避免了对阳光的漫射和吸热蒸发的耗能。所以,设施内光照增强,晴天升温快,对蔬菜的生长发育十分有利。该种薄膜的其他特点与聚氯乙烯普通薄膜相似,较适用于蔬菜保护地越冬栽培。在春早熟和秋延迟栽培中,应注意放风,防止高温危害。

(5)聚乙烯长寿无滴薄膜　又称PE长寿无滴薄膜。是在聚乙烯长寿薄膜的原料配方加入防雾剂制成。它不仅使用期长,成本低,而且具有无滴膜的优点,适用于冬春连续覆盖栽培。应用中应注意减少表面灰尘,保持良好的透光性,注意放风降温。

(6)聚乙烯复合多功能薄膜　又称PE复合多功能薄膜。是在聚乙烯普通薄膜的原料中,加入多种特异功能的助剂,使薄膜具有多种功能。目前生产的薄型耐老化多功能薄膜,就是把长寿、保温、全光、防病等多种功能融为一体,其厚度为0.05～0.1毫米,可以连续使用1年左右。夜间保温性能比聚乙烯普通薄膜高1℃～2℃。全光性能达到使50%的直射阳光变为散射光,可有效地防止因设施骨架遮阴造成的作物生长不一致的现象。每公顷设施用量比普通聚乙烯薄膜减少37.5%～50%。该种薄膜较薄,透光率高,保温性能好,升温快。在管理上要提前放风,增大放风量。该种薄膜适用于冬季高效节能栽培和特早熟栽培。

(7)漫反射薄膜　是在聚乙烯普通薄膜的原料中,掺入对太阳光的透射率高、反射率低、化学性质稳定的漫反射晶核,使薄膜具有抑制垂直入射光的透光作用,降低中午前后日光射入设施内的强度,防止高温危害,同时又能随太阳高度的减少,使阳光的透射率相对增加,早、晚太阳光可以尽量进入保护地内,从而使设施内的光照强度更符合作物生长的要求。该种薄膜的夜间保温性能较好,积温性能比聚乙烯和聚氯乙烯薄膜都强,使用中放风强度不宜过大。

(8)聚酯镀铝膜　又称镜面膜。是把0.03～0.04毫米厚的聚酯膜进行真空镀铝,光亮如镜面。是冬季或早春的保护地内,在保护地的北侧或苗床北侧张挂该种薄膜,由于反光作用,可在一定距离内增加光照强度 40% 以上,有明显提高秧苗素质和增加果菜类早期产量的效果。聚酯镀铝膜极耐老化,可连续使用 3~4 年。

(9)有色膜 有色膜能够有选择地透过某一段波的光,对某些蔬菜有较好的增产效果。如紫色薄膜能延长茄子的生长期,增加产量;蓝色膜可使韭菜早熟增产;红色膜可提高草莓产量。

目前研究开始利用的还有透气薄膜,即可渗透进入二氧化碳,以解决密闭环境中保护地内二氧化碳亏缺的问题。还有增光薄膜,即把太阳光中的紫外线转化为作物光合作用可利用的可见光,从而促进光合作用,抑制某些病害的发生。还有保温膜,它具有良好的保温性能,但透光性较差,适用于无其他保温膜覆盖物的保护地应用。

2. 塑料薄膜的黏合 目前国内保护地跨度,一般大大超过国产塑料薄膜的宽度。为了覆盖薄膜方便,节省薄膜重叠时的浪费,一般先把窄幅的薄膜黏接成宽幅的。塑料薄膜的黏接法主要有两种。

(1)热合法 一般利用火烙铁、电烙铁或电熨斗黏接。

(2)药补和水补法 利用塑料黏合剂可以把两幅薄膜黏合在一起,并可用于破损处的修补。

有的保护地或保护地为了通风方便,两幅塑料薄膜连接处不用黏合法,而是把边缘卷起,热合成直径 2~3 厘米的长孔,内穿细绳,用拉紧细绳的方法,使两幅薄膜固定位置。

(二)地 膜

地膜是用塑料作原料,制成的较薄的薄膜,用于覆盖地面用的材料,保护地栽培应用较多。

目前我国生产应用的地膜有如下几种。

1. 无色透明膜　也称本色膜。这种薄膜呈原料本来的颜色，土壤增温效果好，一般可使土壤耕层温度提高 2℃～4℃。在生产中应用较普遍。每 667 米² 覆盖用膜 7.5～10 千克。

2. 黑色膜　在聚乙烯原料中加入 2%～3% 的碳黑制成。这种地膜太阳光透过率较小，热量不易传给土壤，薄膜本身易因吸收阳光热而软化。所以，黑色膜对土壤的增温效果不强，一般可提高地温 1℃～3℃。它主要能防止土壤水分的蒸发、抑制杂草的生长。

3. 绿色膜　这种地膜是在聚乙烯原料中加入了绿色颜料，使地膜呈绿色。在绿色地膜的覆盖上，畦面的杂草生长被抑制，有减轻杂草危害的作用。

4. 黑白双重膜　这是为了克服黑色膜的一些缺点而研制的复合薄膜。表面为乳白色，背面为黑色。表面通过光反射，使地温下降，背面黑色，有利于抑制杂草生长。

5. 银灰色膜　这种膜有驱避蚜虫的作用，可以减少植株上的蚜虫数，减轻病毒的危害。

6. 银黑双重膜　这种薄膜能反射更多的紫外线，可驱避蚜虫，有降温效果，但不如黑白双重膜明显，适于蚜虫和病毒病容易发生的田间使用。

7. 银色反光膜　又称 PP 膜。是将薄膜的铝粉黏接在聚乙烯薄膜的两面，成为夹层状薄膜，或者在薄膜上覆盖一层铝箔而成，具有隔热和较强的反射阳光的作用。在高温季节覆盖地面，可降低地温，并能增强植株底层的光照强度，有利于果实的生长和着色。

8. 有孔膜　在各种地膜上根据蔬菜的株行距需要，在加工生产时打孔。打孔的形式有用于撒播的断续条块状切孔膜，有用于点播的播种孔膜。孔径的大小有小于 43 毫米的小孔和大于 80 毫米的大孔，中间的为中孔。

9. 杀草膜 这是一种利用含除草剂的原料,吹塑加工而成的特殊薄膜。

10. 崩坏膜 也称为降解膜。这种薄膜覆盖一些时间后能自动分解,可减少使用后土壤残膜的处理工作,防止废旧塑料对土壤的污染。

二、保温材料

保护地的保温材料一般指的是不透光覆盖物,覆盖在保护地的顶部或四周,起到保持温度的作用。目前,国内常用的不透光覆盖物有如下几种。

(一)草 苫

是用稻草、蒲草或谷草编织而成。稻草苫应用最普遍,一般宽1.5～2米,厚5厘米,长5～8米,每块重25～30千克。草苫的两头要加上小竹竿,以便卷放和增加牢固性。蒲草苫的厚度和强度均高于稻草苫,但造价亦高。草苫的保温性能一般,应用中卷放较为方便,由于价格低廉,材料为农副产品,来源方便,故目前应用较多。缺点是寿命短,易污染塑料薄膜,在雨雪天气易吸水变潮,降低保温性能,并增大重量,增加卷放难度。

为了增加草苫的保温性能,以及防止雨雪浸湿,近年来山东地区开始在草苫的两面包裹上废旧的塑料薄膜。这种草苫大大提高了保温性能。

(二)纸 被

也叫纸帘。它是用4层牛皮纸或展开的旧水泥袋缝合而成的。也有的用两层牛皮纸,中间夹几层旧报纸做成。还可以把纸被用清漆刷过,以增加其强度和防水性能。纸被之间有多层不流

动的空气,可起到很好的隔热作用,一般夜间可以增加室温
4.4℃～6.5℃。纸被一般宽 2 米,长 5.5～6 米。纸被的保温性能
稍逊于草苫(表 2-5),但是它使用方便,寿命较长,耐潮、防雨雪性
能好,造价亦不高,故应用较多。在高寒地区多是草苫和纸被二者
并用,以增加保温效果。

表 2-5　不同材料的保温性能

处　理	温度(℃)			
	16 时	20 时	24 时	4 时
棚外气温	−8.2	−14	−15.0	−16.6
不加覆盖大棚气温	1.2	−7.5	−9.0	−11.0
盖一层草苫棚内气温	4.8	1.2	−0.4	−0.9
草苫、纸被各一层的棚温	10.0	7.7	6.7	5.3

(三)棉　被

产棉区有用棉籽中的短绒或废旧棉花作填充物,用包装布作
外表,制成棉被作保温覆盖物的。这种覆盖物的保温性能良好,其
保温能力在高寒地区约为 10℃,高于草苫、纸被的保温能力。棉
被造价很高,一次性投资大,但可使用多年。只是怕雨雪浸渍,需
用塑料薄膜包被防水浸。

(四)其　他

经济条件好的温暖地区,有利用气垫膜覆盖保护地的。气垫
膜是双层塑料薄膜制成,上附很多气泡,利用此气泡内静止的空气
作保温材料。它的保温性能比其他材料差,但是它不怕雨雪,应用
方便轻巧,可和其他材料共用。

近年来,不织布做保温材料的应用越来越多。不织布又叫无
纺布,或叫"丰收布"。不织布是用聚酯原料制造出来的非纺织产

品,所用聚酯纤维有长有短,断面有圆形的,也有椭圆形的。椭圆形断面、长纤维制成的无纺布结构紧密,保温性能较好。但是,每平方米 20 克重的无纺布的保温能力只有 1.5℃左右,不如 0.1 毫米聚氯乙烯薄膜的保温能力。不织布的另一优点是具有一定的吸湿性,所以它较适于作保护地内保温幕,可望替代传统的纸被。

第三节　增温设备

　　温度是保护地生产中的关键条件,目前国内绝大部分保护地利用日光作为热量的唯一来源,一般是白天依靠作物、空气、土壤等蓄热,夜间放出,来维持室内温度。这种方式在高寒地区仍满足不了喜温蔬菜越冬栽培的需求;在低纬度地区遇到寒潮侵袭、连续阴雪天,也会因热源太少而受冻害和冷害。因此,保护地内的增温设备,从发展的角度看是必不可少的。国内保护地的增温设备主要用于大型的现代化保护地中,从利用的能源可分为以下几种。

一、太阳能

　　利用太阳能提高保护地夜间温度的方法很多,如水蓄热设施是把工业生产的太阳能热水器安装在保护地顶部,亦可安装在设施内。白天吸收阳光,加热水温,把热水蓄积起来,夜间用管道把水中蓄积的热释放到保护地中。也有把白天吸光增热的水,通过埋入地下 30 厘米的塑料管道,把热量传给土壤,由土壤蓄热,夜间再用水循环,把土壤蓄热再传至设施内空气的设施。这种蓄热设施的热效果较好,水的热容量大,可有效地储存大量的热量。但是设备较大,较笨重,占空间多,基建成本高,应用有些不便利。

　　此外,还有空气传热设施。它是把白天日光加热的空气,用鼓风机吹入埋在地下 30 厘米的塑料管道中,把热量蓄在土壤中。夜间再用鼓风机,利用空气流动把土壤中的热量带入设施内,维持设施内温度。这种设施的体积比上述的要小、要轻,应用较方便,但基建成本较高。

二、锅炉热

保护地供暖的锅炉有煤炉和油炉2种。国外多用石油作燃料的锅炉,其优点是起停快,热效率高,燃料开支费较低。国内多用煤炉。在保护地要建锅炉时,一定要注意消烟除尘。大面积保护地采暖时,最好按耗热量选用3～4台锅炉满足需要为好,其中应有后备锅炉一台。这样可按不同季节起炉增温,运行中若发生故障,则不致全部停炉,影响生产。

保护地锅炉采暖有热水循环和蒸汽循环2种。蒸汽加温时,由于蒸汽升温或下降很快,遇特殊情况,室内温度变化大,对蔬菜生长不利。而热水循环时,室温变化较小,故一般应用较多。

三、热风炉加温

热风炉加温的原理是利用热能材料将空气加热到要求指标,然后用鼓风机送入保护地增温。国内热风炉均用煤炭燃烧,对煤炭的种类要求不严格。热风炉直接加热空气,其预热时间短,升温快,容易操纵,保护地内的设备也较简单,造价低廉。国外近年来此种保护地加温设施发展利用很快,国内也已开始运用。

四、地热和工业余热加温

有地热资源的地区,有时可得到70℃～80℃的高温地下水;部分工厂如电厂、石油加工厂等也能排出热废气或30℃以上的温水。这些热源均可用于保护地的加温。国内一般用地下热交换加温系统。它是一种加热作物根系的方法。土壤加温的加热管是用聚乙烯或一种柔韧的材料做成,可耐80℃的温度。把加热管埋于地下30～40厘米处,间距不小于30厘米,管径6.5厘米。用热水泵把热水引入加温管,使土壤增温,进而保持保护地气温。

这种加温方法不耗费能源,清洁卫生无污染,由于地温高,增产效果明显,很有利用价值。缺点是设施投资稍高,再者必须注意协调和工厂的关系,以免出现寒冬停止热源供应的情况。

在日本已开始利用地下16℃～17℃的低温水加热保护地。加热方法有两种:一是水帘法。即在保护地上空罩以致密的帘布,其上用喷嘴洒上16℃～17℃的水。所喷之水,通过排水沟送还地下。这种方法可使在外界气温为－8.5℃时,室内气温保持5.5℃～5.6℃。二是热泵法。它是利用机械装置,让低温液体"伏隆"在蒸发器内吸收地下水的热能而汽化,将气体送入压缩机进行压缩,使温度提高到30℃～60℃。此热量被保护地的循环水吸收放入保护地。这类保护地的加温设施亦需较高的设施投资,但其节能和利用的广泛性是不容置疑的。

五、潜热蓄热装置

这种设施是在潜热物质氯化钙与硫酸钠中加入某种物质,使其能在13℃～27℃温度范围内溶解或凝固,白天吸收保护地内的余热而溶解,夜间放出热量而凝固以达到加温保护地的目的。溶解或凝固时吸收与放出的热量,每千克相当于125.6～251.2千焦,容积比的蓄热量为水的5倍以上。利用这种装置加热保护地有2种方法:一是把潜热物质装在软质或硬质塑料容器内,放在保护地内有直射阳光的地方,加热和放热,这是被动型的方法。二是利用风泵在潜热物质表面强制通风进行热交换,这是主动型方式。

　　这种潜热蓄热装置的设备较小,蓄热量大,不耗费能源,无污染,很有发展利用价值。缺点是阴雨天不能使用。

六、临时增温设施

　　一般保护地中没有人工加温设施,遇到强寒流侵袭,保护地内温度很低,很易造成作物冻害或冷害。遇到这种情况,必须采取临时增温措施。临时增温的方法很多,如利用炉火加温,必须设置烟囱,不向设施内漏烟;用炭火盆或豆秸等升温,应在棚外升火,待木炭完全烧红无烟后再搬入设施内。

　　蔬菜保护地遭受冻害多在两侧,原因是两侧空间小,热容量少,如果又未设置防寒沟,地温横向传导向棚外散热,温度下降快,作物容易受冻害。为防止冻害,可在靠近两侧底脚处,按1米距离或蔬菜的行间点燃一支蜡烛,亦可在此处用盘、碗等容器盛酒精点燃。据测定,100根蜡烛点燃1小时,可提高棚温2℃~3℃。

　　在有喷灯的时候,可用煤油燃烧在设施内加热。这种方法使用方便,成本很低,热效率很高。

第四节　通风及降温设备

一、通风设备

　　保护地内的通风有两个主要目的:一是排除有害废气,渗入新鲜的富含二氧化碳的空气;二是降低保护地或保护地内的温度。春、秋季节还有降低空气湿度的作用。保护地内的通风有自然通风和强制通风2种。自然通风是通过通风口和薄膜间隙进行自然的空气交流。强制通风是利用动力扇排除室内的空气或向设施内吹进空气,使设施内外的空气进行强制交换。强制通风是在出入口增设动力扇,吸气口对面装排气扇,排气口对面装送风扇,使设施内外产生压力差,形成气流进行通风。应用中不仅要安置电风扇,还需耗费电能,故民间应用较少,仅在大型的保护地或科研保护地上应用。

自然通风的通风量取决于保护地内外的温差、风速、通风窗的结构和面积等。在气温较低时,以排除保护地内湿气和渗入二氧化碳为目的通风,一般只开天窗,并尽量在背风面通风,通风面积占覆盖面积的 2%～5% 即可。这时进风速度与出风速度几乎相同,不致进入过多的冷空气而降低棚温。在春末夏初以降低保护地内的温度为目的通风,应扩大通风面积,通风面积应占覆盖面积的 25%～30%。自然通风根据通风窗的位置可分 3 种形式。

(一)天窗通风型

在保护地的顶部设立天窗,或扒开塑料薄膜的连接缝进行通风,通常称为放顶风。保护地或保护地内的热空气升集在顶部,开天窗后,热空气自然逸出室外,棚外的冷空气从天窗中部进入设施内。这种通风方式空气对流缓慢,降温较少,对作物影响较小。一般用于排除设施内湿气,渗入二氧化碳,或小范围的降温。

(二)底窗通风型

又称通地风、扫地风。是从保护地的侧风口通风,进入设施内的气流沿着地面流动,大量的冷空气进入室内,形成不稳定的气层,把设施内四周的热空气推向上部,因此上部就形成一个高温区。在通风口附近,凉风直吹蔬菜作物的茎基部,造成植株的大幅度摇动。这种通风方式降温效果十分明显,如加上天窗通风,可迅速地降低保护地内的温度。在炎热的天气应用尚可,在春初、秋末应慎用,以防扫地风损伤作物。

(三)天窗、侧窗通风型

侧窗是指保护地一侧,高于地面 1 米以上的通风窗。通风时,侧窗进风,由天窗排出热风。这种通风方式降温、排湿效果较明显,风力不大,而且是吹在植株上部,对蔬菜无大损害,适于春、秋降温、排湿之用。

二、降温设备

夏季保护地内的温度很高,一般不适宜蔬菜作物的生长发育。为提高土地利用率,需采取降温措施。国内采用的降温措施除了加大通风面积外,多利用遮阴法。即在设施内或棚外加挂遮阳网、无纺布、草苫、竹帘等,以减少日光射入量,达到降温的目的。亦可向塑料薄膜上喷石灰水,起遮阴的作用。这种降温措施很有效,而且设备简单,来源方便,成本低廉,但却有降低光照强度的代价。较先进的保护地降温设施是喷水降温,即在保护地顶部安装喷头,用喷水的方法降低设施内温度。这种方法很有效,可使设施内温度降低 5℃,但由于浪费水源和水锈污染薄膜问题不可能大量推广应用。

国外保护地的降温设施较先进。常用的有如下几种。

(一)通风降温

国外通风降温多采用排风扇强制通风方式。保护地内设置电子感温仪器,当温度达到规定上限时,即自动通电,通风窗开启,排风扇排风。温度降低到规定下限时,又自动关闭。这种通风降温方式国内较先进的保护地亦有采用。

(二)蒸发帘降温

在保护地通风口排风扇的内或外侧,利用白杨木丝,或用纸、猪鬃、铝箔做成厚 5～13.3 厘米的帘片,帘片面积大于通风口数倍,挂在保护地通风的一侧。往帘片上不停地浸水,利用水分的蒸发,降低周围空气的温度。把此低温空气抽入保护地内,即可达降低温度的目的。

蒸发帘降温用水很少,而且可以循环使用,其设备投资比其他降温设施要少,但是它常会造成保护地内的湿度增加,这是其缺欠。

(三)喷雾降温

在保护地内利用高压喷雾装置,使水在雾化时吸收周围大量的热量,达到保护地降温的目的。这种方式降温效果非常明显,但是只适用于耐高空气湿度的蔬菜或花卉作物。

(四)遮阴冷却

采用百叶窗、活动遮阳布或其他非固定装置,通过遮阳、减少光照的方式,保护地内温度可降低 3℃～4℃。这种方法虽经济有效,但却会因光照削弱,影响蔬菜的生长发育。

第五节 补充光照设施

一、补充光照的目的和效果

在自然状况下,日光一般是充足的,能满足蔬菜的生长发育要求。但是在冬季的光照强度和光照时间却显著少于春季,相差 3

倍左右。加之保护地生产中有塑料薄膜等材料的遮挡,所以保护地冬季栽培的大多数果菜类蔬菜的光照条件都达不到光饱和点。由此,采用人工补充光照的措施可以取得明显的增产效果,一般可提高产量10%～30%。在一些特殊的年份,如1999年11月份连续阴雨20余天,保护地内光照严重不足,造成黄瓜嫁接苗接口不愈合,其他蔬菜黄叶、萎蔫,山东省大多数越冬蔬菜育苗失败。在这种情况下,人工补充光照不仅是增产的问题,而是挽回绝产的损失。

二、人工光源的选择

选择人工光源首先要根据补光的目的,选择适宜的光源,一般来说有两点要求:一是光谱性能。蔬菜光合作用主要是在波长400～500纳米的紫光区和600～700纳米的红光区。从这个角度上看,光源的光谱不一定非要与太阳光谱接近,而要求光源光谱中有丰富的红色光及蓝紫光。此外,在紫外线透过量不足的保护地还要求光源光谱中包含有波长300～400纳米的紫外线。二是发光效率。光源发出的光通量与光源所消耗的电功率之比称为光源的发光效率。很明显,在相同的照度下,发光效率越高的光源所消耗的电能越少,有利于节约能源,减少经济支出。所以,在选择补充光源时,一定要选择效率高的设备。

此外,在选择光源时,还应考虑光源设施的寿命长、维护方便、价格便宜等因素。

目前电光源品种繁多,国内常用的有如下几种。

(一)白炽灯和卤钨灯

这2种灯同属于热辐射光源,都是利用电流通过灯丝产生热效应,从而使灯丝发光。卤钨灯内充入少量的卤素,可以防止玻璃壳黑化,从而提高了发光效率和使用寿命。目前常用的卤钨灯有碘钨灯和溴钨灯等。

白炽灯的温度很高,红光比例大,有利于蔬菜的光合作用,而且灯具构造简单,价格便宜,线路简单,使用方便,容易自动控制,因此在生产中应用较多。白炽灯的温度较高,应注意隔热,防止灼伤蔬菜,它的发光效率较低,使用寿命平均 1000 小时,应用中可与红色光缺乏的光源混用。

(二)荧 光 灯

荧光灯是一种低压气体放电灯,俗称日光灯。其光色随管内表面所涂的荧光材料而异。荧光灯的光谱与阳光很接近,其光谱性能好,发光效率高,使用寿命长,一般为 3000 小时。灯具发热量较小,价格便宜,因此在人工气候室、育苗室内应用较多。缺点是灯具体积较大,遮光面积大,保护地中应用不便。

(三)高压水银灯

又称高压汞灯,是一种高强度放电灯。它是利用电子冲击水银蒸气引起激发和电离而产生辐射的。为了改善高压水银灯红色光谱成分少的缺点,在玻璃外壳的内壁上涂荧光材料,称为高压水银荧光灯。这种灯光源的红光成分增加,使用寿命较长,为 5000 小时左右。它的发光效率稍低于荧光灯,但是功率可以做得较大,灯具体积较小,可以作为高强度补光光源,因而广泛应用于保护地、人工气候室。

(四)金属卤化物灯、氙灯及高压钠灯

金属卤化物灯是由高压水银灯发展而来,其外形和高压水银灯相似,不同之处是在放电管内添加了各种金属卤化物,如溴化锡、碘化钠、碘化铊等金属化合物。一般金属卤化物灯的发光效率

是高压水银灯的 1.5～2 倍。金属卤化物灯中的镝、钛灯也叫日光色生物效应灯,其光谱可模拟日光。另一种可以模拟日光的灯叫氙灯。氙灯是一种高效率的放电灯。它的光谱与阳光很相似,在可见光范围内蓝紫光比日光成分略大,但可用滤色镜组校正。缺点是发光效率较低,发热量较大,且含有一定数量波长小于 300 纳米的紫外线,这对作物生长有一定影响。应用氙灯,需配备一套庞大而笨重的控制设备,线路复杂,成本较高,高压启动时还有发生爆炸的危险。

除了上述光源外,近年来高压钠灯也逐渐应用。它的发光效率高,寿命长,可达 20 000 小时,光谱中红橙光丰富,但蓝光不足,应用中可和高压水银荧光灯混用。

第六节　灌溉设备

蔬菜是需水较多的作物,保护地栽培中,由于有覆盖物的遮挡,自然降水多数不被蔬菜利用,所以必须有人工灌溉设施。目前,国内大部分保护地的灌溉是用地面渠道来进行的。这种灌水方式具有无须投资、成本低的优点,但是占用保护地内土地,大大降低了保护地的利用价值,故在经济条件较好,应用历史较久的地区,逐步淘汰了这种灌溉方式。目前,国内和国外应用的保护地灌水设施如下。

一、皮管灌水

这是目前应用较多的灌水方式。它用直径 2～3 厘米的皮管或塑料管连接在自来水管或抽水机上,直接引入保护地的畦内进行灌溉。这种设备简单,不占用土地。缺点是浇水易冲刷地面,造成土面板结,破坏土壤结构。

二、喷 灌

这是利用机具动力,使水通过喷头像天然降雨一样缓慢落到田间的一种灌溉方法。喷灌系统由进水管、抽水机、主管道、支管道、立管、喷头和阀门组成。用抽水机将水压入管道,通过喷头将水如雨滴喷出。亦有用抽水机将水抽到高处的水池或水塔上,再用管道引入菜地,利用水的压力通过喷头喷出。

目前常用的喷灌系统有 3 种形式。

(一)固定式

各管道等均固定,使用时装上喷头即可喷灌。这种形式使用方便,节省节力,但是一次性投资较高。

(二)半固定式

灌溉系统的主管道固定,支管道、立管道均临时安装。这种方式的投资较少,但利用时要移动支管道,较费工耗时。

(三)移动式

喷灌设施全部可移动。一般把喷灌设备安装在拖拉机上,一边灌溉一边移动。这种灌溉系统投资少,使用方便,适宜在近水源的保护地内应用。

三、喷 雾

喷雾灌溉的设施和喷灌基本相同。特点是喷出的雾细,用水量少,散布范围广,雾滴下落慢,价格便宜,适用于耐空气湿度大的蔬菜应用。

四、滴　灌

滴灌是利用一套低压管道系统及分布在蔬菜根部地面或埋入土壤的滴头,把水滴到蔬菜根部的一种灌溉方法。在保护地中应用滴灌具有稳定土壤湿度,使水分适时适量滴到蔬菜根际,满足作物生长需要,有促进蔬菜早缓苗、早生长、早熟、高产的效果。缺点是滴头易堵塞,造成供水不均匀,而且支管过长时,首尾两端滴水不均,使作物生长不一致而影响产量。长期使用滴灌有加重地表盐分积累的作用,故应用中应和地膜覆盖相结合。

滴灌用的滴水管有 3 种:一是连接管滴灌。即细喷头直接连在连接管上,这种方法的每个喷头滴水不均匀,但设备简单,造价便宜。二是套管法,即用两个直径不一的连接管套在一起,内管输入水,由内管上的小孔流出的水,经外管上的小孔滴入土中。这种方式的滴水较均匀,不易堵塞。三是二重软管法,它的原理与套管相同,只是水管用聚乙烯的软塑料做成,容易移动。

五、地下灌水法

本法是将灌水管埋在地下 10 厘米深处,水由管上的小孔渗入土中,对作物根群直接供水。为了节约用水,一般在地下深层埋设隔水层,防止大量的水渗入地下。这种灌水法能防止因灌水而大幅度增加保护地内的空气湿度,有效地减轻病害的发生,灌水省工方便,但是造价较高。

国外大型保护地中已有利用重型吊车进行灌水的设施。这种吊车可沿着室内中间的轨道移动,通过向两侧伸出的长臂向外喷水,对保护地的各部分进行均匀地供水。设施的自动化程度很高,还可进行根外追肥和喷药作业,但是其造价也极其高昂。

第七节　排水设施

目前,国内的保护地不太注意排水设施的利用,而长期使用的保护地群,排水设施是非常重要、不可忽视的设备。在地下水位较高的地区,没有排水设施致使保护地内土壤湿度过大是无法进行蔬菜的越冬栽培的,这是非常明显的事实。在地下水位较低的地区,水渗入土中较浅,除了植物吸收利用外,大部分水经毛细管作用上升到地表面蒸发到空气中去了。这一过程也把土壤中的盐分带到了土壤表面,加上保护地中施肥量一般偏大,所以保护地土壤的地表肥料含量逐渐积累,导致危害现象是在所难免的。要解决这一危害,最方便的方法是用大量的自然降水或灌溉水把盐水压入地下或冲走。这种措施没有排水设施就不能进行。保护地的排水设施还有排除土壤中过剩的水分,改善土壤通透状态,有利于根群发育的作用。在保护地群中,大片的屋顶不能渗水,在降雨时,水都流到保护地以外,即使是不大的雨,也会汇集成大量的流水。这些水如不及时排出,有渗入保护地中去的危险,所以保护地必须注意设置排水设施。

目前,国内外常用的排水设施有2种。一是暗渠排水。我国暗渠一般是在塑料管上凿孔,然后用玻璃纤维缠绕;日本则多用聚氯乙烯涂盖的1.9毫米镀铁丝做成的口径5厘米的排水管,排水管上用尼龙丝和羊毛尼龙丝缠绕。把上述之一的排水管埋入土下0.4～0.8米,间距4.5～10米,坡度为1:200,把排水管连通后,让水流到排水干渠中。这种排水设施的排水效果良好,不占土地,但造价较高。二是明渠排水,即在保护地、保护地群的周围挖深0.5～1米的沟渠,把过大的雨水引出去。这种排水方式投资较少,一般保护地群中必不可少。

第三章　保护地设施性能与环境调控

保护地栽培中,土地的上层空间一般都有人工建造的设施,使蔬菜的地上或地下部分所处的环境条件与露地有所不同,因此保护地设施内的环境条件需要加以人工调控。只有正确、科学的环境调控,使蔬菜在适宜的条件下生长发育,蔬菜才能获得优质高产。

第一节　保护地设施内光照条件与调控

一、光照的作用

保护地内的光照条件是非常关键的环境条件。它是热量的源泉,是温度条件的基础,也是生物能量的源泉。因此,合理利用自然光能,是保护地建设上重要问题。

光照对保护地蔬菜栽培的影响有三方面,即光照强度、光照时间和光质。

(一)光照强度

光照强度反映在单位时间、单位面积上光照能量的大小,对保护地栽培的影响很大。首先关系到保护地设施内的温度条件,光照强度越大,保护地内接收的辐射能量越高,温度越高;反之,温度则越低。这在冬季保护地蔬菜栽培中非常重要。再者,各种蔬菜均有其适应的光照强度范围,光照强度超过其光饱和点会引起叶绿素分解,对蔬菜有害;光照强度低于其光补偿点时,有机物的消耗多于积累,植株干重下降,甚至枯死。即使在弱光的条件下,植株生长也表现衰弱、徒长,影响开花结果。

不同蔬菜作物由于原产地不同,系统发育的条件不同,对光照强度的要求也不一样。一般可分为3类:一是对光照强度要求较高的蔬菜,如茄果类蔬菜、瓜类蔬菜等。这类蔬菜的光饱和点在4万勒以上,如光照不足就会降低产量和品质。二是对光照强度要求中等的蔬菜,如豌豆、菜豆、芹菜、萝卜、葱等。这类蔬菜的光饱和点为3万~4万勒,在1万~4万勒的中等光照下才能生长发育良好。三是对光照强度要求较弱的蔬菜,如莴苣、菠菜、茼蒿、姜等,这类蔬菜生长发育要求的光照强度较低,为1万~2万勒,光饱和点约2万勒。

(二)光照时间

光照时间对蔬菜作物的影响分三方面:一是影响光合作用的时间;二是影响保护地内热量的积累;三是光周期效应。

一般条件下,光照时间越长,蔬菜的光合作用时间也越长,有机物的积累也越多。但这并不是说光照时间可以无限地连续延长,而应在一定的范围内。在生产中经常出现的问题是光照时间不足,特别是在保护地栽培中更应注意这个问题。

光照时间影响保护地内热量的积累,进而制约温度条件是显而易见的。光照时间越长,保护地内接收的辐射能越多,热量的积累也越大;反之,则会因热量减少而温度下降。

光照时间对植物光周期的影响,实质上是昼夜光照与黑暗的交替及其时间长短对植物发育特别是对开花有显著影响的现象,也称为光周期现象。光周期对地下贮藏器官的形成、叶片形态、落叶和休眠等也有很大影响。蔬菜按光周期反应可分为3类。

1. 长日照蔬菜 只有在光照时间大于某个时数后才能开花,

若缩短光照时数则不开花或延迟开花。但是,在光照期的光中如果不含有蓝色光,即使在长光照条件下也不开花。而在短光照条件下,如果在暗期的中间用微弱的红光照射几分钟也可以开花(称为暗期打断效应)。属于此类的蔬菜作物有白菜、甘蓝、油菜、萝卜、胡萝卜、芹菜、菠菜、莴苣、大葱、蒜等。

2. 短日照蔬菜　只有在光照时间小于某一时数才能开花,若延长光照时数则不开花或延迟开花。但是,即使在短日照条件下,若在暗期内用微弱的红光打断则不开花。属于此类的蔬菜作物有大豆、豇豆、茼蒿、苋菜、蕹菜等。

3. 中光性蔬菜　由于长期人工栽培的结果,对光照长短的反应已不敏感,在较长或较短的日照条件下都能开花结果。属于此类的蔬菜作物有茄果类蔬菜、黄瓜、菜豆等,只要温度适宜,可以在春、秋季开花结实,甚至在冬季保护地里也可开花结实。

把植物分成短日照和长日照的光照时数的界限,一般定为12~14小时。

植物对光周期影响的反应有天数的区别。一般都要十几次以上的光周期处理才能引起开花,只有2~3次光周期处理是不会引起现蕾开花的。天数一般随着植物的种类、品种、年龄、光照长度、光照强度及温度条件而变化。

(三)光　质

太阳光是各种波长放射能的混合体,能够到达地面的光波的波长是300~3 000纳米。植物所吸收的光仅是其中一部分。太阳光在不同的季节、不同的地理位置、不同的天气状况和保护设施不同的透光覆盖物下,其波长的混合量都有很大的改变,这就是日光的光质在变化。根据日光的波长可分为紫外线、可见光和红外线三部分。

波长是10~390纳米的为紫外光谱区。紫外光可以杀死病菌孢子,抑制作物徒长,促进种子发芽,促进果实成熟,提高蛋白质和维生素的合成。茄子等喜光性蔬菜,紫外光有提高果实着色的作用。常受紫外线照射的蔬菜,叶面积小,根系发达,叶绿素增加。

波长是390~760纳米的为可见光谱区。可见光是植物光合作用吸收利用的主要能源。可见光照射蔬菜叶片时,一部分被反射,一部分透入叶片组织中,在细胞壁和细胞质间反复反射和折射后透出叶外。最初被吸收的是红光和蓝光,逐渐连绿光也被吸收。植物绿叶对红光和蓝光有两个光合作用高峰,而以红光的光合能量效率最高,绿光的光合效率较低。绿叶对蓝光的吸收较多,但在光合作用利用中要经过传递,传递中有能量损失,所以光合能量效率还是低于红光。

日光中波长大于760纳米的为红外光谱区。植物的绿叶对大部分红外线都不吸收利用。红外线对植物的作用不大,但它是灼热的光线,它能使土壤和空气温度升高,是冬季保护地内热量的主要来源,其作用亦不可忽视。

太阳光直接射到保护地内或地面上的光线称为直射光,这些光线间是互相平行的。直射光的能量大,是保护设施的基本能源。太阳光射到其他物体,如云、建筑物、树木等后,从不同的方向反射过来的光称为散射光。在太阳的散射光中红光和黄光占50%~60%。红光是蔬菜进行光合作用不可缺少的,从延长光照时间、增加有机物的合成来看,散射光在保护地内的作用不容忽视。

太阳高度越低,散射光越多,早晨、傍晚散射光几乎是100%。太阳离地面越高,散射光量越小,而直射光量越多。因此,充分利用早晨、傍晚的散射光,对蔬菜保护地生产是十分重要的。

在早晨、傍晚或阴天、多云的时候,其日照强度也多在3 000勒以上,基本在一般蔬菜的光补偿点之上。充分利用这些散射光不仅可以增加光合作用时间,提高产量,而且也有利于保护地内温度的提高。反之,如果不积极利用这些散射光,甚至错误地认为早、晚、阴、雨等天气主要是保温,而不及时揭开覆盖物,让散射光及时透入,这不仅难以保住温度,减少光合作用时间,而且会使植株长势衰弱,影响产量和质量。如果久盖不见光,在晴天突然揭草苫,植株极易萎蔫,甚至凋萎死亡。

二、光照条件的特点

绝大多数保护地栽培是在秋、冬、春低温季节进行,此期日射角度小,光照强度弱,日照时间亦大大短于夏季。在保护地内,日光要透过塑料薄膜或硬质塑料等透光覆盖物,才能被叶片吸收利用。这些透明覆盖物对日光的反射、吸收,加上支架遮光、人工管理等,使本来就较弱的光照强度更低。保护地栽培中光照强度低、光照时间短的特点,对蔬菜生长发育是非常不利的。保护地中光照特点主要表现在以下 3 个方面。

(一)光照强度

保护地内的光照强度一般与露地的光照强度是呈正相关的,而且取决于保护地透光覆盖材料的透光率及设施的结构、骨架、方位等。总体来看,保护地内的光照强度大大低于露地。

1. 覆盖物与光照强度 保护地的透光覆盖物在使用过程中会不断老化,其透光率也会降低。一般耐老化的塑料薄膜的透光率只可保持 1～2 年。

在冬季保护地里,透光材料上的水滴、雾滴和尘埃污染等也是难免的,这些东西均能明显地降低射入设施内的光照强度。据测定,水滴较少的无滴膜的透光率比一般薄膜高 7%～10%,灰尘的污染可使透光率降低 10%～15%,严重时可达 25%。

2. 采光面角度与光照强度 蔬菜保护地的透光面与地平面所成角度的大小,决定着太阳光进入保护地内的入射角,而日光的入射角与日光透入保护地的入射率是正相关关系。当保护地的透光屋面与太阳光成直角时,日光的入射率最大(表3-1)。

表3-1　不同投射角的入射率

投射角	90°	70°	50°	30°	15°	5°
入射率(%)	86.48	84.23	83.54	76.79	60.54	39.52

由此可见,保护地内的光照强度与采光面的角度呈正相关关系。

3. 建筑方位与光照强度　南北方向的保护地的光照强度明显高于东西方向的保护地。

4. 结构与日照强度　保护地中的骨架遮光而降低光照强度也是难免的。在骨架少、立柱少、结构材料截面积小的保护地中,结构遮光面积小,光线的入射率则大大提高,设施内的光照强度也会大大增加。反之,在竹木结构的保护地中,由于骨架强度差,立柱多,遮阴面积大,光照强度则大大减少。这也表明,结构越现代化的保护地其光照强度条件越好。

在保护地外围设置风障后,由于风障可以反射光线进入保护地内,这也可增加保护地的进光量,增加设施内的光照强度。

大部分蔬菜保护地里的光照强度都大大低于露地,一般为露地光照强度的60%～80%。

蔬菜保护地内的光照强度亦随季节、地理纬度和天气而变化。光照强度一般夏季高于冬季,低纬度高于高纬度,晴天高于阴天。在一天中,以中午为最高。

在同一时间,保护地内的光照强度也有水平和垂直分布二方面的差异。在南北向的保护地里,上午东侧光照强度高于西侧,下午则相反。

保护地内光照强度的垂直差异很大,光照强度和薄膜呈大体平行的趋势,从上向下递减。在薄膜内膜面附近,光照强度相当于自然界的 80％,0.5～1 米处为 60％,20 厘米处为 55％。棚内光照强度在垂直方向上的减弱远比棚外明显。

保护地内光照强度的分布差异因天气条件而有不同,晴天差异大,阴天则小。

保护地内蔬菜所受的光照强度还受其所处位置和时间的影响。在冬季,东西行种植的黄瓜保护地里,南侧第二排黄瓜的照度只有第一排的 50.2％,第三排只有第一排的 30％。这是由于太阳高度较小,黄瓜互相遮阴造成的差异。在南北行种植的黄瓜保护地里,沿叶片的自然状态测定叶片上的光照强度,午前,东侧叶片上的光照强度高于西侧,晴天的上午 9～10 时,东侧上部叶片上的光照强度为 22 000 勒,西侧为 15 000 勒,是东侧的 68％。午后情况相反,西侧高于东侧。正午东西两侧的光照强度基本一样。在南北方向上,黄瓜叶片上的光照强度自北向南逐渐增加,距南缘约 1 米远处的植株上光照强度最大。就单株黄瓜而言,其叶片上的光照强度从上向下递减。在 3 月初测定,黄瓜平均有 10 片真叶时,其下部 1～3 片叶上的光照强度已低于 4 000 勒,在光补偿点以下。

(二)光照时间

除了不加不透光覆盖物的保护地外,其他有不透光覆盖物保温的保护地其光照时间均短于露地。保护地内的日照时间长短是随纬度、季节而变化的,这是不言而喻的。除了受自然光照时间的制约外,在很大程度上受人工管理措施的影响。在冬季和早春,外界气温低时,为了保温和防止低温伤害,有时在日出后尚不能揭草苫,日落前就盖草苫,人为造成设施内黑夜的延长。12 月份至翌年 1 月份,设施内的光照时间一般为 6～8 小时,进入 3 月份,外界气温升高,草苫可早揭晚盖,光照时间也不过 8～10 小时。遇有连阴天,气温降低时,揭草苫的时间就更短,有时只有 2～3 小时。总体来看,保护地内光照时间严重不足,而且外界温度越低,光照时间就越短。这就造成了蔬菜进行光合作用的时间少,有机物的积累也少,而进行呼吸作用的时间延长,有机物的消耗大大增加。

目前,我国大多数是不加温保护地,设施内温度完全受外界环境的制约,越冬栽培的成败几乎完全取决于设施内温度,遇到冻害就会绝产失收。温度条件成为保护地越冬栽培的关键条件,而光照时间的长短与之相比之下就不那么重要了,因为光照时间短一些,不会立刻造成死亡损失。在这种情况下,人们往往偏重于保温,甚至牺牲光照而一直保温,由此而产生的是越冬蔬菜普遍缺乏光照,叶片黄萎、脱落,植株停止生长,甚至萎蔫死亡。保护地内的温度条件是蔬菜栽培关键,光照时间是蔬菜高产优质的前提和保证,合理的做法是二者兼顾。

(三)光　质

日光通过蔬菜保护地的透光覆盖物进入设施后,不仅光照强度削弱,其光质也发生变化。这是由于塑料薄膜对不同波长光线的透过力不同造成的。在透过紫外线方面,聚乙烯比聚氯乙烯高,二者均高于玻璃。保护地内紫外线缺乏,这是保护地内越冬蔬菜易徒长、果实着色差的原因之一。塑料薄膜的红外线长波区的透过率较高,因而夜间保护地内的热量易散失出去,这是塑料薄膜保护地保温性不强的原因。利用有色塑料薄膜时,设施内光质的变化更大。有色膜能有选择地允许一定波长的光透过,而对另一些波长的光有着阻挡作用。如紫色膜对蓝紫光透过率高,但对黄绿光透过率低;红色膜对红色光透过率高,对黄绿光透过率低。

三、光照的利用和调节

保护地设施内,在主要的栽培季节冬春季的光照条件是非常不良的,光照强度低,时间短,光质差。因此,充分利用和合理调控光照条件十分重要。

(一)作物的合理布局

保护地冬季光照弱,在栽培中应选用耐弱光、对光照条件要求不严的品种,以使作物适应环境,从而达到高产、优质的目的。

保护地在安排蔬菜作物时应因地制宜。鉴于保护地中光照分布不均匀,应把喜光蔬菜安排在保护地前部或强光区,耐阴蔬菜种植在保护地弱光区。如在越冬黄瓜栽培中,保护地的北侧可种植韭菜、芹菜、蒜苗等。保护地内的畦向以南北向为宜,尽量使植株的受光均匀。为合理利用光照条件,还可采用高矮秧套作或主副行搭配等种植方式。

(二)设施的方位、结构和材料

保护地建在背风向阳、周围无高大建筑遮阳物的地方,同时避开工厂烟囱和公路,防止尘土的污染,显然是有利于改善光照条件的。

保护地以春早熟和秋延迟生产为主时,以南北延长为宜。这种方向可使蔬菜受光均匀,改善光照条件。

在建造保护地时应在允许的范围内,尽量增加采光面的倾斜角。保护地塑料薄膜与地面的夹角越大,冬季光线的射入量越大,设施内的光照条件越好。

在保护地内设法减少拱架、支柱、拉杆的数量,并缩小它们的规格,在增加强度的前提下,降低上述材料的横截面积,从而减少设施内的遮阴面积,有利于改善光照条件。

冬季在保护地内设双层薄膜的透光保温幕,或采用薄膜多层小拱棚覆盖等保温措施,在不发生冻害和冷害的前提下,提早揭开草苫和晚盖草苫,从而延长光照时间。

　　蔬菜保护地的透光覆盖物的质地直接影响设施内光照强度和光质。目前应用的塑料薄膜中聚乙烯薄膜的透光性较好,静电吸附性差,不易污染,透光率衰减速度较慢。如果仅从改善保护设施的光照条件方面考虑,聚乙烯薄膜优于聚氯乙烯薄膜。

　　保护地在使用中,应经常及时地清洗、冲刷透光屋面,可用洗涤剂冲洗,保持透光面的清洁,有利于设施内光照条件的改善。

　　保护地利用普通塑料薄膜,极易凝集大量的水滴,严重时可使室内光照下降 10%～20%。较好的解决问题的方法是选用无滴膜,无滴膜可使设施内的透光率增加 7%～10%。在没有无滴膜的情况下,可采用人工敲打的方式去水滴,或在使用 1 个月后把薄膜翻过来用,或用肥皂水擦拭等办法减少水滴,提高透光率。

　　近年来新生产的多功能农膜、漫反射节能农膜、防尘薄膜等产品,均有改善设施内光照条件的功能。

(三)操作管理

　　为了延长光照时间,适时揭盖草苫、纸被是非常重要的,揭盖草苫的时间因不同保护地性能的限制而不能强求一致。原则上,揭开草苫后设施内温度短时间下降 1℃左右,随后温度开始回升,这个时间揭苫就比较适时。盖苫的时间是否合适,应看翌日揭苫时,室内的最低温度是否在要求的温度范围内。在不使最低温度降到界限温度以下的前提下,应尽量晚盖草苫。冬天阴天时,也应在正午前后揭开草苫以利用散射光。在连续阴雨天,棚外温度较低时,也不能多日不揭草苫。否则,作物的叶片易被捂黄,或者落叶,甚至突然见光而萎蔫致死。在此种情况下,可将草苫边掀边盖,或采用隔一苫揭一苫的办法,使其见散射光。当然,这是在设施内温度虽略有下降,但不致出现冻害的前提下进行的。

　　在春、秋季节,保护地内的温度过高时,切忌不可利用遮阴的办法降温。因为此时设施内的光照强度仍然达不到最适光强。据测定,2～3月份晴天时,黄瓜保护地的光照强度为20 000勒,为最适光强的1/2,因而不可人为降低光强。

保护地中的支架材料也有遮光的副作用。因此应选用细小遮光少的支架材料,如尼龙绳,尽量不用遮阴较多的竹木架材。

保护地内进行地膜覆盖,可以增加近地空间的散射光,一般可使10厘米高处光照增加70%～75%,30厘米处增加30%～100%,因此是改善设施内光照条件的良好措施。

此外,摘除失去功能的病、弱、老叶,及时打去过多的枝杈,也是改善光照条件的有益之举。

(四)光质的调节

对进入保护设施内日光光质的调节基本上是采用有色玻璃或塑料薄膜来进行的。美国利用能透过蓝色光、加强红光和减弱绿光的"生命光薄膜"覆盖莴苣、菠菜、菜豆、番茄等作物,比用普通无色透明薄膜提高了产量。我国的试验表明,黄色塑料薄膜能使黄瓜增产,而且霜霉病明显减轻,其维生素含量和还原糖含量也有所增加。

利用有色膜调节光质有降低光照强度的弊端,因此只有在设施内的光照强度大于光饱和点时应用为宜,而在光照弱的季节应用则弊大于利。

(五)补光和遮光

1. 补光　补光的目的有2种,一是用补充光照的办法,抑制或促进花芽的分化,调节花期。如长日照作物在短日照栽培条件下,为促进其开花结果,可在暗期用弱红光照射;短日照作物在短日照栽培条件下,为抑制其开花结果,可在暗期用红弱光照射。这种补光的强度为10勒左右,只需几分钟时间。除了科学研究外,生产中应用这种补光措施的较少。二是作为光合使用的能源,补充太阳光的不足。这种补光方式在生产中应用越来越多。

我国冬季,在北方云量虽少,但纬度高,日照短,保护地内光线严重不足;在南方纬度低,日照时间长,但云量很多,保护地内光线更感不足。因此,保护地内补充光照是一项增产效果非常显著的措施,在个别年份甚至是挽回绝产损失的救命措施。试验证明,在日落后对保护地内的黄瓜、番茄、莴苣等补充光照4～6小时,均有促进生长发育的作用,可增产10%～30%。

冬季保护地内的光照不足表现在两个方面,一是光照强度不足,二是光照时间不足。光照强度不足在阴雨天表现更突出,为此在冬季阴天时白天应开灯补充光照。特别是连续阴天时,应进行一整天的光照补充,使光照强度在植物的补偿点之上。一般情况下,各种灯具在生产上应用时,光照强度不会超过植物的光饱和点,也就是说,所补之光不会过剩而造成损失浪费。例如,在一个跨度为3.2米、长21米、顶高为2.4米的保护地内,等距离安装一排6盏400瓦卤钨灯进行人工补光。灯具距蔬菜顶部1.2米时,两灯之间的光照强度仅为2640勒。略超过光补偿点,距光饱和点差之甚远。所以,在安装灯具时,在不灼伤蔬菜的前提下,尽量靠近地面,以增强蔬菜的受光强度。

冬季本身的日照时间就短,加上保护地顶部保温不透光覆盖物的遮光,保护地内的日照时间就更短,由此,进行人工补光只有益而无损失。人工补光有在早上进行,亦有在下午进行的,一般每天2～4小时为宜。

生产上利用人工补光措施时,应尽量减少安装费,采用输出功率较低、光效率高的灯具,灯具发生的光线要尽量符合蔬菜的需求,当然还应考虑所耗电费与增加收益两项相抵后的经济效益。

目前电光源品种繁多,国内常用的有:白炽灯、卤钨灯、荧光灯、高压水银灯、氙灯及高压钠灯等。

2. 遮光 遮光的目的是在夏季高温季节减弱光照,降低温度或缩短光照时间,从而满足某些蔬菜对温度和光照条件的要求,创造丰产、优质的条件。

第二节 保护地设施内温度条件与调控

温度是蔬菜生产的主要限制因素,大多数保护地是在早春、晚秋、冬季进行蔬菜生产的,而此期最不适宜蔬菜生长发育、最需要改变的是温度环境。保护地的主要作用是改变环境条件中的低温条件,创造一个适于蔬菜生长发育的温度环境。通常,保护地内的光照、气体、空气湿度等条件均不如露地,唯独温度条件大大优于外界环境,由此可知温度在保护地栽培中的重要性。一般衡量保护地设施性能的标准也是把温度条件作为主要因素。

一、温度的作用

温度对蔬菜生长发育的影响是多方面的。在植物的光合作用、呼吸作用、物质运输、离子和水分的吸收、蒸腾作用、色素形成、开花结果、结球等生长和发育过程中,温度都以不同的方式和不同的程度影响这些生理过程。

(一)温度和光合作用

温度对蔬菜光合作用的影响很大。各种蔬菜的光合作用均有一定范围的温度要求。如黄瓜、番茄、甜椒等喜温蔬菜,在 10℃ 以下的低气温条件下,光合作用几乎不进行。随着温度的逐步升高,光合作用强度逐渐增强,到一定温度达最高值。这个光合强度达到最大值时的温度黄瓜是 25℃～30℃,番茄是 20℃～25℃,甜椒是 25℃～30℃。超过这个温度界限,光合作用强度又开始逐渐下降。上述温度值又受二氧化碳、光照强度等条件的变化而变化。

(二)温度和光合产物的转运

白天在叶片中制造的光合产物,应尽快地、尽量多地转运到果实等器官中去。一般果菜类,光合产物以淀粉形式存在于叶片中,然后转变成糖的形式,通过筛管,转运到根、茎、果实中去。光合产物的转运有很大一部分在夜间进行。夜间气温的适宜与否,对光合产物的转运有很大影响。番茄在夜温 18℃时,光合产物的转运最快,而在 8℃时到翌日清晨,仍有部分光合产物转运不完,影响翌日的光合作用进行。

(三)温度和呼吸作用

一般情况下,在黑暗中,从 0℃～40℃之间,植物的呼吸强度随温度上升而提高。呼吸作用过强,使干物质积累减少。所以,保护设施内前半夜应保持较高的温度,促进光合产物的转运,后半夜应保持较低的温度,尽量减少呼吸损耗。但是呼吸作用还有维持植物生命活动所需能量的功能,所以夜间低温如果低于生育适温,反会抑制和延迟生长发育。

(四)不同种类蔬菜对温度的要求

蔬菜的各个生育周期的所有生命活动都要求一定的温度条件。根据对温度的要求,适合保护地生产的蔬菜大体上可分为 3 类,即高温作物如:西瓜、甜瓜、南瓜、黄瓜、茄子、甜椒等。这些作物白天生长适宜的温度为 24℃～30℃,夜间为 18℃～20℃。中温作物如:番茄、菜豆、胡萝卜、甘蓝、大白菜、芹菜等,白天要求气温 18℃～26℃,夜间要求 13℃～18℃。低温作物如:蒜苗、韭菜、豌豆、菜花等,白天生长适温为 15℃～22℃,夜间为 8℃～15℃。此外,各类作物还要求适宜的地温。

高温作物在低温条件下生长,往往表现生长发育迟缓,产量降低,产品品质下降;低温作物在高温条件下栽培则易表现徒长、生长细弱,产品品质降低,病害严重。所以,必须根据作物本身对温度的要求,调节保护设施的温度环境。

(五)不同生育期对温度的要求

同一蔬菜种类,不同的发育时期,对温度亦有不同的要求。一般在种子发芽时要求较高的温度,幼苗期生长发育的适温则稍低些,营养生长期的适温比幼苗期要高些。如果是 2 年生蔬菜,在营养生长后期,即贮藏器官开始形成的时期要求的生长适温又要低些。到了生殖生长时期,即抽薹开花或果菜类的结果时期要求充足的阳光及较高的温度。到了种子成熟时期要求温度更高。

(六)昼夜温差与蔬菜生长发育

自然界一般的温度变化规律是白天温度高,夜间温度低,夜间下半夜的温度比上半夜更低。这一变化规律非常适合蔬菜的生长发育。在保护地设施中,温度条件被部分或全部地人工控制,人为创造的温度条件也应符合这一规律。如黄瓜白天生长适温是 25℃～30℃,前半夜是 17℃,促使光合物质的转运,后半夜 15℃,黎明前 13℃,使呼吸作用处于极微弱的情况下,以减少物质消耗,增加物质积累。这四个阶段的温度必须有一定的差异,这就是人们常说的昼夜温差。昼夜温差过小,有可能是白天气温太低,或是夜温过高,这两者都是不利的。昼夜温差过大,则有可能是白天气温过高,或是夜间太低,这两者对蔬菜也是不利的。由此,昼夜温差也应适宜,如番茄为 5℃,黄瓜为 5℃～8℃。

(七)地温与蔬菜生长发育

在蔬菜保护地内土壤温度和空气温度为温度条件的两个方面。过去保护地栽培只重视气温,而忽视地温。实质上,地温的重要性在很多地方超过气温。地温随着气温的变化而变化,二者呈正相关的变动。但是,由于土壤的热容量大大超过空气,所以地温的变化幅度较小,往往气温很适宜,而地温却还不足。一般情况下,地温适宜了,气温也大致适宜。故而地温的调节不能用气温的调节来代替,在保护地栽培中,应专门注意地温的调节和控制。

土壤温度不仅直接影响蔬菜根系的伸长、根毛的形成,而且影响着根系吸收水分、养分的能力,土壤温度还影响微生物繁殖的速度、土壤理化性质的变化。这些因素都直接或间接影响蔬菜的生长发育、产量的高低和质量的优劣。

各种不同的蔬菜根系对地温的要求不同(表3-2)。

表3-2 主要蔬菜根系要求的地温

蔬菜名称	根系生长温度(℃)			根毛生长温度(℃)		
	最低	最适	最高	最低	最高
黄　瓜	8	25	38	12	38
厚皮甜瓜	8	32	40	14	40
番　茄	6	24	36	8	36
辣　椒	8	28	38	10	36
茄　子	8	28	38	12	38
芹　菜	6	22	36	6	32

在一定的范围内,地温越高作物的呼吸作用越强,根系的吸收能力也越强。如黄瓜适宜的地温为32℃,当地温下降到12℃时根毛停止发生,植株下部叶片开始发黄;下降到8℃以下时,须根开始枯死,叶片变黄速度加快,以至枯死;当地温高于20℃时,根系吸收能力明显增强,在30℃时比20℃时的吸收能力增加3倍左右。

(八)高温障碍

在保护地栽培中,经常出现温度条件比作物适宜的温度高,长时间的高温会引起蔬菜一连串的不良反应,这称为高温障碍。

在高温条件下,蔬菜的生理生化性状发生很大的变化。首先是呼吸作用加强,当呼吸作用大于光合作用,植物的消耗大于积累时,植物逐渐萎缩至死。高温还改变细胞原生质的理化特性,生物胶体的分散性下降,电解质与非电解质大量外渗。有时还出现细胞器的结构破坏,细胞中的有丝分裂停止,细胞核膨大、松散、崩裂,局部溶解或完全溶解。高温能使一些可逆的代谢转变为不可逆,并产生危害作用,如原生质蛋白质在高温下分解大于合成,发生不可逆的变化,也会招致蛋白质的自溶。高温还会使植物体内氮化物的合成受阻碍,积累氨或其他含氮的中间代谢产物而发生毒害。如果光照不足,气温又高,受到的破坏作用就更严重,温度越高,水分扩散越快。气温又影响叶温,叶片温度高于大气温度5℃时,就相当于大气的相对湿度相对地降低30%,所以叶片与周围大气之间温度差是很重要的。长时间叶温高于周围的气温,则叶片光合作用受抑制,叶片上出现死斑,叶绿素受破坏,叶色变褐、变黄、未老先衰。

在保护地内,蔬菜受高温危害的主要外在表现如下。

1. 影响花芽分化 高温条件下黄瓜、番茄、甜椒等蔬菜的花芽分化延迟,第一花的节位提高。黄瓜的雄花增多,雌花出现偏晚。番茄、甜椒的花芽分化不良,花小,开花时易落花。

2. 日灼 在气温高、光照强度大的情况下,保护地内的番茄、瓜类等作物极易发生日灼的危害。首先是叶子的叶绿素褪色,接着叶的一部分变成漂白状,最后变成黄色而枯死。在气温高而又通风不良的情况下,黄瓜、番茄的叶子在短时间内,就会严重灼伤,轻者叶缘灼伤,重者半个叶片或整个叶片灼伤,成为永久性的萎蔫,逐渐枯干而死亡。

番茄和辣椒的果实上也经常发生日灼现象。日灼部位表皮变白,产品质量下降。

3. 落花、落果与畸形果的出现　番茄在白天气温 35℃ 以上,夜间 25℃ 以上时,易产生大量的落花、落果。在同样的条件下,辣椒植株严重徒长,几乎完全不结实。茄果类蔬菜在高温条件下落花的原因是花粉粒不孕,花粉管不能伸长,不能受精。未受精的果实缺乏生长素,都会脱落。有些单性结实的黄瓜品种虽然没有授粉、受精也能结果,但在高温条件下果实往往产生畸形,失去商品价值。

4. 影响正常色素的形成　番茄、辣椒等果实在成熟前均为绿色,成熟后,果实逐渐变成红色或黄色。这一变化是果实内茄红素的增加积累实现的。茄红素的发育要求一定的温度,在 20℃～30℃ 的范围内,温度提高,则果实转红加快。但是超过 30℃ 时,茄红素的形成与发育缓慢,长期处于 35℃ 的高温条件下,茄红素则难以正常发育,使果实表现出现黄、红、白几种颜色相间的杂色,大大降低商品价值。

(九)低温障碍

在保护地内,冬季蔬菜栽培中,因寒流侵袭、春秋季突然降雪、连续阴天引起的温度过低现象是经常发生的。低温造成蔬菜生理生化和外部形态上一连串的变化,这一现象称为低温障碍。

按照作物受低温危害的程度,可以分为 2 种:低温达到使植物体内的水分结冰,这种低温危害称为冻害;温度下降虽不剧烈,未达结冰程度,但蔬菜作物已不能适应,发生不正常症状,这种在冰点以上的低温危害称为冷害,也称寒害。

1. 冻害　冻害的危害程度,主要决定于降温幅度、维持时间及低温来临与解冻是否突然。一般降温幅度越大,低温持续时间越长,低温的解冻越突然,危害的情况越严重。

冻害致死的原因通常是细胞间隙水的结冰,挤压原生质造成机械损伤所致,稍严重的冻害是细胞原生质在低温下变性而致死。使细胞致死的多数原因是解冻时气温升高太快,细胞间隙的冰迅速融化,流到体外,原生质来不及吸收而干枯致死。

在保护地栽培中,喜温蔬菜如黄瓜、番茄等的越冬栽培中,冻害是经常发生的。一旦发生冻害,往往是全部绝产,所以冻害是目前我国保护地栽培中最严重的自然灾害。

2. 冷害　多数喜温蔬菜在保护地内,在 0℃～10℃的温度范围内就会受害。受害的程度取决于低温的程度和持续的时间。气温低到 3℃～5℃时,喜温作物体内各种生理功能会发生障碍,逐渐演变成伤害,低温持续的时间越长,伤害越重。

低温来临时蔬菜作物的生理发生变化,首先是吸收功能衰退,根系的伸长在低温下变缓慢,活细胞原生质的黏度增大;其次是呼吸强度、原生质流动等生理功能衰退,就会阻碍水分的吸收,也限制了养分的吸收。喜温作物中的番茄和黄瓜的根毛原生质在 10℃～12℃时就停止流动,养分的吸收会受到影响,随着温度的降低,一些元素的缺乏症状也随之发生。

冷害使作物形成的叶绿素受抑制,光合作用降低,幼叶发生缺绿或白化,或是叶片中贮藏的淀粉水解成可溶性糖,转化为花青素苷,由绿色变为紫红色。

长时间的冷害使作物形成层细胞受害死亡,韧皮部与木质部变黑,使物质运输受阻。冷害还破坏了酶促作用的平衡与原生质膜的凝固,温度下降至 10℃～12℃时,细胞原生质膜就由易变形的液晶体相变为固凝胶体,原生质膜的脂肪凝固。这样就导致原生质膜的透性发生很大的改变,从而引起一系列不正常的生理变化,并积累一些有毒物质,如丙酮、乙醛及乙醇,这些有毒物质均可毒害活细胞。

短时间的冷害后移回温暖的气温中,植物组织的呼吸作用会急剧加强,此种反常变化时间很短暂,过了不久代谢又恢复正常。但是长时间的冷害,会使植物的组织受到破坏,那么呼吸状态就再也不能恢复正常。因此,可以采用间歇回温防止冷害。

保护地内蔬菜受低温危害的形态表现为:

(1)叶缘受冻 这是轻度受冻害的一种表现。幼苗期短期的低温,使叶子边缘受冻,并逐渐枯干,不会影响其他部位的正常生长,当气温转暖后能够继续生长发育,而无异常现象发生。

(2)生长点受冻 这是属于较严重的冻害,往往是顶芽受冻,或者一株秧苗大部分叶子均受冻,天气转暖后植株不能恢复正常生长,必须拔除,另行补苗。

(3)根系生长受阻 秧苗定植后遇低温,或连续阴天气温较低,地温低于根系正常生长发育的温度,植物不能增生新根,而且部分老根发黄,逐渐死亡。植株地上部的表现为不长新叶。当气温回升转暖后,植株虽能缓慢恢复生长,但生长速度缓慢,一般称为僵化苗。在这种情况下,以更换新苗为宜。

(4)低温落花 茄果类蔬菜在开花期遇有低温不能授粉,或者虽已授粉,但花粉管不能伸长,因而不能受精,造成落花、落果。番茄开花时夜温低于 15℃,茄子开花时夜温低于 18℃ 都会引起落花。

(5)畸形花、畸形果 在低温条件下,花芽分化不良;开花后易形成畸形花,坐果也易形成畸形果。开花期授粉不良和结果期低温也可导致畸形果的发生。

二、温度条件的特点

保护地的主要作用是改善蔬菜生育的温度环境条件,且以在秋、冬、春三季提高温度为主。故而在低温季节,保护地内的温度条件显著高于外界自然环境。这一特点保证了在不宜蔬菜生育的季节里能正常生长发育,对生产是极为有利的。在密闭的条件下,设施内空气热容量小,白天升温快而高,夜间降温亦迅速,其昼夜温差显著高于露地。昼夜温差适当增大,有利于增强光合作用,减少夜间呼吸作用的消耗,对物质积累是有利的。但温差过大,超过蔬菜作物对高低温所能忍受的界限,也不利于蔬菜的生长发育。保护地内的温度条件还有如下特点。

(一)热量交换

保护地内热量的来源有下列几方面:人工加温热源、太阳光、土壤中有机物分解放出的生物热等。我国目前大部分保护地中热量的来源主要是太阳光。太阳光透过薄膜时,有一部分被塑料薄膜反射和吸收了。透射到保护地里的太阳光射向了植株、土壤和设施构件。有一部分光线又被照射的物体表面所反射,或透过薄膜逃离保护地,或被薄膜反射回来又射向保护地内的物体。其余的射到各物体表面的太阳辐射,极少部分被叶片利用进行光合作用,绝大部分转变为热能。这些热能就成了保护地内维持温度环境的主要支柱。

白天保护地内的热量一部分用于提高植株温度,一部分用于提高设施内的构件、墙体等物件的温度,很大一部分热量储存在土壤中,提高了土壤的温度。土壤吸收的热量一部分向上传给了空气,提高了气温,一部分向下传给了下层的土壤。也有部分热量通过设施的缝隙散失出去或通过塑料薄膜传导出去。

夜间,保护地内失去了热量的来源,室外气温、地温都明显低于室内,所以保护地基本处在一个热量散失的过程。设施内的土壤向外散失热量,土壤、植物体、设施构件等把白天蓄的热量传给空气。尽管如此,由于热量只散失不增加,夜温持续下降。

(二)地　温

地温不仅是蔬菜生育中一个重要的环境条件,同时又是保护地内气温升高的直接热量来源。夜间 90％的热量来源于土壤中的蓄存热。

1. 土壤的热岛效应　在自然条件下,我国北方的冬季,土壤温度降低得很低,表层都有不同厚度的冻土层。黄河以北的冻土层深度在 20～100 厘米,而在保护地中的土壤则终年不冻。当室外 0～20 厘米平均地温下降到－1.4℃时,保温性能好的设施内为13.4℃,比外界高 14.8℃。在保护地中,从地表 0 厘米到地下 50厘米,都有很大的增温效应,但以浅层地温增加最大。我们把这种现象叫作保护地的热岛效应。

2. 保护地中土壤温度的水平分布　在保护地中的土壤,由于位置的不同,在水平方向上存在着明显的温度差异。

塑料大棚内的地温水平分布为:地温中部最高,向东向西、向南向北均呈递降趋势,南侧高于北侧,上午东侧高于西侧,下午西侧高于东侧。白天的地温水平梯度较大,夜间地温的分布与白天相同,但梯度减小。

3. 保护地中土壤温度的垂直分布　在蔬菜保护地内土壤温度的垂直分布与露地截然不同。晴天时地表温度最高,随着深度的增加,地温越来越下降,这说明晴天时热量由上向下传递。阴天时下层的温度比上层高,这表明阴天上层土壤温度是依靠下层传递上来的热量来保持的。在晴天 14 时的地温以 0 厘米处最高,随深度增加而递减。黑夜 20 时至次日 8 时的平均地温以 10 厘米处地温最高,由此处向上向下均降低。在 20 厘米处昼夜温差相距很小。阴天时,20 厘米处的地温最高。可见保护地内土壤温度主要是在 0～20 厘米的范围内进行调节的。

4. 地温的时间变化　保护地中的地温也有日变化和季变化。

晴天时,地表温度的最高值出现在 13 时左右,5 厘米处出现在 14 时,10 厘米处出现在 15 时左右。地温的日较差以地面为最大,随深度的增加日较差减少,在 20 厘米处日较差就很小了。阴天时日较差显著减少。

5. 地温与贴地层气温 离地面 50 厘米以下的空气层叫贴地层。晴天白天的各时刻,地面温度都高于贴地层气温,两者的差值到 13 时最大。在 0～20 厘米的气层内,气温随高度增加而下降,梯度较大。20～50 厘米处,气温又随高度的增加而上升,但梯度不大。

6. 保护地冬季的地温 塑料大棚在华北地区多作为春早熟和秋延迟栽培应用。深冬设施内的温度多在 0℃ 以下,不宜栽培蔬菜。春季保护地覆盖塑料薄膜后,地温上升比较稳定,10 厘米处的地温比露地高 5℃～6℃。管理好的保护地早春地温可比露地高 10℃ 以上。

一般塑料大棚春早熟栽培黄瓜等喜温蔬菜时不宜过早。山东地区多在地温稳定在 12℃ 以上的 3 月中下旬以后。在山东、辽宁等地的日光温室,大多数冬季可以保持 10℃ 以上的地温。温室内的最低地温一般不低于 5℃,可以进行越冬喜温蔬菜的栽培。部分采光性能不强、跨度大、保温性差的温室,冬季室内地温也在 0℃ 以上,可以栽培耐寒性蔬菜,或进行喜温蔬菜的春早熟、秋延迟栽培。

(三)气 温

在冬季绝大部分蔬菜保护地里的气温都高于露地,一般称之为热岛效应。保护地升温主要靠两方面:一是塑料薄膜等透光覆盖物具有大量透过短波辐射而很少透过长波辐射的特性,白天日光大量射入室内,被室内物体吸收。由这些物体辐射出的多是长波辐射,难以透过塑料薄膜散出室外,因而大部分太阳辐射能被截留在温室内,而使设施内温度上升。这种作用即保护地效应,占升温作用中的 1/3。其余的 2/3 是靠薄膜的不透气性,阻断了保护地内外气流的交换,显著减少了空气对流热损失。

1. 太阳光与保护地内的气温   保护地内的热量来源主要是太阳光,所以太阳辐射的强弱及日变化,对设施内的气温有极大的影响作用。一般是太阳光强,设施内温度高,即使阴天的散射光仍可使设施内的气温得到一定的提高。夜间或盖草苫后,设施内接受不到太阳辐射,除在盖草苫时有短暂的气温回升(1℃)外,此后温度呈平稳的下降状态。

2. 保护地内的气温   以山东地区为例,11 月下旬至翌年 1 月下旬大棚内的气温很低,平均气温为−5℃～0℃,一般不能进行蔬菜栽培。2 月上旬至 3 月中旬,棚内平均气温可达 10℃,3 月中旬后气温可在 15℃以上。3 月上中旬,大棚内的平均气温一般比露地高 7℃～11℃,最低气温比露地高 1℃～15℃。当露地最低气温为−3℃时,大棚内的最低气温一般不会低于 0℃。因此常把露地最低气温稳定通过−3℃的日期,近似地作为大棚最低气温稳定通过 0℃的日期。由上述温度看,山东省没有草苫覆盖的大棚喜温蔬菜的定植期以 3 月中旬以后为宜。3 月下旬后,在晴天设施内温度可能超过 40℃以上,应注意通风降温。利用草苫覆盖的保护地定植期可以适当提前 15～20 天。

在山东、辽宁等地的日光温室,大多数冬季可以保持 10℃～25℃的室温。温室内的最低气温一般不低于 5℃,可以进行越冬喜温蔬菜的栽培。部分采光性能不强、跨度大、保温性差的温室,冬季室内气温也在 0℃以上,可以栽培耐寒性蔬菜,或进行喜温蔬菜的春早熟、秋延迟栽培。

3. 保护地内温度的日变化   保护地内的温度变化与外界的规律相同。晴天变化明显,阴天不很明显。保护地内的最低气温在日出前的凌晨,日出后随太阳高度增加而设施内气温上升,气温

8～10 时上升最快,在不通风的条件下平均每小时升高 5℃～8℃。塑料大棚内在 3 月份的气温不仅高于露地,在中午前后也高于日光温室。但到夜间由于没有草苫等覆盖物保温,其最低气温也大大低于日光温室。所以大棚气温的日较差较大,多在 10℃ 以上。特别是 3～4 月份,日较差可达 20℃ 以上。这一点与其他保护设施的气温有所不同。

在早春、晚秋或初冬季节,在早晨或 18 时以后往往会出现大棚内气温低于外界温度的现象,这称之为"温度逆转"现象。这是大棚内气温的一大特点。温度逆转出现的原因是设施内热量不断向外散失,棚温逐渐降低。此时,若有微风携带着地面的潜热吹来,此热风不能透过塑料薄膜补充到大棚内,于是就出现了大棚内温度低于棚外温度的情况。这种"温度逆转"现象对蔬菜的秧苗非常有害,应积极采取保温措施来防止。但是,由于这一现象仅限气温,大棚内地温仍比棚外高,而且逆转现象时间又很短,所以危害程度有所减轻。

4. 气温的垂直分布　保护地内气温的垂直分布也是在一定范围内气温随高度的增加而上升。保护地内的高温区在大棚的中部,上午偏东,下午偏西,大棚两侧温度偏低。大棚内气温的垂直分布梯度较大,日光温室内的气温垂直分布与大棚差不多。

5. 气温的水平分布　大棚内的气温在水平方向上是中部高,东、西两侧低。上午东侧高于西侧,下午西侧高于东侧,温度差为 1℃～3℃。南北向保护地,中午南部气温高于北部 2℃～4℃。夜间保护地的四周气温比中部低,若有冻害发生,边缘较重。日光温室气温上午西部高于东部,下午相反,其他与大棚相似。

6. 保护地中的最高气温　大多数保护地是提高栽培环境中的气温的,因而设施内的气温一般都高于露地,当最高温度超过一定范围时,则会对蔬菜产生危害。在露地条件下,这种现象不十分严重,但在保护设施中,这种可能性则大大增加。所以,研究保护地中最高气温的发生规律,采取防止措施,就十分必要。当然,在管理中利用高温来防治病害和进行保护地的土壤消毒也是非常有益的。

保护地中最高气温具有以下特点。

第一,增温效应显著。一般情况下,保护地的最高气温明显高于室外。越是寒冷的季节最高气温增温效应越大,以后随外界气温升高和放风管理,设施内外最高气温的差值逐渐缩小。

第二,每天最高气温出现的时间。晴天是在 13 时,阴天最高气温出现在云层较散、散射光较强的时候。

第三,天气情况对最高气温的出现也有很大影响。晴天增温效应最大,多云天气次之,雨雪天气较差。实践表明,在 3～4 月份,由于外界气温较高,即使在阴天日照不足的天气,仍会造成室内的高温。由于人们的忽视,这种高温的危害性很大。

第四,通风对最高气温的影响。通风可以降低保护地内的最高气温。但降低的程度与通风面积、通风口的位置、上下通风口的高差、外界气温及风速都有关系。一般在上下通风口同时开放、通风面积加大,外面风速较大时,降温效果较明显。显然,在外界气温较低的早春通风降温效果大大超过外界气温较高的 4～5 月份。

第五,最高气温在保护地内的分布。保护地内的最高气温在水平方向亦有差异,中部比两侧要高。设施内上部比下部高 5℃以上。

第六,最高气温的季节变化。保护地内的最高气温随着太阳高度的增加,最高气温的季节变化也是很显著的。

7. 保护地中的最低气温 保护地中的最低气温反映了保护地的保温性能,也制约着保护地的应用范围,直接关系到作物的生长和发育。

保护地中最低气温具有如下特点。

第一,保护地中的最低气温显著高于室外。在寒冷的季节增温效果最大,随着外温升高和放风的增加,内外最低温度的差值越来越小。保护地内的最低气温亦受外界气温的影响。两者升则同升,降则同降,有同步的趋势。

第二,最低气温与天气变化。寒潮侵袭、阴雪天,均有降低保护地中最低气温的作用。这与外界气温低、保护地的散热增加和太阳辐射较少有关。近年来的实践表明,外界的绝对低温低并不是保护地中冻害的主要原因。只要有充足的日照,即使外界温度再低,保护地内亦不易发生冻害。保护地内的最低温度往往是出现在连续阴天之后的外界低温侵袭时,连续阴天造成保护地内热量大量散失而得不到补充,再遇外界低温,很易出现冻害。

第三,最低气温的日变化。保护地中的最低气温一般出现在凌晨日出前,或揭草苫时,蔬菜的冻害也多在此时发生。较严重的冻害是从下半夜开始的。

第四,最低气温的分布。大棚的最低气温在棚两侧,一般冻害首先发生在东西两侧。南北向大棚,北侧的最低气温最低。日光温室内的最低气温在靠近出入口处。

8. 保护地中的积温、日较差　有效积温的满足是蔬菜生长发育所必需的条件。大棚的保温性能虽逊于日光温室,但在春季和秋季的早熟和延迟栽培中的有效积温是完全可以满足喜温蔬菜的生长发育的。日光温室则可以进行喜温蔬菜的越冬栽培。

三、温度的调控

温度的调控是保护地栽培的中心,温度管理得好坏直接关系到保护地生产的成败和经济效益。

(一)温度调控的原则

蔬菜保护地内温度条件要多方面考虑,应遵循共同的基本原则如下。

1. 不同作物、不同生育期的温度调控　喜温蔬菜如黄瓜、甜椒等需要较高的温度条件,而韭菜等耐寒蔬菜生育期需要的温度条件较低,二者的要求相差 6℃～8℃。因此,在温度管理上,一定要根据作物的需求来给予适宜的温度条件。例如,用适于耐寒蔬菜生育的条件培育喜温蔬菜,就会招致冷害。

同一作物不同生育期所需的温度条件也不相同。如茄子发芽出苗期需要较高的温度,为 25℃～30℃,此期保护地内温度必须调节得高一些,否则会出现出苗迟缓、苗小细弱的现象,甚至会因低温而烂种、死苗。茄子苗期温度应适当降低一些,过高的温度会引起幼苗徒长。而在开花结果期,设施内的温度应控制得高一点,白天以 25℃～30℃为宜,这样才有利于开花、授粉和坐果。只有按作物生育期的需要调节温度,才会收到预期的经济效果。

2. 变温管理　很早以前保护地内的气温是采用恒温管理的方法,既昼夜保持一定不变的目标温度。这种温度调节方法违背了自然界温度变化的规律。20 世纪 70 年代,人们发现夜间的变温管理比夜间恒温管理可提高果菜类蔬菜的产量和品质,并可节省燃料。经过多方面的研究试验,目前认为在保护地设施中应采用上午、下午、前半夜和后半夜四个阶段不同的温度调节管理的方法。

在四段温度管理中,白天是蔬菜光合作用的时间,要求较高的温度,晚上主要是物质的转运和休息,为降低呼吸作用,应使温度低一些。所以,温度的管理首先要保证白天黑夜有一定的温度差距,即日较差,一般为 10℃左右。在白天,上午光合作用较强,生产的同化物约占全天的 70%,因此要求的适宜温度较高。如黄瓜在午前和中午要求 27℃～30℃。下午光合作用减弱,为降低呼吸作用,要求的适宜温度应稍低些,黄瓜为 23℃～25℃。随着叶片中光合产物的增多,同化产物开始向生长点、根、果实转运。黄瓜和茄子等蔬菜同化物的转运 1/4 在白天进行,3/4 在前半夜进行。
番茄、甜椒的同化物 1/4～1/2 在夜间转运。同化物的转运与温度
有很大关系,一般在稍高的温度条件下转运速度明显加快。如黄
瓜在夜间气温为 20℃时经 2 小时,16℃时经 4 小时,13℃时经 6～
8 小时光合产物才能转运完毕,而在 10℃时经历 12 小时才只转运
了 1/2 的光合产物。在转运时,气温过高,转运速度虽快,但转运
物质的大部分以至全部将被呼吸作用所消耗,亦得不偿失。养分
转运结束,呼吸作用便成为后半夜的中心过程。呼吸作用随着气
温的升高而增强,显然适当的低温环境,有利于减少物质的消耗,
增加物质的积累。

　　设计四段变温温度管理的目标时,一般以白天适温的上限为
上午的适宜温度,下限作为下午的目标温度,上半夜 4～5 小时要
求的温度比夜间适温的上限提高 1℃～2℃,其后以夜温的下限温
度作为下半夜的温度目标。在实际管理时,设施内的气温尽量不
要超过高温和低温的界限温度。在高于界限温度 2℃～3℃时,一
定要及时通风。当然,四段变温的目标温度也应因地制宜,在阴天
光照不足时,白天的气温应稍低一些,而当设施内二氧化碳充足、
光照较好时,温度应稍高一些。通常保护地、蔬菜保护地的温度管
理指标如表 3-3 所示。利用四段变温管理技术要比传统的恒夜温
管理增产 7%～15%,加温温室可节省燃料 5%～10%。

表 3-3　保护地内蔬菜的温度管理指标

种　类	生长期	白天(℃)		夜间(℃)		适宜地温 (℃)
		适温	最高	适温	最低	
黄　瓜	苗　期	20～30	30	16～12	10	15～20
	结瓜期	22～30	32	18～15	13	17～23
茄　子	苗　期	20～25	28	20～15	—	15～20
	结实期	22～30	32	18～13	12	17～23

续表 3-3

| 种 类 | 生长期 | 白天(℃) | | 夜间(℃) | | 适宜地温 |
		适温	最高	适温	最低	(℃)
番 茄	苗 期	20～25	28	18～12	10	15～20
	结果期	20～26	30	18～10	8	17～22
甜 椒	苗 期	20～25	28	20～15	12	16～20
	结果期	20～30	32	20～18	12	17～23
甜 瓜	苗 期	20～30	30	16～10	15	18～20
	结瓜期	25～30	30	20～18	15	18～20

3. 气温、地温、光照条件相适应 目前国内大部分保护地中没有土壤加温设施,保护地中的地温是依靠太阳辐射的能量加热地表后再向下传导的。这一传导过程甚慢,而向上传给空气,提高气温的过程速度甚快,所以气温可以迅速提高,而地温依然偏低。冬、早春季保护地内地温低的问题严重影响蔬菜作物根系的发育和吸收能力,是制约早熟和高产的重要因素。同时,保护地内的地温也反过来影响气温。

在保护地内一定要合理调节气温和地温的关系,逐渐改变过去重视气温、忽视地温,造成"头热脚寒"的不良倾向。合适的调节为:气温高时,地温也应相应提高,但地温应低于气温;当气温低时,要求地温相应地高些。如黄瓜保护地夜间的气温为 10℃ 时,地温以 15℃～18℃ 为宜,白天气温为 28℃～30℃ 时,地温以 20℃ 为宜。

气温的管理还要兼顾光照条件。在光照弱时,光合作用较低,保护地内的温度也应低一些,以减少呼吸损耗。反之,则应提高气温。一般情况下,保护地的温度条件是受太阳的辐射热制约的,光照强,温度就随之升高,光照弱,气温就下降,保护地内的气温和光照条件的配合是天然协调的。但是这一协调也有特殊的时候,如春季气温较高,在阴天光照不足时,保护地内的气温仍有可能超过适宜的高度界限,此时注意及时放风降温还是必要的。

地温和光照条件在保护地内不十分协调,特别是严冬晴天的早晨,光照条件很快充足了,气温也迅速升起来,而地温却提高得很缓慢,根系的吸收功能势必跟不上地上部分的需要。为解决这一问题,在保护地内冬季要尽量保持较高的夜间温度,其目的是保地温,以适应翌日作物进行光合作用时对气温和地温尽可能协调的要求。

4. 调节温度与防病　保护地内蔬菜的病害比露地严重。发病的主要环境因素是湿度,其次是温度。在调节设施内的温度环境时,尽量避开发病的适宜环境,亦有减轻病害发生的作用。如黄瓜霜霉病发病的适温是 $15℃\sim24℃$,超过 $28℃$,低于 $15℃$,均不利于发病。为减轻病害的发生,夜间温度应控制在 $12℃\sim14℃$,白天控制在 $28℃\sim30℃$,尽量避开发病适温环境。但是这种措施必须是在作物的生育适温范围内进行,决不能单纯因防治病害而使调节的温度不利于作物的生长发育,从而导致减产,那是因噎废食的做法。

(二)气温调控

保护地内气温调节包括增温与降温两方面。增温又分增加设施内的热量、提高温度和保持设施内的热量、保持温度两方面。常采用的措施如下。

1. 设施结构合理　保护地合理的结构是日光的透入率高,能充分利用太阳能增温。为此,就要求这些设施的透光面与地面要有较大的倾斜角,以减少对太阳光的反射作用。其次是结构的骨架要少,规格要小,尽量减少遮光量。还应根据当地条件正确确定设施的方位,以最大限度地利用日光能。

保护地容积越大,其比面积(保护地整个表面积被保护地整个容积除)越小,相对散热面则较小,其保温性能越好。增大保护地的容积一是增加高度,二是增加长度。一般长度在 40 米以上方能形成良好的保温能力。

保护地的保温能力与建造质量有很大关系,减少缝隙,防止热空气外流是非常必要的。

2. 塑料薄膜的选用 国内大部分保护地用塑料薄膜作为透光材料。为增加保护地内的温度,应选用透光性能好、保温能力强、导热率低的塑料薄膜,一般聚氯乙烯薄膜的保温能力稍强。此外,利用一些多功能薄膜更有利于保护地内的保温和增温。

3. 多层覆盖 保护地夜间散热较多的地方是透光屋面。透光面不可能像墙体那样保温,一般单层塑料薄膜可提高温度 3℃左右,纸被可提高 3℃~5℃,草苫可提高 5℃~8℃。由上述数字看,单一利用一种覆盖物,保护地内的温度是不可能提高很多。为了提高保护地的保温性能,应尽量坚持利用多层覆盖。大棚可在四周围用草苫围起来,利用纸被时可用塑料薄膜包被。温室则用草苫覆盖,草苫的外层用塑料薄膜包裹。保护地内亦可用保温天幕覆盖,保温天幕可提高最低气温 2℃~4℃。有条件时,在保护地内的栽培畦上加小拱,或覆盖草苫。利用多层覆盖,可有效保持设施内的温度。

4. 适时揭盖保温覆盖物 保护地的保温覆盖物如纸被、草苫等的揭盖时间,要兼顾光照和温度两方面的要求。冬季揭得过早,虽可增加光照,但会导致气温下降;盖苫过早,有利保温,但会缩短光照时间。适当的揭草苫时间是揭开后,保护地内短时间下降 1℃~2℃,然后气温回升。如果揭开后气温没有下降而是立即升高,表明揭晚了;如果气温下降较多,回升很慢,表明揭早了。傍晚盖草苫适当的时间是盖上后设施内短时间气温上升 2℃~3℃,然后缓慢下降。如果气温上升太多,表明盖早了。如果盖上后,气温一直下降,表明盖晚了。生产实践中,也可根据日照情况决定草苫的揭盖时间,寒冬当早晨阳光洒满整个棚面,即应揭苫;傍晚阳光照不到棚面,即应盖苫。保护地内的气温状况也是揭盖草苫时间的依据。当棚温明显高于临界温度时,可早揭或晚盖。果菜类蔬菜盖苫时,设施内气温一般不应低于18℃。在阴天时,只要散射光也能使空内气温上升,就应揭草苫。

5. 人工加温 温度是保护地生产中的关键条件,目前国内绝大部分保护地利用日光作为热量的惟一来源,一般是白天依靠作物、空气、土壤等蓄热,夜间放出,来维持室内温度。这种方式在高寒地区仍满足不了喜温蔬菜越冬栽培的需求;在低纬度地区遇到寒潮侵袭、连续阴雪天,也会因热源太少而受冻害和冷害。因此,保护地内的增温设备,从发展的角度看是必不可少的。国内保护地的增温设备主要用于大型的现代化保护地中,详见第二章第三节增温设备。

6. 降温 保护地内的降温方法主要有通风和利用降温设备两种,详见第二章第四节相关内容。

(三)地温的调控

冬季、早春利用的蔬菜保护地中,地温偏低是普遍存在的问题,因此提高地温是保护地栽培中的重要措施。

1. 高垄栽培、地膜覆盖 在保护地内利用高垄栽培,可增加土壤的表面积,有利于多吸收热量,提高地温。覆盖地膜可提高地温1℃~3℃,又可增加近地光照。

2. 挖防寒沟 保护地内的土壤中的热量,在温度差的作用下,不断向外围较低温度的土壤传导,这种传导大大降低了保护地内四周土壤的温度。为减少设施内外土壤热量的交换,应在保护地边缘挖防寒沟。防寒沟的深度为当地冻土层的深度,宽相当于冻土层厚度的一半,内填杂草、马粪等绝热材料,上覆塑料薄膜和土。

3. 增施有机肥　保护地内增施有机肥,这些有机肥的分解可放出生物热提高地温。同时,土壤有机物的增加,也可提高土壤的吸热保温能力。

4. 保持土壤湿度　土壤水分多,土壤呈暗色,可以提高土壤吸热能力,水的热容量大,也可增加土壤的保温能力。

5. 提早扣棚　保护地要提早扣棚盖膜,增加土壤的热量贮存。

6. 地下加温　利用电热加温线、酿热物温床、地下热水管道等设备进行土壤加热,来提高地温的措施是最有效,只是成本较高。

7. 铺放玉米秸秆　近年来很多地方在蔬菜行间铺放玉米秸秆,一方面保持地温,一方面增加土壤有机质,释放二氧化碳,效果较好。

8. 降温　春季地温过高时,除了用降低气温的办法来降低地温外,还可采用傍晚浇水的方法来降低。

第三节　保护地设施内水分条件与调控

一、水分的作用

一般蔬菜的含水量都很高,均在 90% 以上。水分对蔬菜的生长发育影响极大。水分不仅是蔬菜细胞中必不可少的组成物质,而且所有的生理生化活动均离不开水的参加。根系吸收的主要物质是水分,吸收的矿质元素,也必须是溶解于水后才能进入根系组织内。营养物质在植物体内的运输也是水作为流体携带物。植物的光合作用,水是原料之一,蒸腾作用的主要物质还是水,水是生命之源,当然也是蔬菜之源。由于蔬菜的含水量高,栽培中需水量大,水对蔬菜的作用和重要性远远超过其他作物。

水不仅直接影响蔬菜的生长发育,而且也关系到病虫害的发生程度。在空气和土壤湿度过大时,往往造成某些病害的大发生。所以,水分也从间接的方面制约着蔬菜生产。

不同种类的蔬菜对水分的需求不同,大致可分 5 类。

第一,消耗水分多、吸收能力弱的蔬菜。这类蔬菜的叶面积大,组织柔嫩,需水分多。但根系不发达,入土不深,所以要求较高的土壤湿度和空气湿度。属于这类的蔬菜有白菜、芥菜、甘蓝、绿叶菜、黄瓜、四季萝卜等。

第二,消耗水分不多、根系吸收能力强的蔬菜。这类蔬菜的叶片虽大,但缺刻较大,叶面有茸毛或蜡质,能减少水分蒸腾,其根系强大,入土深,抗旱力强。属于这类的蔬菜有西瓜、甜瓜、苦瓜等。

第三,消耗水分少、根系吸收能力很弱的蔬菜。这类蔬菜叶片面积小,表皮有蜡质,蒸腾作用也很小,地上部很耐旱,但它们的根系分布范围小、入土浅,几乎没有根毛,所以吸收能力很弱,对土壤水分的要求很严格。属于这类的蔬菜有葱、蒜、石刁柏等。

第四,消耗水分和吸收能力均中等的蔬菜。这类蔬菜的叶面积中等大,叶面常有茸毛,组织较硬,抗旱力中等,根系的发达程度也中等。属于这类的蔬菜有茄果类、豆类等蔬菜。

第五,消耗水分多、吸收能力弱的蔬菜。这类蔬菜的茎叶柔嫩,在高温下蒸腾作用旺盛,但根系不发达,根毛退化,植株要全部或大部浸在水中才能生长。属于这类的蔬菜有藕、茭白、菱等水生蔬菜。

作物对水分的需要不仅局限于土壤,空气中含的水分对作物的生长发育也有很大影响。按蔬菜对空气湿度的要求可分为 4 类:空气相对湿度适于 85%～90% 的蔬菜有白菜类、绿叶菜类、水生蔬菜;空气相对湿度适于 70%～80% 的蔬菜有马铃薯、黄瓜、根菜类(胡萝卜除外)、豌豆等;空气相对湿度适于 55%～65% 的蔬菜有茄果类、豆类蔬菜；空气相对湿度适于 45%～55% 的蔬菜有西瓜、甜瓜、南瓜及葱蒜类蔬菜。

保护地栽培中，土壤湿度和空气湿度必须适宜才能取得蔬菜的优质、高产和高效益。在一定程度上可以这样认为：保护地中温度条件决定生产的成败，水肥条件决定产品的质量。

二、水分条件的特点

(一)土壤水分的特点

保护地内土壤水分的来源有 2 个：一是在夏季休闲期撤去薄膜后自然降水在土壤中的贮存；二是在扣薄膜后人工灌溉。影响生产较大的是人工灌溉。土壤水分的消耗主要有 2 条途径：一是地面蒸发；二是作物吸收利用和蒸腾。保护地内的土壤水分有下列特点。

1. 不均匀性 保护地内土壤蒸发和作物蒸腾到空气中的水分，一部分被设施内的设施吸收，一部分从缝隙或通风窗逸出设施外，还有一部分凝结在较冷的塑料薄膜上，形成水雾或水滴，有些滴落在地上。由于受棚膜斜度的影响，滴落的部位一般较固定，这就造成局部地区特别潮湿泥泞，而其他地方或下层土壤较干旱，导致土壤含水量的不均匀。这种情况在冬季浇水较少的情况下尤为突出，水多的地方往往造成沤根、发病或徒长，而其他地方可能有旱象。

2. 湿度大 由于保护地的密闭性环境，空气湿度大，蒸发作用远比露地为小，所以保护地内的水分消耗量较小。虽然每次灌水量小，浇水次数却不一定少，加上土壤毛细管的作用，即使在土壤下部水分不足时，土壤表面也经常保持湿润状态。总的来看，保护地内土壤表层的湿度较大，而且湿度的保持时间较长，不像露地土壤干湿交替变化迅速。

3. 湿度的变化 冬季温度低,作物生长缓慢,加上放风量小,水分消耗很少,保护地内浇水后土壤湿度大,而且持续时间长。春、秋季气温高,光照好,作物生长旺盛,地面蒸发和作物蒸腾量大,加上放风量大而且时间长,水分消耗量多,土壤需水量增加。在一天中保护地白天消耗的水分大于夜间,晴天消耗的水分大于阴天。

(二)空气湿度的特点

由于保护地的空间小,气流稳定,温度较高,蒸发量较大,环境密闭,不易和外界空气对流等原因,在保护地内经常会出现露地栽培中很少出现的高湿条件。在冬季通风较少的条件下,在相对湿度超过90％的时间经常保持在8～9个小时以上。夜间、阴天和温度低的时候,空气湿度经常达到饱和状态。空气湿度随着温度的变化而剧烈地变化,在中午前后,设施内因气温过高,空气湿度很低。这些特点几乎对所有的蔬菜作物的生长发育都是有害的,同时也为病害的蔓延创造了条件。

保护地空气湿度一方面取决于水分的蒸发,一方面取决于温度的高低。地面蒸发量大,作物蒸腾大时空气相对湿度就高。在空气中含的水汽量固定时,温度越高,空气相对湿度就越低。初始温度每升高 $1℃$,相对湿度下降 $5％～6％$,以后则下降 $3％～4％$。如 1 米^3 的空气中含水量为 8.3 克时,气温 $8℃$,相对湿度是 $100％$,$12℃$ 时相对湿度是 $77.6％$,$16℃$ 时相对湿度是 $61％$。实际上随着气温的升高,地面蒸发和蒸腾也在加强,空气中的水分在不断得到补充,只是空气中水汽的增加远不及由于温度升高而引起的饱和水汽压增加来得快,因此相对湿度降低。

保护地中空气湿度大也有一定的积极作用。夜间空气中的水汽有提高空气热容量的作用,可减缓气温下降的速度。水汽在薄膜上的凝结是个放热的过程,薄膜上附有一定水滴还有阻止长波辐射透过薄膜外逸的作用。

保护地空气湿度的变化程度,往往是低温季节大于高温季节,夜间大于白天,阴天大于晴天。浇水后湿度最大,以后逐渐下降。在冬春季保护地内白天相对湿度一般在 60%～80%,夜间在 90% 以上。揭苫时相对湿度最大,以后随温度升高而下降,到 13～14 时相对湿度下降到最低值,以后又随温度的下降开始升高。盖苫时相对湿度很快上升到 90% 以上,直到翌日揭苫。

三、水分的调控

(一)土壤水分的调控

保护地土壤水分调控主要是灌水和排水两方面,现仅就灌水技术介绍如下。

1. 灌水期的确定 确定作物灌水适期最科学的方法是通过仪器直接或间接测定土壤含水量,再与该作物这一生育阶段要求的适宜土壤含水量来比较,就可以做出是否浇水的决定。测定土壤含水量的仪器目前主要有张力计,此外还可用重量含水量法、相对含水量法。

实践中常用感官来确定土壤的含水量,为避免保护地中表土潮湿而心土干旱的假象蒙蔽,一般取地下 10 厘米深处的土壤用手握之,如成团落地不散,为土壤湿;成团落地而散为土壤潮;手握不成团为干;如握之有水溢出,为土壤积水。土壤积水,则过涝;土壤干,则缺水。土壤含水量以潮或湿为宜。在此结论的基础上,结合作物对水分需要的状况,来确定浇水时间。

此外,还可根据作物的生长形态表现,判断其缺水与否,从而决定灌水时间。

2. 水温　寒冷季节浇水后地温要下降,这是保护地管理中的一大忌。保护地中地温较低本身就是一大缺欠,在浇水时绝不能再加重这一危害。为此,在定植时应浇温度较高的水,最好水温在20℃～25℃。平时浇水,水温宜和设施内地温基本一致,最好不低于2℃～3℃。为做到这一点,水源宜选用深水井,输水渠道应尽量缩短,以防止水温下降。每天的浇水时间宜选在晴天的早晨地温最低的时间,以缩小水温和地温的差距,并能在灌水后使地温及时得到恢复,浇水后要立即闭棚升温,然后再开窗排湿气。

3. 水量　保护地内的浇水量不宜过大。水量过大,地面积水对一般蔬菜有危害作用,有时会因涝致死。浇水量过大还会加重土壤板结现象,影响根系的呼吸作用。浇水量过大最大的危害是降低地温,在冬季土壤含水量过大,地温又低,短时间内很难恢复,易出现沤根现象。所以,保护地的浇水量比露地要小一些,不宜采用大水漫灌或畦灌,最好采用沟灌或分株灌水方法。

4. 浇水时间　保护地浇水时间要考虑地温和空气湿度。寒冷季节浇水要选在晴天,而且预测到浇水后能获得几个连续的晴天,以利提高地温。一天中浇水应在早上,以利地温的恢复和排湿。阴雨天和傍晚,或浇后遇阴雨天,不仅地温不易恢复,空气湿度不易降下来,还有导致病害大量发生的危险。在春、秋温度较高时,为降低地温可在傍晚浇水。但无论在什么时候,都不宜在晴天温度最高的时候浇水。因为此时植物的生命活动正旺盛,浇水后地温骤降,根系可能受到影响而降低吸收能力,导致植株地上部分的生命活动出现障碍。

5. 灌水后的管理　灌水后立即闭棚提高地温,当地温上升后,应及时通风,降低保护地内的空气湿度。保护地内应多中耕保墒,以减少浇水次数。同时,中耕有改善土壤的透气性的作用,利于根系发育。

6. 浇水方法　参照第二章第六节。

(二)空气湿度的调控

1. 地膜覆盖　在保护地内进行作物的行间或株间地膜覆盖，可以减少土壤水分蒸发，防止土壤水分逸入空气，对降低空气湿度有良好的作用。覆盖地膜时，栽培垄上施肥不要过于集中或过量，以防浇水不透引起缺水造成危害。覆盖地膜时应适当露出植株周围的土壤，不要将栽培畦全部覆盖。那样会由于棚膜落下的水滴全部积于地膜上，反而使空气湿度加大。全面覆膜还会给土壤气体交换，特别是二氧化碳的释放带来困难。

2. 地面铺草　在垄间地面上均匀地铺上稻草、麦糠、麦秸等，可阻止地面水分的蒸发，降低空气湿度。同时这些覆盖物在腐烂过程中还可放出二氧化碳来，供给光合作用利用。

3. 采用滴灌和地下灌溉技术　尽量不用地面灌溉，利用沟灌、穴灌法，亦可降低空气湿度。

4. 升温　保护地内的空气湿度与温度呈负相关关系，在低温高湿时，应控制通风量，促使气温上升，可使空气湿度下降。

5. 及时中耕　浇水后及时中耕，可以提高地温，保持墒度，减少浇水次数，亦可降低设施内的空气湿度。

6. 通风排湿　通风排湿的作用明显。但是通风排湿又会带来降低设施内气温的副作用，在严寒季节通风排湿弊大于利，应慎用。在高温、高湿季节可用通风排湿的方法，降低设施内的空气湿度。

7. 覆土　在浇水后，遇到低温阴天，不能放风排湿时，可在地面撒细干土或麦糠，暂时阻止地面水分蒸发，可降低空气湿度。

第四节　保护地内空气条件与调控

一、空气的作用

所有的蔬菜都离不开空气,空气也是蔬菜生长发育所必需的条件之一。空气中含有的二氧化碳和氧气是蔬菜体内的构成成分,也是生理生化作用所离不开的物质。植物的光合作用合成了大量的有机物,而光合作用中二氧化碳是主要的原料。植物体中的干物质大部分是通过光合作用,由二氧化碳转化来的,从根部吸收的养料转化来的仅占 5%～10%。由此可见,二氧化碳对蔬菜生产的重要性绝不在其他环境条件之下。蔬菜在呼吸中还需要氧气,氧气是蔬菜生命活动中能量转化的重要成分。

过去在保护地栽培中不太重视空气条件,以为空气是无所不在、无处不有,基本上不进行人为调控,而且空气成分适合与否,不像其他条件那样能立竿见影的对作物的生育发生影响,所以空气的调控,仅限于通风。但是实践表明,空气成分的调控,对保护地栽培的丰产与质量有极大的关系,在生产管理中是不可忽视的。

二、空气条件的特点

(一)气　流

在露地条件下,空气是不停地流动着的。这种流动对蔬菜作物有良好的作用。气流可以自动调节二氧化碳和氧气的含量,及时地补充叶片周围被吸收利用了的二氧化碳,防止叶片周围二氧化碳亏缺。气流还有降低叶表面温度,使温度均衡的作用。

在保护地内,由于塑料薄膜的密闭,外界气流不易影响设施内部,故设施内的气流比露地显著的小。这对均衡二氧化碳浓度和温度是不利的。

保护地中的气流不仅受通风的制约,还受时间、天气的影响。一般气流活动白天大于夜间,晴天大于阴天。

(二)二氧化碳条件的特点

空气中二氧化碳的含量是 300 微升/升,一般蔬菜的二氧化碳饱和点是 1 000～1 600微升/升。在自然条件下,对植物来讲,二氧化碳条件是亏缺的。

保护地中的二氧化碳来源有下列途径:外界空气中的二氧化碳;作物呼吸放出的二氧化碳;土壤中有机物分解放出的二氧化碳等。这些来源中,以空气中的二氧化碳为主,它的来源方便,补充迅速。作物呼吸放出的二氧化碳量较少,土壤有机质的分解释放二氧化碳速度太慢。所以一般栽培管理中,以通风补充二氧化碳为主。对植物来讲,自然界中的二氧化碳是亏缺的,那么依靠自然界补充的保护地的二氧化碳含量就更为亏缺。

在保护地中,二氧化碳的含量因季节、天气而变化。冬季天气寒冷,作物的光合作用较低,设施内的二氧化碳含量就高于温暖的季节。同样道理,阴天高于晴天。在一天中,夜间光合作用停止,二氧化碳的吸收利用也停止,是二氧化碳的积累过程。至黎明揭苫前,二氧化碳浓度达到最高峰,通常在 700～1 000 微升/升,比露地高出 1～2 倍。揭苫后,光合作用逐渐加强,二氧化碳浓度逐渐下降。一般到上午 9 时达 300 微升/升,在密闭不通风的情况下,在 11 时降到 200 微升/升以下,在 14～16 时开始回升。由上述二氧化碳的变化规律看,在保护地内作物从 11 时左右,二氧化碳在本来就亏缺的基础上,更感饥饿,有时会导致光合作用"午休"的现象,从而限制了作物对光能的利用,恶化了光合作用的进程。

在温度条件较好的保护地中,在 11 时左右应通风引入外界的空气,以补充二氧化碳的不足。即使这样,空气中二氧化碳的浓度也距一般作物的饱和浓度甚远,在这种条件下,二氧化碳浓度就成了作物丰产与否的制约因素。

(三)其他气体

保护地是一个人为创造的较密闭的环境,它部分地阻断了内部空气与外界大气的交流,因此在空气成分上也因其特殊的条件而与大气不同。

保护地中氧气的含量和二氧化碳含量的变化正相反。由于氧气含量较大,作物的需要量较小,一般不会出现氧气含量的变化而影响作物生长发育的现象。

保护地中的一些设施如塑料薄膜、加温设施和特殊的管理,如多量的施有机肥、化肥等,均能产生一些有害气体。这些有害气体,不易散发出去,过度的积累,往往会引起对作物的伤害。保护地中的有害气体有如下几种。

1. 氨气　施入土壤中的肥料或有机物在分解过程中,都会产生氨气。保护地中氨气的大量积累,通常是施肥不当造成的。例如,直接在地表撒施碳酸铵、尿素、饼肥、鸡禽粪、鱼肥等,或在施用过石灰的土中撒施硫酸铵,或在土壤中施用未腐熟的畜禽粪及饼肥等,都会直接或间接地大量放出氨气。

当空气中氨气浓度达到 5 微升/升时,蔬菜开始受害。浓度达到 40 微升/升时,经过 24 小时,几乎各种作物均严重受害,甚至枯死。氨气从叶片的气孔侵入,这是生命活动比较旺盛的中部叶片首先受害的一个重要原因。受害叶初期在叶缘或叶脉间出现水浸状斑纹,2~3 天后逐步变白色或淡褐色,叶缘呈灼伤状,严重时褪绿变白而全株死亡。有时黄瓜在生长中期受害,心叶尚绿,去掉受害叶片,通风排出氨气后,还可慢慢恢复。

2. 亚硝酸气 土壤中的亚硝酸气是在土壤中有大量铵的积累,并在土壤强酸的环境中而产生和积累的。施入土壤中的氨态肥,在土壤中要变成亚硝态氮,再变成硝态氮方能被吸收利用。在酸性环境中,阻滞了由亚硝态氮向硝态氮转化的进程,因而易造成亚硝酸气的积累。在连作多年、沙性较强的保护地土壤中易积累亚硝酸气。

保护地中亚硝酸气的浓度达到5～10微升/升时,蔬菜作物开始受害,以莴苣、番茄、茄子和芹菜的反应最敏感。

亚硝酸气是从叶片气孔侵入叶肉组织,开始时气孔周围组织受害,最后使叶绿体遭破坏而出现褪绿、呈现白斑。浓度过高时,叶脉也变成白色而枯死。亚硝酸气的危害症状和氨气很相似,区别在于亚硝酸气的危害部位变白色,氨气的危害部位变褐色。为了更准确地判断危害的原因,可用 pH 试纸,蘸取棚膜的水滴,若呈碱性,则为氨气危害,若为酸性,则为亚硝酸气危害。

3. 二氧化硫 在保护地中利用燃料加温时,烟气的泄漏,或是在设施内明火加温,或在设施内用燃烧法增施二氧化碳时,燃料中含硫量高的情况下,极易造成室内二氧化硫中毒。

二氧化硫的危害浓度为 0.1 微升/升。二氧化硫作物可引起叶绿体解体、叶片漂白甚至坏死。

4. 邻苯二甲酸二异丁酯 邻苯二甲酸二异丁酯是塑料薄膜的增塑剂,掺有这种增塑剂的薄膜,在使用中随温度的升高,二异丁酯便不断游离出来。在密闭的条件下,随着它在空气中浓度不断增加,便可对蔬菜造成危害。对其敏感的蔬菜有甘蓝、花椰菜、水萝卜、西葫芦、黄瓜等。

使用含有邻苯二甲酸二异丁酯的农膜,在白天最高 30℃,夜间 10℃的常温管理下,经 6～7 天就可见到受害症状。受害植株心叶和叶尖的幼嫩组织开始颜色变淡,逐渐变黄变白,2 周左右几乎全株枯死。高温时作物 5 天可出现症状,9 天全株枯死。有些蔬菜受害后叶片褪绿不变形,有些则发生皱缩变形。有的蔬菜如甘蓝、黄瓜等一旦受害就难以抢救;多数蔬菜受害后,及时抢救,一般影响不大。

此外,在一些工业用的塑料薄膜中的其他增塑剂如正丁酯、己二酸二辛酯等均有毒害作用。

5. 乙烯　聚氯乙烯薄膜在使用中会放出乙烯,保护地蔬菜栽培在密闭时易引起乙烯的过量积累。

在空气中乙烯浓度达到 0.1 微升/升时,敏感的蔬菜便开始受害。乙烯是植物体内固有的成分,参与植株体内的一系列生理活动。空气中过量的乙烯通过气孔进入植物体,扩散到全株,很易引起生理失调,导致植株畸形。开始时受害植株叶片下垂、弯曲,进而褪绿变黄或变白,严重时死亡。

6. 氯气　在空气中,氯气浓度达到 0.1 微升/升时,蔬菜便开始受害。氯气侵入叶片组织后,叶绿体首先遭破坏,进而褪绿,变成黄色和白色,严重时植株枯死。对氯气敏感的蔬菜有甘蓝、花椰菜、水萝卜等。

7. 一氧化碳　在保护地栽培中利用明火加温,或燃烧法增施二氧化碳时,燃烧不完很易形成一氧化碳。一氧化碳积累对管理人员有严重危害。

三、空气的调控

(一)二氧化碳的调控

保护地栽培二氧化碳亏缺尤甚。在发达国家,施用二氧化碳气体肥料已成为保护地栽培的常规技术。合理地施用二氧化碳肥料可使茄果类和瓜类蔬菜增产 10%～30%,而且还能改善品质。目前,常用的增加保护地二氧化碳含量的方法有如下几种。

1. 通风 国内大部分保护地调节二氧化碳浓度的措施是通风,使外界空气中的二氧化碳进入设施内,以提高其浓度。这种方法简单、无成本。但是由于大气中二氧化碳的含量不高,所以并不能彻底解决保护地中二氧化碳不足的问题。在寒冷季节,通风又有降低设施内的温度之嫌,故应用中应谨慎。

通风又分自然通风与强制通风 2 种。强制通风是用电风扇作动力通风的,效果较好,但需要设备。

2. 增施有机肥 有机肥在土壤里分解时放出大量二氧化碳,1 吨有机物最终能释放出 1.5 吨二氧化碳。据试验,秸秆堆肥施入土壤 5～6 天就能释放出大量二氧化碳,开始释放量为每平方米每小时 3 克,6～7 天开始下降,20 天释放量还保持每平方米每小时 1 克的水平,30 天后大约每平方米每小时释放二氧化碳 0.4克。如果每 667 米^2 施用秸秆堆肥 3 000 千克,则可在 1 个月内使保护地内二氧化碳浓度达到 600～800 微升/升。在酿热温床中,由于有机物的大量发酵,二氧化碳的含量最高可为大气中的 100倍以上。

利用增施有机肥法提高保护地内的二氧化碳含量,有一举数得之效,而且有机肥来源广、价格较低,是我国目前应用较多的措施。缺点是这种方法二氧化碳的释放量和速度一直平稳,不能在作物急需二氧化碳的上午 9～11 时大量放出,因而其增产作用受到限制。

近年来的实践表明,每 667 米^2 保护地内,秋季施用有机肥10 000 千克,既可保证整个冬季保护地内不会出现二氧化碳亏缺问题。有此施肥量的保证,无须再进行二氧化碳施肥。

3. 保护地内种植食用菌 食用菌生长过程中一般是吸收氧气,放出二氧化碳。在适宜的温度环境,平菇每平方米每小时可放出二氧化碳 8～10 克。所以在保护地光照条件较差的后坡栽培食用菌,有一举两得的作用。

4. 液化二氧化碳 液化二氧化碳是酒精工厂的副产品,如果降低其钢瓶的租赁费,在保护地内施用,既方便、卫生,又易控制施用量,是较好的二氧化碳施肥方法。

5. 二氧化碳发生器 利用白煤油、天然气、石蜡等碳氢化合物燃烧放出的二氧化碳施入保护地中。这些碳氢化合物总的要求是燃烧后不会造成环境污染,不会使植物和工作人员遭受毒害;要求其含硫量不得高于 0.05%。

燃烧时均在二氧化碳发生器里进行。发生器的要求是:故障少、耐用、简便、易修,不产生有害气体,而且有强力的通风装置,以使二氧化碳在保护地内扩散,并防止发生器周围气温过高,影响作物生长。

这种二氧化碳施肥方法发达国家利用较多,1 升煤油(0.82 千克)约可产生 2.5 千克二氧化碳。利用方便,供给及时,二氧化碳产生量易控制,增产效果明显,但是设备与燃料的成本较高。

在保护地中施用二氧化碳气体肥料时,精确地了解环境中二氧化碳的含量浓度,对于施用的时间和施用量是非常必要的。精量、准时地施用,可节约原料、降低成本。

测定保护地中二氧化碳浓度的方法介绍如下。

(1)检测剂测定法 通过检测剂观察空气着色层的长度变化,查表对比订正即可求得二氧化碳的浓度。

(2)碳酸氢钠溶液吸收比色法 二氧化碳是一种酸性气体,可和碳酸氢钠中和而改变 pH 值。测定碳酸氢钠溶液 pH 值的变化可计算出二氧化碳的浓度。

(3)电导率法 苛性钠和二氧化碳发生化学反应时,其电导率发生变化。利用电极测量其电导率的变化可计算出二氧化碳的浓度。

(4)光折射法 因气体种类、浓度不同,光的折射率也不同,通过移动光干涉条纹,读取空气与被测气体的折射率之差,即可知道二氧化碳的浓度。

(5)红外线二氧化碳分析仪 所有气体在波长为 1.5~2.5 微米的红外线光谱范围内,都有固定的吸收光谱,并且红外线部分的吸收量与该吸收气体的浓度成正比。应用此原理制成红外线二氧化碳分析仪,可测定二氧化碳浓度。

在上述测定二氧化碳浓度的方法中,以红外线二氧化碳分析仪最为准确、方便、可靠,但设备价格较高。其他方法成本低廉,但较费事,而且准确性低。

在保护地内施用二氧化碳时,一定要掌握适宜的浓度。浓度太小,增产效果不明显,施用浓度太高,不仅造成浪费,而且二氧化碳浓度超过了作物的饱和点,反而有副作用。在英国,确定在光照最弱的 12 月份,以 800 微升/升作为二氧化碳浓度的使用界限,在叶面积系数 1.0~2.4 范围内 800~1 600 微升/升为二氧化碳浓度的饱和点。一般欧美国家和日本实际应用时以 1 000 微升/升为标准,进行二氧化碳施肥。

施用二氧化碳的时间以在日出后 1 小时为宜,在通风换气的前 30 分钟停止使用。春、秋季气温高,通风换气早,施用二氧化碳时间较短,每天 2~3 小时即可。冬季气温低,通风较晚,施用时间可稍长。一般在光合作用旺盛的上午施用,下午可不必施用。

对作物而言,一生中以生育初期施用二氧化碳的效果最好。苗期施用二氧化碳设施简单,成本低,对提高秧苗素质有良好的效果。定植后初期,在根系开始活动时施用,有促进根系发育的作用。对于黄瓜、番茄等果菜类蔬菜于雌花着生期、开花期、结果初期施用有显著的增产作用。

施用二氧化碳时还应考虑天气状况。晴天多施,阴天不施。保护地内有微风可提高二氧化碳的利用速度,有条件时,可在施用二氧化碳的同时,利用风扇在设施内吹风。

总的来看,除了利用无土栽培,或无土育苗外,我国的保护地均大量使用有机肥,设施内二氧化碳不会亏缺,不必要补充二氧化碳。

(二)有害气体的防止

保护地内有害气体的防止主要是避免和减少有害气体的来源。在施用有机肥时,一定要发酵、腐熟透,勿施生肥料;施用化肥应适量,宜分次少施,勿一次过量。保护地利用的塑料薄膜应慎重选用农业无毒塑料,勿用工业塑料薄膜。土壤消毒后应把有毒气体排放干净。利用燃烧法增温或二氧化碳施肥,应注意选用含硫量低的材料,并尽量燃烧完全,勿使产生一氧化碳。

一旦发现保护地里有有害气体存在,应立即通风排除。

第五节　保护地内土壤环境与调控

一、土壤肥力与保护地生产

土壤是蔬菜生长发育的基地。土壤固定和支撑着作物,而且供应作物水肥营养,是蔬菜优质高产的基础。保护地内蔬菜生长发育快,根系吸收能力强,对土壤的要求比较高。保护地内的土壤肥力标准可归纳为以下几点。

(一)土壤高度熟化

耕作层中应富含有机物腐殖质,腐殖质含量一般在 2% ~ 3%,含量高的甚至达到 4%;土质疏松均匀,通透良好,土壤总孔隙度在 60% 左右;地下水位在 2 米以下。土质中以壤土最为理想,沙土、黏土需经过改良方可利用。

(二)稳温性好

土壤的热容量大,热传导率小,含水量高,则温度升温慢,降温也慢,这种土壤的稳温性较好。如果把水的比热作为 1 来看,一般富含腐殖质的壤土比热是 0.4 左右,普通壤土是 0.25,沙土是 0.2。土壤热传导率受土壤孔隙度和含水量的影响,故而富含有机质、孔隙度大的土壤的稳温性好。稳温性良好的土壤有利于土壤微生物的活动,有利于蔬菜根系稳定的生长和发育。

(三)含有较高的营养成分

合格的土壤应富含各种营养成分,充分供给蔬菜所需的各种营养。一般要求含全氮 0.1% 以上,碱解氮 75 毫克/千克以上,速效钾 150 毫克/千克以上,速效磷 30 毫克/千克以上,氧化镁 150~240 毫克/千克,氧化钙 0.1%~0.14%,同时含有一定量有效态的硼、锰、铜、铁、钼等微量元素。含盐量不高于 0.4%,以微酸性土壤为佳。

(四)质地疏松、耕性良好,具有较强的蓄水保水和供氧能力

土壤容重大、紧实,说明土壤板结,有机质含量少,耕性不良。蔬菜生育的土壤适宜的容重是 1.1~1.3 克/厘米^3,当容重达到 1.5 克/厘米^3 时,根系生长就要受到抑制。耕作后土壤硬度以 20~30 千克/厘米^2 较好,超过 30 千克/厘米^2 以上时,将对根部生长产生不良影响。土壤的容重适宜、有机质含量高,则土壤具有较强的蓄水保水和供氧能力。一般蔬菜要求适宜的土壤相对含水量是 60%~80%。在田间含水量达到最大持水量时,土壤需保持有 15% 以上的通气量。如果土壤含氧量低于 10%,则蔬菜根系呼吸作用受阻,生长不良。

(五)土壤中不含或很少含有有害物质

除了要求土壤中不含工业废水等污染外,还应较少存在连作产生的障害因素。

在建造保护地时,由于某些客观条件的限制,土壤未必能符合上述要求。甚至不得不把保护地建在较差的地块上。在这种情况下,应有针对性地进行土壤改良。改良保护地内土壤的最有效、直接的办法是大量增施有机肥料。有机肥料中营养齐全,许多养分可以被蔬菜直接吸收利用;有机肥可增加土壤腐殖质含量,改善土壤的理化性能,提高土壤的保水、保肥能力;有机肥的施用还可对微量元素的有效性起促进作用;有机肥中的营养元素是缓慢地释放出来的,不易发生浓度障害;有机肥的施用还有增加二氧化碳浓度和防病的作用。

二、土壤环境的特点

(一)土壤盐类积累及危害

在露地条件下一般土壤溶液浓度在 3 000 毫克/千克左右,而在保护地尤其是多年连茬的保护地中土壤溶液浓度为 7 000～8 000 毫克/千克,严重时可高达 10 000～ 20 000 毫克/千克。这样高的土壤溶液浓度对蔬菜作物是有害的。保护地土壤溶液浓度偏高是由下述原因引起的:首先是缺乏大雨冲淋。自然界降雨有1/3 的水量通过土壤下渗汇入地下水,土壤中一些可溶性成分也随之被淋溶带走。保护地环境中,一般缺乏雨水淋溶,而且由于温度高,蒸发强烈,土壤水分带着盐分通过毛细管上升到地表,水分蒸发后,盐分便被遗留在土壤表层,造成了盐分的大量积累。其次是保护地内施肥过量。在我国农村中,保护地建造是投资较大的项目,农民们把增加经济收入的期望主要寄托在这上面,因而片面地把多施肥争高产措施过度地应用在保护地上。一般施肥量要高出理论施肥量的3～5倍,过量的化学肥料便以盐分的形式积存在土壤中,提高了土壤溶液浓度。如硫酸铵、氯化铵等化学肥料中的酸根不能被作物吸收,又缺乏大雨淋洗条件,便积存在土壤中,增加了土壤溶液浓度。保护地中灌水不当也是造成土壤积盐的原因之一。低温季节为了避免地温降低,适量少灌水是可以理解的,但在温度较高的季节,为了节约水或节省灌水用工,而浇小水,则会使土壤盐分失去了淋溶的机会,而上升在土壤表层积累。当然,耕作不当,土壤结构破坏,土壤板结也会促进土壤溶液浓度的增大。

土壤中盐类积累过大的危害主要表现在以下方面。

1. 吸水困难 作物根系从土壤中吸收水分主要是靠根内溶液的渗透压大于土壤溶液的渗透压,从而实现土壤中的水分渗入根内。根系正常的渗透压是5～7个大气压。土壤中含的盐分增加,土壤溶液浓度增大,渗透压也提高。当土壤溶液浓度达3 000～5 000毫克/千克时,根的渗透压和土壤渗透压差距越来越小,根的吸水能力越来越弱。此时,作物的养分和水分吸收开始失去平衡。当土壤溶液浓度超过10 000毫克/千克时,土壤溶液的渗透压大于根的渗透压,植物体内的水就会倒流入土壤中去,根系因细胞失水而枯死,即所谓烧根现象。

2. 发生铵危害 正常条件下,植物只能吸收利用土壤中的硝态氮和铵态氮。施入土壤中的铵态、有机态、酰胺态氮都需在土壤微生物的作用下转化成为铵态氮、硝态氮才能被吸收利用。随着土壤溶液浓度的升高,土壤微生物活动受抑制,铵态氮向硝态氮的转化速度下降,甚至终止。但有机态氮向铵态氮的转化几乎不受影响,这就使铵在土壤中积累起来。植物被迫吸收利用铵态氮,则表现叶色加深或卷叶,生育不良,而且铵多了还会阻碍植物对钙的吸收,产生一系列生理障碍。在土壤溶液浓度为3 000～5 000毫克/千克时,土壤溶液中可以测出少量铵,在土壤溶液浓度为5 000～10 000毫克/千克时,由于铵的积累,作物对钙的吸收受阻,导致作物变黑或萎缩。

3. 引起缺素症或某些元素过量的障害　缺素症一般是土壤中缺少某种元素引起的,但土壤溶液过大时,会造成元素之间的互相干扰,如铵和钾的拮抗作用会使对钙的吸收受阻,使土壤中不缺的元素,在植物体上表现缺乏。盐分过多又会造成镁过多的障害。

蔬菜作物受土壤溶液过高的危害时,外部形态表现为:叶色浓绿,常有蜡质、闪光感,严重时叶色变褐,下部叶反卷或下垂;根系短而量少,根头齐钝,变褐色;植株矮小,新叶小,生长慢,严重时中午似缺水状萎蔫,早晨和下午恢复,几经反复后枯死。不同作物的抗盐能力不同,形态反应也不相同。

保护地土壤盐类积累过高在国内普遍存在,一般使用年限越长,积累量越大,危害越严重。

(二)不利于土壤有益微生物的活动

保护地生产大多数时间是在低温条件下进行的,作物的生育环境比正常栽培时的环境恶劣,相应的土壤微生物的生育环境也不适宜。在冬季的低温条件下,土壤微生物的活动能力较弱,就要影响到土壤养分的分解,致使作物难以从土壤中获得充足而适宜的养分。如地温低时铵态氮向硝态氮转化过程受影响,在地温为5℃时,施入土壤中的铵态氮经3个月才转化了20%左右。致使土壤中铵态氮积累过多,而发生生育不良现象。

保护地多年连作,使土壤根际微生物群落发生变化,大量滋生丝状菌,使其他细菌出现减少的趋势。目前认为,丝状菌是造成土壤病害而出现连作障害的重要原因。

(三)连作障害

目前我国的保护地多是一户一棚,是农户增加经济收入的唯一期望,故而连年种植经济效益高的黄瓜、番茄等作物。在茬口安排上,主要考虑经济效益,无暇顾及轮作倒茬问题,所以保护地中多年连作一种作物的现象十分严重。

保护地中多年连作往往使土壤中某些微生物大量繁殖起来,导致土壤微生物自然平衡的破坏。如土壤肥料的分解过程发生障害,引起铵中毒。有些传染病菌大量发展,导致土传病害的严重发生。

在长期的连作中,还会使土壤养分失去平衡。一些养分急剧减少,而另一些养分在土壤中积累,从而影响了作物的吸收利用。某些作物根系的分泌物由于连作积累,也会影响同种作物的生长发育。

(四)土壤酸化

保护地中超量的增施硫酸钾、硫酸铵等化肥,硫酸根离子的残留,导致土壤酸化。时间长了会使土壤呈强酸性而严重影响作物的生长发育,这一现象已经普遍发生。

(五)作物的吸收能力弱

保护地中,寒冷季节气温较高而地温低是普遍存在的问题。地温低直接影响根系对水分和养分的吸收。影响最明显的是对磷、钾的吸收,其次是硝态氮的吸收,对铵态氮的吸收几乎不受影响,对钙、镁的吸收影响较小。如果把地温从 $10^\circ\!C$ 提高到 $15^\circ\!C$、$25^\circ\!C$,则作物对硝酸态氮、磷、钾和水的吸收则增加 $2\sim3$ 倍。地温升高,作物活力提高,可以在一定程度上克服肥料浓度的危害。

(六)其 他

保护地中的土壤环境有时还会出现一些特殊现象,如有肥似缺肥。秋冬茬栽培时,后期植株生长极为缓慢;冬春茬栽培时,前期植株尚小而出现花蕾时,一些果菜的植株会出现茎尖变细的现象。通常把上述现象归结于土壤缺肥。实际上此时土壤多不缺肥,只是由于地温低、光照弱,根系吸收能力弱和光合产物减少造成的。

保护地栽培中作物还会出现类似缺钙症状实际上不缺钙的现象。当土壤溶液浓度过高时,阻碍了作物根系对钙的吸收,就会出现一些缺钙症状,如番茄脐腐病,黄瓜叶缘发黄似镶金边,整片叶四周下垂,呈降落伞状等。此时,补施钙肥并不能消除症状。

三、土壤环境的调控

(一)土壤中气体环境的调控

土壤中含有二氧化碳和氧气。二氧化碳是根系呼吸作用的产物,也是土壤有机物分解的产物。二氧化碳需要释放到空气中去,供光合作用之需。根系呼吸作用需要氧气,需要空气中的氧气补充到土壤中来。土壤中二氧化碳和氧气的含量因地温和含水量的变化而变化。浇水后,土壤含水量多时,土壤中空气含量较少。夏季气温高、地温亦高时,土壤含水量少,根系呼吸作用旺盛,土壤中空气含量高于冬季低温时。

土壤中空气和大气中的气体交换主要动力是:地温和气温的差异;大气压力的变化;风的作用;降雨的作用;扩散作用等。当然上述动力还受土壤本身条件的制约,土壤的透气度、孔隙度、土壤耕作深度都影响气体的交换。显然,土壤的耕作层深度大、透气性良好、孔隙度大,则有利于气体的交换,有利于增大土壤中的空气含量。

土壤中氧气的含量影响根系的生长发育,为此必须进行土壤空气的调节。

土壤空气调节的措施有:土壤耕作,通过机械作用对土壤的耕翻,使土壤疏松,孔隙度增大,改善通透性是调节土壤空气的主要措施。当然耕翻一定要注意适期,勿在过湿过干时进行,以免破坏土壤结构。覆盖地膜亦有保墒、提高土壤空气含量的作用。但是,覆盖地膜后土壤中氧气含量一般有所降低。这是由于根系呼吸作用的增强和土壤微生物活动的增强,消耗了大量的氧气,而空气中的氧气又受阻于地膜,不能及时补充所致。因此,覆盖地膜面积在 $60\%\sim80\%$ 间,保证有一定的露地面积为宜。合理适肥,增施有机肥料,改善土壤结构,增加孔隙度和合理灌溉,尽量避免大水漫灌,采用滴灌、喷灌等措施,均有助于改善土壤空气含量的作用。

(二)深 耕

目前,机械翻耕土壤深度一般在 20 厘米左右。一般耕作层土壤的肥力、通透等性能均良好,但耕作层以下的土壤则表现很差。这影响了蔬菜根系向深层的发展。实践证明,结合施肥,逐步加深耕层在 30 厘米以上,能起到加速作物根系向深层发展的作用,深耕技术作为一项重要的改良土壤的措施在日本也受到重视。在深耕中应注意分层施有机肥,并避免打乱土层。

(三)盐害的防治

保护地中土壤积盐是不可避免的,所以降低土壤中的含盐量,防止土壤溶液浓度过高是一项长期而艰巨的工作。常用的防治盐害措施如下。

1. 合理施肥 进行定期的土壤化验分析,定量合理地施肥,防止施肥过量而造成盐分积累,这是最根本的防止保护地盐害的措施。这个措施既避免了肥料的浪费,又能防患于未然,是比较科学和先进的。目前,测土施肥技术在国内已经开始普及。

2. 增施有机肥和优质化肥 有机肥释放营养元素缓慢,不易造成土壤盐害,且有改良土壤的作用,故宜多施。施用化肥时应尽量利用易被土壤吸附,土壤溶液浓度不易升高,不含植物不能吸收利用的残存酸根的优质化肥,如尿素、过磷酸钙、磷酸铵、磷酸钾等。氯化钾、硫酸钾、硫酸镁等化肥施入土壤后,酸根不能被作物吸收而积存在土壤中,易导致土壤溶液浓度的提高。故此类化肥不宜大量施用。

3. 以水排盐 目前国内流行的做法是用水排走保护地内土壤中过多的盐分。在夏季休闲时,揭掉覆盖物接受自然降水的淋洗或人工大水漫灌,任其向下渗透,汇入地下水移到远离保护地的地方,或在附近开挖排水沟,让水带着盐类注入沟中,再流到远处。永久性保护地可在地下设置固定暗渠排水管道。在作物生长期间,发现有土壤溶液浓度障碍时,可增加灌溉次数和灌水量。利用以水排盐法除了水流直接带走盐分外,还可以在高温淹没环境中形成还原条件,使土壤中积聚的硫酸根、硝酸根等还原成可挥发的气体,从土壤中逸失,从而降低土壤溶液浓度。

以水除盐法的效果有时不佳。如在土壤透水性较差,或灌水量不大时,盐分随水只被带到不太深的地层,以后又随土壤毛细管上升到地表面,所以效果只是短暂的。最好的方法是开挖排水沟,让盐水流到较远的地方。

4. 以作物除盐 利用玉米、高粱等禾本科作物的耐盐性较高,能大量吸收土壤中的无机态氮和钾的特性,在保护地的夏季休闲期种植这些禾本科作物,把无机态的氮和钾转化为有机态的氮和钾,从而降低了土壤中盐分的浓度。在禾本科作物未成熟前将其压入土中作绿肥,这些绿肥中含有较多的有机碳,可促使土壤微生物活动。微生物活动过程中还要从土壤中夺取可溶性的氮,也有利于降低土壤的含盐量。这种方法在日本大量应用,除盐效果较好。

5. 深翻除盐 保护地中的土壤盐分大多数积聚在近地表层,在休闲期深翻,能使含盐多的表层土与含盐少的深层土混合,起到稀释耕作层盐分的作用。深翻结合分层施入有机肥还有改良土壤物理、化学性状的作用。

6. 换土除盐 对大型固定保护地可定期换入棚外大田含盐少的土壤,以代替室内含盐多的土壤。一些保护地构造简陋、搬迁方便,一旦发现土壤含盐量过高,换土比搬迁还费事,可将保护地设施搬迁,改换良地。

(四)土壤消毒

在保护地内终年土壤温湿度较高,土壤中病原菌繁殖速度很快,加上不合理的连作,较多的蔬菜残株落叶,和一些病虫害在保护地内越冬,所以保护地内的病虫害比露地严重得多。为此,及时进行土壤消毒,控制病虫害是保证高产、优质的重要措施。目前常用的保护地土壤消毒法介绍如下。

1. 硫黄熏烟消毒 空闲期,在设施内按每 1 000 米^2 面积用混合好的硫黄和锯末各 0.25 千克,分区放好,然后点燃熏烟消毒,并密闭 1 昼夜,后通风换气。此法可消灭保护地内和土壤表面的多种病虫害。其设备简便,效果良好。

2. 福尔马林土壤消毒 在蔬菜保护地定植前15～20 天进行土壤消毒。用 0.3%福尔马林喷浇土壤,1 000 米^2 地块用配好的福尔马林液 150 千克。喷浇后,畦面用薄膜覆盖,待5～7 天再翻倒土 1～2 次即可。

3. 多菌灵土壤消毒 在保护地内,每平方米用 50%多菌灵可湿性粉剂 30～40 克,与土拌匀即可防止黄瓜枯萎病、白粉病等病害。

4. 高温闷棚　在炎夏保护地空闲时,可先把土壤耕翻,施入大量秸秆有机肥,每 667 米² 施入 30～50 千克石灰氮,后做畦,灌水。土面用透明薄膜覆盖,最后把保护地密闭。在暴晒 15～20 天,待土温达到 50℃～70℃时,维持 5～7 天,即可掀膜通风。此法既可消毒土壤,还可减少土壤盐分积聚,且节省能源,效果较好。

5. 蒸汽消毒　利用蒸气锅炉的高温蒸汽直接用管道通入保护地内,室内地面用特制的橡胶布盖往,四周用重物压紧,然后通入蒸汽。让蒸汽温度上升至 110℃～120℃时,土壤 30 厘米深的地温达 90℃时,保持半小时,停止通气。待地温降至一般温度时,方可栽培作物。该法可防治多种土壤病害,效果良好,无残害,较安全,但耗费能源较多。

(五)施　肥

1. 肥料的作用和施用原则　保护地是个高度集约化的栽培场所,肥沃的土壤至关重要,是蔬菜丰产、高效的基础。由于蔬菜的产量高,吸收力强,一年中连续栽培,所以需要的土壤肥力大大超过一般农作物。为此,保护地栽培中施肥是非常重要的技术措施。

肥料是提供一种或一种以上植物必需的矿质元素,改善土壤性质、提高土壤肥力水平的一类物质,是蔬菜丰产、提高品质的物质基础之一。在保护地栽培中,保持土壤肥沃,必须把蔬菜摄取并移出农田的无机养分以肥料的形式还给土壤。

蔬菜所必需的营养元素包括碳、氢、氧、氮、磷、钾、钙、镁、硫、铁、硼、锰、铜、锌、钼、氯和镍等 17 种元素。这 17 种必需营养元素因其在蔬菜体内含量不同,又可分为大量和微量营养元素。大量营养元素在蔬菜体内约占干物重的千分之几至百分之几十,如碳、氢、氧、氮、磷、钾等;中量和微量营养元素在蔬菜体内约占干物重的千分之几至十万分之几,如钙、镁、硫、铁、硼、锰、铜、锌、钼、氯及镍等。这些元素组成了蔬菜的整体并参与蔬菜生长发育活动的全过程。任何一种元素的缺少都会影响到蔬菜的正常生长发育,导致减产、品质下降或病害的发生。如大量元素氮是植物体内氨基酸、叶绿素的组成部分,对作物植株的生长起着重要的作用,其中叶菜类的蔬菜全生育期需求最多。磷肥是植物生长过程中必需的三大元素之一,是组成细胞核、原生质的重要元素,是核酸及核苷酸的组成部分。作物体内磷脂、酶类和植物生长素中均含有磷,磷参与构成生物膜及碳水化合物、含氮物质和脂肪的合成、分解和运转等代谢过程,是作物生长发育必不可少的养分。钾是蔬菜的必需营养元素。钾是 60 多种生物酶的活化剂,能保障作物正常生长发育;钾促进光合作用,能增加作物对二氧化碳的吸收和转化;钾促进糖和脂肪的合成,能提高产品质量;钾促进纤维素的合成,能增强抗倒能力,提高蔬菜的产量和品质;钾调节细胞液浓度和细胞壁渗透性,能提高蔬菜抗病虫害、抗干旱能力。

蔬菜施肥总的要求是保证产量和品质,必须使足够数量的有机物质返回土壤,以保持或增加土壤微生物活性。所有有机或无机(矿质)肥料,尤其是富含氮的肥料,应以对环境和作物(营养、味道、品质和植物抗性)不产生不良后果为原则。此外,还应遵循以下原则。

第一,根据栽培目的施肥。栽培的蔬菜产品要求达到什么标准,就应该采用什么施肥标准。如果要生产有机蔬菜,就应该按照 AA 级绿色食品的生产标准在"生态环境质量符合规定的产地,生产过程中不使用任何化学合成物质,按特定的生产操作规程生产、加工、产品质量及包装经检测、检查符合特定标准,并经专门机构认定,许可使用 AA 级绿色食品标志的产品"的原则下施肥;如果要生产无公害蔬菜,就按照无公害栽培技术施肥,无公害栽培技术是我国制定的最低标准,如果再违背,即为有害消费者的产品了。

第二,化肥应与有机肥配合使用。有机氮与无机氮施用比例以 1 比 1 为宜,厩肥大约 1 000 千克加纯氮 9 千克。最后一次追肥必须在收获前 30 天进行。化肥也可以和有机肥、微生物肥配合使用。

第三,城市垃圾要经过无害化处理,质量达到国家标准后才能使用,每年每 667 米² 农田限制用量,黏性土壤不超过 300 千克,砂性土壤不超过 2 000 千克。秸秆还田可因地制宜地进行。绿肥最好在盛花期翻压,翻埋深度为 15 厘米左右。盖土要严,翻后耙匀。压青后 15～20 天才能进行播种或移苗。饼肥对水果蔬菜等作物施用效果较好。叶面肥料,喷施于作物叶片,可施一次或多次,最后一次必须在收获前 20 天喷施。微生物肥料可用于拌种,也可作基肥和追肥施用,使用时应严格按照使用说明书的要求操作。

第四,禁止使用有害的城市垃圾和污泥,严禁在蔬菜上浇施不腐熟的人粪尿。

2. 肥料的种类　肥料的种类很多,总体上可以分为下列几类。

(1)有机肥　有机肥是天然有机质经微生物分解或发酵而成的一类肥料,又称农家肥。其特点是:原料来源广,数量大;养分全,含量低;肥效迟而长,须经微生物分解转化后才能为植物所吸收;改土培肥效果好。常用的自然肥料品种有绿肥、人粪尿、厩肥、堆肥、沤肥、沼气肥和废弃物肥料等。

有机肥料施用后不但能改良土壤,培肥地力,还能增加作物产量和提高农产品品质。在保护地栽培中必须施用大量的有机肥。

(2)化学肥料　是指用化学方法制造或者开采矿石,经过加工制成的肥料,也称无机肥料。包括氮肥、磷肥、钾肥、微肥、复合肥料等,它们共同的特点是:成分单纯,养分含量高;肥效快;某些肥料有酸碱反应;一般不含有机质。

化学肥料中按照成分又分为下列几种。

①大量元素肥料 大量元素化学肥料主要包括氮肥、磷肥、钾肥及同时含有这几种大量元素的复合化肥。这种肥料是化学肥料中的主体,应用量巨大,增产效果明显。

第一,氮肥。氮素化肥在化肥中应用量最大,施用最普遍,也是蔬菜栽培中必不可缺的肥料。氮肥是指只具有氮(N)标明量,并提供植物氮素营养的单元肥料。根据氮肥中氮的存在形态分为3类。

一是铵态氮。包括氨水、硫酸铵、碳酸氢铵(气肥)、氯化铵等。这类氮肥易溶于水,易被作物吸收,起效快。缺点是易挥发。铵态氮易氧化变成硝酸盐,这一过程在土壤微生物的作用下称为硝化作用。土壤 pH 值是影响土壤硝化作用的重要因素,中性或碱性土壤最适宜硝化作用的进行,最适 pH 值为 7~9。土壤含水量为田间持水量的 60% 左右时,硝化细菌活动最为旺盛,硝化作用进行最快。土壤硝化作用最适宜温度一般在 25℃~35℃ 之间。高温和低温都能抑制硝化作用的进行。在碱性环境中氨易挥发损失。高浓度铵态氮对作物容易产生毒害。作物若吸收过量铵态氮则对钙、镁、钾的吸收有一定的抑制作用,易与土壤中镁钙离子发生拮抗,造成蔬菜缺钾、钙、镁等缺素症状。铵态氮肥效期短,一般10~15 天,应深埋使用。

二是硝态氮。如硝酸铵、硝酸钠、硝酸钙等。硝态氮的共同特性是:易溶于水,在土壤中移动较快;为主动吸收,作物容易吸收利用;对作物吸收钙、镁、钾等养分无抑制作用,施用后不会造成蔬菜的缺素反应。其缺点是:不能被土壤胶体所吸附,易流失;容易通过反硝化作用还原成气体状态(NO、N_2O、N_2),从土壤中逸失。

三是酰胺态氮。如尿素。尿素含氮(N)46%,是固体氮肥中含氮量最高的。尿素不能大量被蔬菜直接吸收利用,在土壤中微生物分泌酶的作用下水解成铵态氮方能被蔬菜吸收利用。尿素在土壤中转化受土壤 pH 值、温度和水分的影响,在土壤呈中性反应,水分适当时土壤温度越高,转化越快;土壤温度 10℃时尿素完全转化成铵态氮需 7～10 天,20℃时需 4～5 天,30℃时需 2～3 天即可。在温室、大棚冬春季,地温较低,土壤酸化严重的情况下尿素很难水解,因此施用后,蔬菜长时间不能吸收利用,造成严重的缺肥现象。温度高的季节,尿素水解后生成铵态氮,表施会引起氨的挥发,尤其是碱性土壤上更为严重,因此在施用尿素时应深施覆土。尿素要在作物需肥期前 4～8 天施用。尿素适用于作基肥和追肥,有时也用作种肥。但是相对来说肥效较长,正确施用肥效可达 30～40 天。

　　这 3 类氮素化肥中,20 世纪末,主要生产尿素。在复合肥中的氮素成分也是尿素为主,铵态氮为辅。在发达国家发现了硝态氮肥的优越性,于是开始生产硝态氮的化肥。目前硝态氮肥约占氮素化肥的 30%～40%,而且还在迅速增长着。生产硝态氮肥的工艺较复杂,成本更高。为了跟上世界前进的步伐,我国化工部在20 世纪 80 年代从德国、法国、挪威等 8 个国家引进 11 项专利技术和设备,在山西建成以煤为原料专业生产硝基复合肥的大型现代化企业——天脊集团,从此开创了我国硝酸磷型复合肥的生产局面。硝酸磷型复合肥中的硝态氮和铵态氮完美搭配,铵硝比为1∶1 符合大多数蔬菜作物对氮形态的需求,为蔬菜作物创造一个适宜生长的双氮营养环境。硝酸磷型复合肥中的磷是用硝酸分解磷矿粉,将矿粉中的磷活化而来的,同时将矿粉中的中微量元素活化,硝酸磷肥将有机肥的营养全和单质化肥的养分浓度高的特点结合于一体。近年来,随着硝酸磷型系列复合肥料肥效以及产品优势的突显,国内各个大型化肥企业也纷纷开始生产含硝态氮的复合肥,但与天脊集团不同的是:只是将硝态的氮肥或某些养分混入复合肥料当中。硝酸磷肥的生产工艺、产品特点、主要技术指标,以及天脊蔬果肥选用见附录。

第二，磷肥。磷是植物生长过程中必需的三大元素之一，是作物生长发育必不可少的养分。目前磷肥的种类有：磷酸一铵、磷酸二铵、钙镁磷肥、重过磷酸钙、过磷酸钙、富过磷酸钙、白磷肥、磷酸轻钙等。在农业上应用较多的是磷酸一铵、磷酸二铵、过磷酸钙等。这类磷肥多是用硝酸、硫酸或盐酸加工磷矿石生产出来的。其中用硝酸加工的磷肥称为硝酸磷肥，它不但含有氮、磷元素，而且由于硝酸酸性强，能把磷矿石中很多不溶于水、不能被植物吸收利用的无效中微量元素变得溶于水，成为中微量元素肥料，加上没有增加土壤中的硫酸根、盐酸根，不会加重土壤的酸化现象，所以更受生产者的青睐。

第三，钾肥。钾肥是农作物需要的大量元素肥料。主要钾肥品种有氯化钾、硫酸钾、磷酸二氢钾、钾石盐、钾镁盐、光卤石、硝酸钾、窑灰钾肥等。氯化钾的生产成本较低，但是一些农作物对氯元素较敏感，不宜大量应用。硝酸钾不但供应植物钾肥，其硝酸根也被当氮肥吸收利用，故土壤中没有残存硫酸根或盐酸根，不会加重土壤的酸化现象，所以在钾肥中更受欢迎。

第四，复合肥。复合肥是大量元素肥料中的一类。氮、磷、钾三种养分中，至少有两种养分仅由化学方法制成的肥料叫复合肥，如硝酸钾、磷酸二氢钾、硝酸磷、磷酸铵等。由两种或三种养分的单元肥料掺混合在一起的肥料称复混肥。复合肥具有养分含量高、副成分少且物理性状好等优点，对于平衡施肥、提高肥料利用率、促进作物的高产稳产有着十分重要的作用。

第五，大量元素水溶性肥料。是一种可以完全溶于水的多元复合肥料，目前开始大量推广应用。它能迅速地溶解于水中，更容易被作物吸收，而且其吸收利用率相对较高，可以应用于喷滴灌等设施农业，实现水肥一体化，达到省水省肥省工的效能。水溶性肥料可以含有作物生长所需要的全部营养元素，如 N、P、K、Ca、Mg、S 以及微量元素等。完全可以根据作物生长所需要的营养需求特点来设计配方,科学的配方不会造成肥料的浪费,使得肥料利用率提高到常规化学肥料的 2～3 倍。水溶性肥料是速效肥料,随时可以根据作物不同长势对肥料配方做出调整。

②中量元素肥料 中量元素肥料含有作物营养元素钙、镁和硫中 1 种或 1 种以上的化合物。钙肥主要有石灰、石膏、过磷酸钙、钙镁磷肥;镁肥主要有钙镁磷肥、硫酸镁、氯化镁等;硫肥主要有普通过磷酸钙、硫酸铵、硫酸镁、硫酸钾等。这 3 种元素也是植物体中的组成部分,并参与生长发育的全过程,是植物必不可缺的肥料元素,但在植物体内的含量均不超过 1%,相对大量元素来讲属于中量元素。这类肥料除提供作物养分之外,还可以调整土壤的物理性质,促进农业增产。如施用钙、镁调理剂(如天脊土壤调理剂)使土壤 pH 值保持在 6～7,可以阻缓磷肥被固定提高磷肥的有效性;有利于土壤中铵态氮转化为硝态氮的反应,因为多数硝化细菌需要钙素;促进生物固氮的过程;调整作物对微量元素的吸收量;改良土壤的物理性质,主要是改善土壤的粒度分布。含硫肥料主要用于调整土壤的碱性和盐性。目前,土壤中一般不会缺乏硫,缺钙和镁的情况较多,特别是温室、大棚冬季栽培中更为严重,应注意补充。

③微量元素肥料 地壳中含量范围为百万分之几至十万分之几,一般不超过千分之几的元素,称为微量元素。铁元素在地壳中含量虽然较多,但植物体中含量甚少,并且具有特殊功能,故也列为微量元素。微量元素常是酶或辅酶的组成成分,它们在生物体中的特殊机制有很强的专一性,为生物体正常的生长发育所不可缺少的。主要包含硼、锰、钼、锌、铜、铁等微量元素。近年来,随着复种指数的提高,产量逐年增加,氮、磷、钾肥的施用也随之增加,从而加剧了土壤中有效微量元素的消耗,使得养分供应失调,微量元素的缺乏日趋严重,许多作物都出现了微量元素的缺乏症。施用微量元素肥料,已经获得了明显的增产效果和经济效益。微量

元素肥料大致可分为以下 3 类。

单质微肥:这类肥料一般只含 1 种为作物所需要的微量元素,如硫酸锌、硫酸亚铁、硼砂、钼酸铵等即属此类。这类肥料多数易溶于水。故施用方便,可作基肥、种肥、叶面追肥。

复合微肥:这一类肥料多在制造肥料时加入一种或多种微量元素而制成,它包括大量元素与微量元素以及微量元素与微量元素之间的复合。例如,磷酸铵锌、磷酸铵锰等。这类肥料,一次施用同时补给几种养分,比较省工,但难以做到因地制宜。

混合微肥:这类肥料是在制造或施用时,将各种单质肥料按其需要混合而成。

我国的土壤中不缺铜,因为喷施代森锰锌等农药,也很少缺锰。但是,缺硼、锌、铁、钼的现象较多,应注意补充施用。

(3)微生物肥料 微生物(细菌)肥料,简称菌肥,又称微生物接种剂。它是由具有特殊效能的微生物经过发酵(人工培制)而成的,含有大量有益微生物,施入土壤后,或能固定空气中的氮素,或能活化土壤中的养分,改善植物的营养环境,或在微生物的生命活动过程中产生活性物质,刺激植物生长的特定微生物制品。

①微生物肥料的作用 具体如下。

第一,生物激素刺激作物生长。多孢菌菌肥中的微生物的生命活动过程中,均会产生大量的赤霉素和细胞激素类等物质,这些物质在植物根系接触后,可调节作物的新陈代谢,刺激作物的生长,从而使作物产生增产效果。

第二,减轻病害。菌肥中在植物根系大量生长、繁殖,从而形成优势菌群,这样就抑制和减少了病原的入侵和繁殖机会,起到了减轻作物病害的功效。

第三,刺激有机质释放营养。丰富的有机质通过微生物活动后,土壤可不断释放出植物生长所需要的营养元素,达到肥效持久的目的。如解磷菌、解钾菌等。固氮菌还可以固定空气中的氮素。

第四,松土保肥、改善环境。丰富的有机质还可以改善土壤物理性状,增加土壤团粒结构,从而使土壤疏松,减少土壤板结,有利于保水、保肥、通气和促进根系发育,为农作物提供适合的微生态生长环境。

②微生物肥料的种类　目前使用较多的菌肥有:含固氮菌的菌肥可以固定空气中的氮素,直接提供植物养分;光合细菌肥料可以提高植物光合作用;复合微生物肥料是多种有益菌与有机无机复合肥混合而成;"酵素菌"和"EM",是有机肥的微生物发酵剂;乳酸菌有机肥,和有机物堆积发酵 7~28 天,含氮有机质会被酵化,成为植物需要的营养物质。

③微生物肥料使用方法　具体如下。

育苗:采用盘式或床式育秧时,可将生物菌肥拌入育秧土中堆置 3 天,再装入育苗盘和育苗钵。因育苗多在温室或塑料棚中进行,温湿度条件比较好,易于微生物繁殖生长,所以棚室育苗微生物肥料使用量可比田间用作基肥的小一些。

基肥:用作基肥时应将微生物菌肥与有机肥按 1~1.5:500 的比例混匀,用水喷湿后遮盖,堆腐 3~5 天,中间翻倒一次后施用。施用时要均匀施于垄沟内,然后起垄;如不施用有机肥,以 1 千克生物肥拌 30~50 千克稍湿润的细土,均匀施于垄沟内,然后起垄覆土,注意与化肥隔开使用。在水田或旱田也可以均匀撒施于地表,然后立即耙入土中,注意不能长时间暴露在阳光下暴晒。

种肥:在施用有机肥或化肥作基肥的基础上,用生物菌肥作种肥时,可将拌有细土的生物菌肥施于播种沟中,再点种。

拌种:先将种子表面用水或用豆浆、红糖水喷湿润,然后将种子放入菌肥中搅拌,使种子表面均匀沾满菌肥后,在阴凉通风处稍阴干即可播种。

喷施:是一种用于追肥的施用方法。将生物菌肥先用少量水浸泡 4~6 小时,然后再加水进行搅拌,搅拌后用较细目布或尼龙纱网布过滤,将滤清液喷施在作物叶背面和果实上。喷施应在傍晚或无雨的阴天进行。

④施用注意事项 一是使用生物肥料要求一定的环境条件和栽培措施,以保证微生物生长繁殖,使肥料充分发挥作用。二是生物肥料一般不能单独施用,要和化肥、有机肥配合施用,只有这样才能充分发挥生物肥料的增产效能。三是在生产、运输、贮存和使用过程中注意避免杀菌环境。

(4)微生物有机肥 目前很多厂家在商品有机肥中又加了很多有益的微生物,这种肥料既有有机肥的优点,又有菌肥的特点,如天脊公司生产的沃丰康有机肥,既能改良土壤,增加营养元素,又有有益的微生物,起到抑制病原菌抗重茬的作用。

3. 施肥量 为了防止施肥量过多或过少,造成土壤盐害,了解土壤中养分的含量和各种肥料的养分含量非常必要。为此,必须采用测土施肥技术,了解土壤中和各种肥料的营养元素含量。一般有机肥的养分含量如表3-4所示。

表3-4 主要有机肥的养分含量

肥料种类	养分含量(%)			
	有机质	氮	磷(P_2O_5)	钾(K_2O)
人粪尿	10	0.57	0.13	0.27
猪粪尿		0.49	0.35	0.43
马厩肥	25.4	0.58	0.28	0.53
牛栏粪	20.3	0.34	0.16	0.40
羊圈粪	31.8	0.83	0.23	0.67
鸡 粪	25.5	1.63	1.54	0.85
棉籽饼		3.44	1.63	0.97
大豆饼		7.0	1.32	2.13
中位草炭	69.5	1.68	0.31	0.23

在施肥时,还应考虑作物的特点。不同作物、不同的生育期对肥料的需要量也不同,如表 3-5 所示。

表 3-5　主要蔬菜吸收大量元素的数量

蔬菜名称	667 米² 产量（千克）	养分吸收量（千克/667 米²）			
		氮	磷(P_2O_5)	钾(K_2O)	氮磷钾总量
黄　瓜	6 250	10.45	6.0	21.2	37.7
番　茄	6 250	18.75	2.45	32.0	53.2
茄　子	4 750	14.0	3	22.75	39.8
芹　菜	2 250	8.0	3.2	13.2	24.4
春甘蓝	2 800	12.65	3.05	10.15	25.85

除了考虑上述因素外,还应考虑施肥后土壤的固定、养分的挥发、水分的冲流损失等。一般施肥量要比作物对养分的吸收量大,施氮素量应为吸收量的 1～2 倍,磷素为吸收量的 2～6 倍,钾素为吸收量的 1.5 倍。

4. 基肥与追肥的施用比例　很多地方为了节省施肥人工,把应用在保护地上的肥料全部一次作基肥施入。这种做法亦有高产、高效益的报道。但是考虑到蔬菜保护地是一次种植多次收获,作物的吸收期较长,而且各生育期需肥不同的吸收规律,以及一次施肥后,土壤溶液在一段时期内过高,而且随水流失和挥发损失较大的诸多因素,一般主张采用分次施肥。为了施用方便,有机肥一般作基肥一次全部施入,生长期较长的越冬黄瓜也可在生育中期作追肥施用 1 次。速效氮肥 20% 作基肥,80% 作追肥,速效磷肥 60% 以上作基肥,40% 作追肥,钾肥一半作基肥,一半作追肥。在用作追肥的速效肥料中,应掌握少量多次的施用方法,分次施入。氮肥分 4～6 次平均施用;磷肥分 2～3 次施用,集中在前期;钾肥分 2～3 次集中在后期施用。

5. 基肥的施用　基肥是蔬菜丰产的基础,它不仅供给作物营养,还有改良土壤的作用,在保护地栽培中具有重要的作用。基肥以有机肥为主,亦可配合磷酸铵、过磷酸钙或适量的氮素化肥。基肥的施用量因肥料种类而异,一般优质厩肥为每 667 米² 5 000～7 000 千克,土杂肥每 667 米² 7 000～10 000 千克,人粪尿、畜禽粪每 667 米² 3 000 千克左右。施用有机肥工厂生产的有机肥如沃丰康等每平方米 200～300 千克,每 667 米² 掺入磷素化肥 30～40 千克。基肥应在耕翻土地时施入,可普施,亦可条施、穴施。当施肥量大时应普施,当施肥量少时,为提高肥料利用率可穴施。

6. 追肥方法　追肥是在作物生育期补充肥料或满足作物生长发育对肥料急需的一项措施。追肥分根际追肥和根外追肥两种。在前期追肥,作物株体尚小,应尽量开沟或挖穴把肥料施入土内。在作物生长后期,株体较大,沟施或穴施困难较大,为省工和减少植株损伤,一般用地面撒施的方法。地面撒施应小心谨慎,防止肥料挥发产生氨气毒害。地面撒施有增加地表土壤溶液浓度之弊,而且为使肥料分散均匀和渗入地下供根系吸收,还要大量浇水,易引起土壤板结。所以,地面撒施追肥应慎用。

(1)追肥时期　追肥时期应根据作物的需肥规律和外部形态特征来确定。当作物出现叶片色淡而小,株体细弱矮小,落花落果,果实发育不良等形态表现即缺肥症状时,可及时追肥。在保护地中,冬季由于低温弱光等环境条件造成的植株不良形态表现与缺肥症状很相似,此时应进行分析,做出正确判断。

一般作物追肥的时期应选在临近加速生长和接近收获盛期的时候,亦即在大量需要肥料的前期。瓜果类蔬菜第一次追肥的时期非常重要,追肥过晚,影响第一穗花、果的生长发育。黄瓜在根瓜膨大期、甜椒在第一花开放后、番茄在第一穗果坐住后进行第一次追肥较适宜。追肥的间隔时间和作物的采收次数及耐肥能力有关。黄瓜是连续采收,根部耐肥力较弱,盛果期应多次少量追肥,可 4～6 天追施 1 次。番茄可采收 1 次追施 1 次。

（2）**追肥种类**　在保护地里追肥,除了选用不直接或间接产生氨气的肥料外,还必须选用那些使土壤溶液浓度上升最小的肥料。不同的肥料施入土壤后,土壤溶液浓度的增加情况是不一样的。从氮肥来看,随着施用量增加,土壤溶液浓度(电导度)也随之上升。上升速度由大到小依次是氯化铵、硝酸钾、硫酸铵、硝酸铵、磷酸二氢铵、石灰氮。磷钾肥施用后土壤电导度上升的速度由高到低的顺序是氯化钾、硝酸钾、硫酸钾、磷酸氢铵、磷酸二氢铵、过磷酸钙。在保护地中追肥,宜选用硝酸铵、磷酸二氢铵、硫酸钾等不易使土壤溶液浓度急速上升的化学肥料。

果菜类蔬菜在生育前期应以追施氮肥为主,以促进营养生长,中后期结合施用磷、钾肥料,以促进生殖生长。

7. 肥料品牌选择　我国肥料品牌极多,大部分厂家生产的品牌都是质量有保证的。但是,鱼龙混杂,也有很多小厂家的产品不是肥料元素含量不达标,就是标志与成分不一致。这些品质低劣的产品靠着价格低廉,以及夸大其词的宣传仍能占领市场一席之地。为了能使用到货真价实的肥料,购买时应注意以下几点。

（1）**正确选择厂家**　在采购肥料时尽量选择生产规模大、历史长、有信誉的厂家的产品。这些厂家生产技术稳定,质量有保障。目前在我国大型的化肥企业很多,其中生产规模大、历史悠久,又是国营的企业如天脊集团。天脊集团专注生产硝酸磷型复合肥30余年,硝酸磷型系列肥料施入土壤中无须分解,可以直接被吸收利用,速效,而且其磷矿石是用硝酸处理的,里面含有的钙、硼、锌、铁等中微量元素被活化成可溶于水的有效营养元素。同时选用富含稀土元素的矿粉作为配矿,在肥料生产过程中活化为硝酸稀土,硝酸稀土能促进蔬菜根系发育,提高蔬菜的抗性,促进生长发育等作用。因此,其硝酸磷型系列肥料为全营养的功能性肥料。

（2）**不轻信小广告**　选购肥料时应根据以往的经验和正规渠道,不要听信小广告的迷惑,或贪图小便宜而受骗上当。

(3)不要轻易相信物美价廉 很多假冒伪劣肥料都是打着物美价廉的旗号,购买时千万不要轻信这种宣传。物美就意味着要原料好,工艺精制,严格检验,这就不可能价廉;如果一味追求价廉,那有效原料不足或劣质,有效成分减少就有可能买到伪劣产品。选购大厂家的产品,虽然价格较高,但是质量却有保证。

8. 保护地施肥应注意的问题 目前各地的保护地中,施肥普遍存在的问题是:依赖化学肥料,忽视有机肥料;重视氮肥,忽视磷、钾肥料的配合;重视大量元素肥料,轻视微量元素的施用和大量劣质肥料的施用。由此而造成的后果是土壤结构不良,肥料比例失调,缺乏微量元素,作物难以达到预期的丰产效果。

目前,存在较严重的问题是氮素化肥施量过大,不仅造成肥料的浪费,而且土壤溶液浓度过高,发生蔬菜生长发育障害问题十分普遍。土壤溶液浓度过高发生的危害,俗称为肥料"烧根"。它对黄瓜危害的形态表现如下:一是叶色由深绿变暗绿,叶面似有蜡而油光发亮。二是叶肉突起,叶脉相对下凹。三是叶缘下卷,叶子中部隆起,叶缘出现镶金边。四是生长点萎缩,心叶下弯,迟迟不展,一旦展开则明显比其他叶子小,所以受害株顶部叶片有急剧缩小的现象。五是根部发锈,根尖部钝齐呈截头,严重时出现烧根。六是果实畸形。除了从作物形态上判断土壤溶液浓度过高外,还可借助电导仪来测定土壤溶液浓度。电导仪是根据土壤中可溶性盐分越多,电导度越大的原理来测定的。保护地内使用硫酸盐和盐酸盐的化肥过多,造成土壤酸化严重,今后应注意施用硝酸盐化肥和碱性化肥。

总的来看,保护地施肥应做到三看,即看天看地看作物。

(1)看天施肥 看天气施肥主要是根据季节的温度不同进行合理地施肥。夏季等气温较高的季节,可以施用硝态氮、铵态氮或尿素。后两种氮肥施入土壤中均可迅速分解成蔬菜可以吸收利用的氮元素,起到速效作用。晚秋、冬季、初春等低温季节,特别是温室大棚栽培的蔬菜,施肥时就应选择蔬菜可以直接吸收利用的硝态氮的氮肥。如果施用了尿素,则因尿素不能被吸收利用,而低温情况下水解成可以被吸收利用的铵态氮需要较长的时间(10℃时需7~10天),这样就失去了氮肥的速效性优势,造成短时间的缺氮。即使尿素水解成了铵态氮,或者使用的是铵态氮肥,铵态氮要分解成硝态氮,需要更高的温度,其适温为25℃~30℃,低温情况下很难分解,造成铵态氮的大量积累。铵态氮的积累抑制了蔬菜对钾、钙、镁、铁等肥料元素的吸收,反而造成了蔬菜的缺素症状。

由此,在低温季节,特别是温室、大棚栽培的蔬菜施用肥料应该选用硝基氮肥。如施用天脊集团硝酸磷型系列肥料不但速效,还能促进蔬菜对其他肥料元素的吸收,增加微量元素和稀土,促进蔬菜的生长发育。

(2)看地施肥　在盐碱地或pH值在7以上的土壤中可以施用各种氮素肥。但在目前酸化严重的温室、大棚和果园中的土壤上,应尽量使用硝基氮肥,不要使用尿素或铵态氮肥。因为铵态氮肥在酸性环境中不易分解成硝态氮,容易造成铵态氮的积累,抑制蔬菜对钾、钙、镁、铁等肥料元素的吸收,反而造成蔬菜出现缺素症状。施肥时应先进行测土,根据土壤肥料含量正确施肥。

(3)根据蔬菜的特性施肥　蔬菜对氮、磷、钾肥的需要量均大。蔬菜喜硝态氮,在生育初期和后期对氮肥的需要量均很大,初期需要磷较多,后期需要钾较多。所以,苗期施肥应以氮肥为主,中后期以高氮高钾低磷的肥料为主,同时应补充各种中微量元素。

目前生产中施肥过量的现象极为严重,今后应注意科学合理的施肥。基肥中复合肥的施用量适当下调,增加追肥次数,避免一次性施用过多的肥料。

施用化肥时要注意提高氮肥利用率。为此应做到:铵态氮或尿素态氮深施后土埋,深度以7~10厘米为宜,施后严密覆土;种肥深施、追肥深施;少施多次,适量施用。因为氮肥的肥效期较短,需每次根据不同作物的生长时节不同,分次施用不同量的氮肥,切忌一次施用;因地施用,根据土地性质,不同农田选择不同的氮肥,不同土质的农田,选择不同的使用量和次数。

第四章　保护地蔬菜生产模式

第一节　保护地蔬菜立体多茬栽培

一、立体多茬栽培的意义

蔬菜保护地立体多茬栽培是两个含义不同的概念,但二者又密不可分。

蔬菜立体栽培,是根据栽培的环境条件和不同蔬菜作物对环境条件的要求,充分利用不同作物生育期长短的时间差,植株生长高矮的空间差,根系分布深浅的层次差和对营养及环境条件要求不同的营养差、温度差、光照差等,通过不同蔬菜作物的间作、套种和分层栽培,形成合理的复合群体结构,最大限度地发挥土地和栽培设施的生产潜力,充分利用时间、空间、地力和光、热、气等自然资源,提高单位面积上蔬菜的产量和产值,达到高产、优质、低耗、高效率、高收益的目的。立体栽培实际上是在同一土地面积上进行多种、多品种蔬菜的交错种植和分层种植,以便生产出更多的产品。立体栽培着重点在空间上最大程度的开发利用。

多茬栽培是指在一个生产周期内,在土地上合理地安排蔬菜的不同种或品种的栽培次序及安排布局。多茬栽培可以达到在单位土地面积上、在一个生产周期内多次种植、多次收获,有效增加复种指数,提高土地利用率的目的。合理的多茬栽培不仅能最大限度地满足作物生长发育对环境条件的要求,达到高产、优质的栽培目的。同时,还可以有效地调节蔬菜的生产供应季节,克服蔬菜淡旺季,实现蔬菜的周年均衡供应。多茬栽培的重点是在蔬菜安排的衔接上,是在一个生产周期内对时间的最大限度的开发利用。

蔬菜立体栽培和多茬栽培有机地结合在一起,则对自然环境和保护地形成了全方位的最大限度的开发应用,为单位土地面积、单位时间内,取得生产的最大产量和最高经济效益奠定了基础。

我国农民的经济基础薄弱,进行保护地栽培,是农民的一个巨大的投资,也是农民致富的重要手段。由此,在保护地内施行立体多茬栽培,充分利用设施的增产潜力就有重要的意义。

(一)立体栽培的意义

从科学技术上,发展蔬菜立体栽培有如下意义。

1. 有利于提高光能利用率　在植物体的总干物质中,有 $90\% \sim 95\%$ 来自于光合作用,提高光能利用率是提高作物产量的有效措施。目前,农业生产对光能的利用率仅为 $0.3\% \sim 0.4\%$。据研究,作物对光能的利用率可达 5%。由此可见,提高光能利用率是目前的一个重要任务。蔬菜立体栽培是提高光能利用率的有效途径之一。立体栽培可以有效地增加叶面积指数。如番茄单作时,最大叶面积指数为 $3 \sim 4$,而复合群体适宜的叶面积指数可提高到 5 左右,为截获利用更多的光提供了可能。立体栽培通过 2 种或多种作物的合理间套作,可使作物复合群体很快达到并较长期保持适宜的叶面积指数,从而弥补单作蔬菜生育前、后期叶面积指数的不足。立体栽培还可以把喜光和耐阴作物分层种植,分层用光,减少光能的浪费。

2. 提高土地复种指数　复种指数是指在单位面积,单位时间内所栽培的作物茬数。复种指数越高,土地的利用率也越高。如果多种作物间套复种,使前后茬作物生长期部分重叠,可相对延长作物的生长季节,增加作物的茬次,提高土地的复种指数。

3. 发挥边际效应　一般生长在边行的作物,由于通风透光好,肥水条件优越,植株生长健壮,产量高,这种现象称作边际效应。立体栽培中的高矮秧间作和前、后茬套作,改善了作物行或畦间的通风透光条件,有利于发挥边际效应。

4. 增加种植密度　蔬菜的产量是由单位面积上作物的株数和单株产量构成的。作物的种植密度又受叶面积指数的制约。立体栽培可提高适宜的叶面积指数,有利于增加栽培密度,充分发挥作物的密植效应。

(二)多茬栽培的意义

保护地是投资较大、环境条件便于人为控制的生产场所。因此,在保护地中合理地安排作物的收获、播种,多次种植,多次收获,最大限度地提高土地复种指数,增加经济效益的多茬栽培具有十分重要的意义。多茬栽培还可以有效地调节蔬菜的生产供应季节,克服蔬菜供应的淡旺季,实现周年均衡供应,满足人们的生活需求。

二、立体多茬栽培的原则

(一)立体栽培的原则

1. 充分利用光能,提高土地和保护地的利用率　在立体栽培中应根据作物需光特性的不同、高矮不同、生长期熟性的不同,合理地搭配。既充分满足各作物的需要,又能分层用光、利用弱光、截获散射光,提高光能的利用率,达到高产优质的目的。

2. 扬长避短、趋利避害　作物间存在互利和相克的复杂关系。在立体栽培中应做到趋利避害,发挥种间互利作用。目前,已知番茄对黄瓜、洋葱对菜豆、芜菁对番茄等起相克的作用,即前者根系的分泌物对后者有不良影响。如果把它们种在一起,或成为前后茬,作为后茬的黄瓜、菜豆和番茄就生长不好。而菜豆对番茄、茄子、黄瓜,豌豆对马铃薯,洋葱对莴苣,大蒜对大白菜等无相克作用,如果把它们种在一起,前者对后者的生长发育能起促进作用或无不良影响。

在立体栽培时,如果将具有相同病害的蔬菜种在一起或为前、后茬,势必会加重病害的发生和传播。如果将不具有相同病害的蔬菜搭配在一起,当一种蔬菜发病时,另一种蔬菜可以起隔离作用,阻碍病害的传播,有利于减轻危害。由此,在安排上的应尽量避免把病虫害相同的同科蔬菜搭配在一起。

3. 改善小气候条件 立体栽培应尽量创造一个适合多种蔬菜生长发育良好的小气候条件,以利于各种蔬菜生长。如黄瓜架下套种蘑菇,黄瓜喜光,支架栽培,光照充足。黄瓜遮光,可满足蘑菇需要的弱光条件。蘑菇生长发育释放大量的二氧化碳,可供黄瓜光合作用之需,两者相得益彰,互助互利,使菌、瓜双丰收。

4. 增加产量、提高效益 立体栽培的目的是在较少的土地面积上生产出更多的产品,提高经济效益。为此,在安排时要注意以下几点。

(1)应选择产量高、价格高的蔬菜相搭配 经济效益由两方面决定,一是产量,二是价格,二者之积即为效益。故在安排时应注意这两方面。

(2)产销对路 产品只有变成商品才能取得经济效益。因此,在安排蔬菜种类时,要注意市场需求,做到产销对路。

(3)高产优质 没有大面积的规模生产,就不能形成规模效益,也就没有优势。规模生产是形成商品优势的基础,而没有优质产品就不能占领市场、形成优势,获取最佳的经济效益。数量是增加效益的前提,质量是提高效益的保证,只有高产优质,才有高的经济效益。

(4)发展稀特名优蔬菜产品 这类蔬菜具有较强的商品竞争力和较高的经济效益,尽量实现"人无我有、人有我优、人优我稀"的生产经营战略。

(二)多茬栽培的原则

1. 掌握条件合理安排茬口 根据环境条件的变化和作物对环境条件的要求安排茬口,使作物生长发育期尤其是产品器官形成阶段,安排在适宜的环境条件下。在保护地中,水、肥、气等条件较易控制和满足,较难控制和调节的条件是温度和光照。因此,在安排茬口时,应按照各种作物对环境条件的要求,以及保护地的保温透光性能,力求将作物的生育期,尤其是产品器官的形成阶段,安排在温度和光照条件比较适宜的季节和月份。

2. 突出重点,合理搭配主副茬 在保护地栽培中,要把产量高、销路好、经济效益好的作物作为主茬,其他蔬菜为副茬。副茬应为主茬让路,在保证主茬作物正常生产的前提下,穿插副茬作物。目前,我国保护地的主茬蔬菜多为黄瓜或番茄的春早熟栽培茬,夏茬、秋茬作物均为副茬。

3. 茬口的衔接和轮作 在多茬种植时应严格掌握茬次的衔接时间,在保证主茬作物适宜生长的前提下,抢种副茬,既要适当增加栽培茬次,又不致使相邻茬次的作物之间影响太大。套种时,要尽量减少共生期,避免因共生期太长,而对前后茬作物的生长发育产生不良影响。茬口的安排要与轮作相结合,合理利用地力,减轻病虫害的发生。

三、立体栽培模式与技术

蔬菜保护地立体栽培,依据立体群体中蔬菜种植的位置不同,分为地面立体栽培和空间立体栽培两大类。

（一）地面立体栽培

地面立体栽培中群体的所有蔬菜都种植在同一地平面上,根据不同蔬菜植株形态特征的差异,或通过人为强化整枝,将不同种类或不同形态特征的蔬菜,通过间作套种,合理搭配,形成多层次的复合立体结构,以达到立体高效栽培的目的。这种栽培方式不需要增加设备,即可获得良好的效果,适合我国农村形势,目前已大量推广应用。根据参与立体模式蔬菜种类的不同,地面立体种植模式可分为以下几类。

1. 同种蔬菜高矮秧密植立体栽培　这类模式适用于保护地春早熟栽培。在春早熟栽培中,蔬菜前期价格和产值高。因此,提高前期产量是提高保护地效益的重要环节。保护地冬季和早春地温、气温低,蔬菜植株生长慢,叶面积小,对保护地内的环境条件利用率较低。通过前期加行密植和强化整枝等措施,可以充分利用保护地的空间、时间,达到早熟、丰产和高效益的目的。常用的栽培模式如下。

(1)黄瓜加行高矮秧密植立体栽培　在保护地春早熟黄瓜常规栽培的基础上,以原栽培行为主栽行,在主栽行之间加行密植,增加前期密度,并对加行进行整枝,提高前期产量。当加行栽培获得一定的产量,且群体的叶面积指数已达到一定数值时,将加行拔除,恢复常规栽培密度,保证主栽行后期处于适宜的栽培密度下正常生长,不影响主栽行黄瓜的后期产量。这样黄瓜群体的前期产量和总产量都提高,产值大大增加。实践表明,保护地春早熟黄瓜高矮秧密植加行立体栽培,可使前期产量提高80％,总产量增加30％,产值增加40％左右。

在采用黄瓜加行高矮秧密植立体栽培时,要注意如下问题:一是加行一定要用早熟品种。加行和主栽行可选用同一个早熟品种,如都用耐低温、耐弱光的早熟品种。也可选用不同的品种,如主栽行选用抗病高产的品种,加行则选用早熟的品种。二是要早育苗、育壮苗。秧苗的健壮与否直接影响黄瓜的前期产量,有良好的栽培模式而无健壮的秧苗,如无源之水、无本之木。三是注意保温,适当早定植。保护地的温度条件越好,定植期就越提前,采收期也随之提前,产值就越高。定植时一般密度是:主栽行行距1米,株距20厘米,每667米^{2}栽植3300株,加行位于主栽行侧,距北主栽行0.4米,株距同主栽行(行向是东西)。如果行向为南北行时,加行可在主栽行的中间。这样,使密度由原来的每667米^{2}3300株,增加到每667米^{2}6600株。四是适时摘心,及时拔除加行。当加行黄瓜植株长到12片叶时,摘除顶心,使其矮化,矮化植株每株留4条瓜,支小架栽培。当叶面积指数达到4以上时,拔除加行,使主栽行正常生长和管理。

(2)番茄早晚熟品种高矮秧密植立体栽培模式　在保护地春早熟番茄栽培时,采用早熟和晚熟品种交错栽培,增加前期密度,以中晚熟无限生长类型的高秧抗病高产品种为主栽行,选用早熟矮秧品种为加行。主栽行行距1米,株距30厘米,每667米^{2}栽植2200株左右,加行在主栽行之间,株距25厘米,使每667米^{2}株数增加到5500株左右。栽培中,加行早熟品种留2穗果摘心,并用防落素保花。如坐果太多,应进行疏花疏果,加行品种每株平均留果10个,采收后及时拔秧。晚熟品种主栽行可留5～6穗果打顶,以保证后期产量。

(3)甜椒高矮秧密植立体栽培模式　这种模式亦采用早熟和晚熟品种交错栽培,以晚熟品种为主栽行,以早熟品种作强化整枝加行。主栽行可采用单行双株栽培,行距80厘米,穴距25厘米,每穴2株,每667米^{2}3300穴(6600株)。加行在两主栽行中间,单株栽培,株距同主栽行,使每667米^{2}株数由6600株增加到10000株左右。加行早熟品种每株留果3个,并在果实以上保留2片叶摘心,采果后拔除。主栽行任其生长。主栽行宜用中晚熟品种的甜椒,加行可用早熟品种的辣椒。

2. 不同蔬菜种类间套作立体栽培 根据不同蔬菜作物的形态特征和对温度、光照等的要求不同,把高秧与矮秧、喜光性和耐弱光的蔬菜,通过间套作搭配种植。主要模式介绍如下。

(1)春黄瓜间作春早熟甘蓝 采用大小畦间作。小畦宽 60 厘米,种 2 行黄瓜,选用早熟品种。黄瓜株距 20 厘米,每 667 米^2 栽 3 700 株左右。大畦宽 120 厘米,种 3 行甘蓝,选用早熟品种。甘蓝提前 15～20 天定植,甘蓝采收后,黄瓜正常生长发育。

(2)春莴苣间作甜(辣)椒,收莴苣后种夏豆角,形成豆角、甜椒高矮秧间作 该模式采用大小畦间作。小畦宽 80 厘米,种 2 行莴苣,株距 30 厘米,每 667 米^2 2 000 株左右。在华北地区可 1 月中旬育苗,2 月定植,4 月上中旬收获。大畦宽 120 厘米,种 3 行甜椒,双株栽培,穴距 30 厘米,每 667 米^2 3 300 穴,6 600 株,选用中熟品种,3 月中旬定植。莴苣收后播种 2 行豆角,穴距 20 厘米,每穴 2～3 株。豆角扎架为甜椒遮阴,安全度夏。

(3)菜豆间作花椰菜 采用大小畦间作。小畦宽 80 厘米,种 2 行架菜豆,穴距 20 厘米左右,每穴 2～3 株。7 月下旬于保护地内直播,品种可选用品质较好的老来少、潍坊白粒等品种。9 月中下旬开始收获,11 月上中旬拉秧。大畦宽 120 厘米,种 3 行花椰菜,选用中熟的秋栽品种。7 月上中旬育苗,8 月上中旬定植,11 月上旬收获。

(4)春番茄间作矮生菜豆 该模式中番茄、菜豆隔畦间作,均用 1 米宽的平畦。番茄选用早熟品种,华北地区 1 月中旬育苗,3 月中旬定植,每畦栽 2 行,株距 20 厘米,每 667 米^2 3 300 株左右。5 月中旬收获,6 月下旬拉秧。矮生菜豆选用法国地芸豆等品种,2 月下旬至 3 月初直播于畦中,每畦 3 行,开穴点播,每穴 3～4 粒,穴距 33 厘米,每 667 米^2 3 300 穴左右,4 月中下旬开始收获,6 月初拉秧。

（5）秋番茄间作芹菜 番茄、芹菜均采用宽 1.2 米的平畦，隔畦栽培。番茄采用中晚熟品种，7 月下旬育苗，8 月下旬定植，每畦栽 2 行，株距 25 厘米，每 667 米² 2 200 株左右。花期用防落素保花保果，每穗留 4～5 个果，每株留 2～3 穗。保护地于 9 月下旬扣塑料薄膜进行保温管理，可以 12 月份采收上市或贮藏起来。芹菜于 7 月上中旬育苗，9 月上旬定植于棚室内，每畦栽 8 行，行距 15 厘米，株距 10～12 厘米，每 667 米² 约 22 000 株，12 月份以后可陆续上市。

3. 菌菜间套作立体栽培 食用菌和蔬菜为互利互助作物，二者同时栽培环境都得到改善，蔬菜不减产，增收一茬食用菌。常用的模式介绍如下。

（1）春早熟黄瓜套种低温型平菇 在保护地的春早熟黄瓜栽培，将黄瓜种植在宽 80 厘米、高 10～15 厘米的高畦上，两高畦间留 30 厘米的浅沟作走道。每畦 2 行，行间距 60 厘米，每畦 2 行扎一个"人"字形支架，架下 2 行黄瓜之间放置平菇栽培袋或做低畦栽培平菇。

若采用塑料袋栽培平菇，应先做畦定植黄瓜，当黄瓜爬架后，再在架下放置已发好菌丝的平菇栽培袋；采用低畦栽培平菇，要先做畦栽培平菇，后定植黄瓜。低畦深 10～15 厘米，宽 35 厘米。低畦做好后，把配制好的培养料填入畦内，压实接种，并加盖塑料薄膜。

保护地平菇栽培应选择适宜的品种。平菇可分为低温、中温和高温三个生态类型，要根据保护地的保温性能和栽培季节选用不同生态型的菌种。早春栽培平菇，宜选择低温型，2 月上旬播种，3 月上旬出菇，4 月中旬即可结束。

（2）夏豆角套种草菇 夏季炎热，可把耐高温的豆角和草菇套种在保护地内，充分利用夏季空闲时间。

夏豆角的前茬一般为春黄瓜，一般于 5 月下旬在黄瓜架下套种豆角。黄瓜拉秧,豆角上架。将架下的平菇废料取出,将低畦填平,浇透水后套种草菇。6月初播种草菇,6月中旬采菇,7月初结束,整个生长期1个多月。夏豆角的生长期为2个月,一茬夏豆角可套种两茬草菇。

(3)越冬蔬菜(如小油菜、芹菜)与低温型平菇间作　冬前做畦,高畦宽80厘米,低畦宽60厘米,高、低畦之间的畦埂宽20厘米。低畦下挖20厘米。11月中旬,低畦内填入配制好的培养料,接种低温型的平菇菌种,翌年2月下旬出菇,4月下旬收完。高畦上栽培越冬蔬菜,如小油菜、芹菜等,2月份收获。

(4)春、秋季喜温性蔬菜与中温型平菇间作　在春早熟和秋延迟栽培喜温性蔬菜时,可与中温型平菇套作,方法同越冬菜。

4. 菜果立体栽培　瓜果菜立体栽培模式有如下几种。

(1)葡萄间作蔬菜　葡萄应选用耐寒和抗高湿的品种。按行距 1.5～2 米、株距 1 米的规格定植,每 667 米^2 栽 300～450 株。冬季间作芹菜,于 8 月上旬育苗,11 月上旬定植,翌年 3 月初收获,接着种春黄瓜或番茄,春黄瓜收后接着种花椰菜。保护地内的葡萄生长较旺盛,应通过修剪调节好与菜争光、争时的矛盾。为了不影响葡萄的正常生长,春黄瓜应于 5 月底及早拉秧。这种栽培模式,可使葡萄提早 1 个月收获。

(2)佛手瓜间作蔬菜　山东地区近年来保护地利用佛手瓜间作蔬菜的推广面积很大。佛手瓜是 12 月份育苗,翌年 4 月初定植于保护地一侧地边上,每 667 米^2 栽植 10 株。棚室中春早熟黄瓜、番茄等蔬菜于 6 月底拉秧后,佛手瓜利用保护地的骨架作支架爬蔓。于 9 月份开花,10 月中下旬全部采收完毕。在 6 月下旬育芹菜苗,8 月下旬至 9 月初定植,佛手瓜拉秧后,下茬即为冬芹菜。

(二)空间立体栽培

空间立体栽培是利用一定的立体栽培设施,把不同种类的蔬菜作物分层种植。这种方式的集约栽培程度高,便于程序化管理。但投资大,技术要求严格,国内仅有少数单位试用。目前应用的模式如下。

1. 架槽式两层立体栽培　该方式的下层在地面种植,上层在架槽内栽培番茄、黄瓜、甜椒等蔬菜。

架槽支架用 10 毫米的圆钢焊成高 1 米的梯形架,上口宽 20 厘米,下口宽 25 厘米,每隔 1 米立一支架,支架上设栽培槽。栽培槽用铁片折成,高、宽均为 20 厘米,长 3~4 米,两头堵住。槽内纵向放细竹竿数根,竹竿上垫塑料薄膜或油毡纸。油毡纸上装入基质,一般用蛭石、珍珠岩、炉渣等作基质。基质高度距槽口 2~3 厘米,用喷淋滴灌管供应。即成为两层架槽式立体结构。

这种架槽的特点是,由于底部有一定深度的空心层,当向槽内滴灌营养液时,该空心层即为营养液储备层,储备层的营养液通过基质的渗透吸收供给蔬菜的需要。这较好地解决了基质中肥、水、气三者的平衡关系。一般苗期间隔 4~6 天供液 1 次,生长盛期隔 3~4 天供液 1 次。

架槽式两层栽培要合理搭配上下层蔬菜。上层槽内可栽培喜光、喜温性蔬菜,如黄瓜、番茄等,而下层宜栽培耐弱光的矮秧蔬菜,如小油菜、芹菜等,也可栽培食用菌。

槽内营养液的配方为 1 000 升水,加入硝酸钙 320 克、硝酸钾 320 克、尿素 290 克、磷酸二氢钾 320 克、硫酸镁 250 克、硫酸亚铁 22 克。使用时再加入硼酸 3 克、硫酸锌 0.2 克、硫酸锰 0.2 克、硫酸铜 0.1 克、钼酸铵 0.02 克。在浇灌营养液时,应经常浇灌清水,以防盐分积累过多。

这种立体栽培模式,植株密集,空气湿度大,病虫害易发生,应及时防治。植株生长盛期下层蔬菜的光照条件较差,要注意及时清除枯、老、病叶,以利通风透光。

2. 床式两层立体栽培　上层栽培设施为床式支架,床上放栽培袋,栽培瓜果类蔬菜。下层栽培蘑菇、蒜苗、韭黄等。

栽培床支架高 80 厘米,可用木条或钢材做成。床宽 1 米,长 2.5～3 米,床上放栽培袋。栽培袋用塑料编织袋制成,长 80 厘米,直径 20～25 厘米,内装蛭石等基质,卧放在床上。一般每床可放栽培袋 3～4 排,每排 3～4 个。定植时先在栽培袋上按株距挖穴,挖穴直径 10～15 厘米,然后栽上黄瓜、番茄等蔬菜。用滴灌管滴灌营养液。

床下可用塑料薄膜或草苫遮阴,形成阴湿的环境,栽培食用菌或蒜苗、韭黄等蔬菜。

3. 吊挂式两层立体栽培 上层采用吊挂塑料编织袋或花盆栽培速生绿叶菜类,下层土壤栽培黄瓜、番茄等。

吊袋由塑料编织袋制作,直径 20～25 厘米,长 40～45 厘米,内装保水、透气性好的轻质基质,如蛭石、珍珠岩、蛭石＋草炭等。袋吊在保护地上,袋四周挖孔定植莴苣、油菜矮秧速生绿叶蔬菜。从吊袋的上口滴灌营养液。吊袋的间距一般不小于 1 米。管理中,经常变换吊袋的受光面,使吊袋四周均匀受光。

如用陶制花盆进行吊盆栽培,盆的大小要适中,盆过大笨重,盆过小易落干。一般选用直径 20～25 厘米、深 15 厘米花盆作吊盆,盆中装营养土或轻型基质均可。盆中多栽培喜温、喜光的矮秧番茄、早熟辣椒等,也可栽培绿叶速生蔬菜,如韭菜、蒜苗等。吊袋或吊盆的下面土壤栽培番茄、甜椒、黄瓜、芹菜等。

四、周年立体多茬栽培模式与技术

蔬菜保护地的周年立体多茬栽培是要考虑到一茬蔬菜生产周期中空间和时间的充分利用,既进行立体栽培,又兼顾各茬蔬菜之间的紧密衔接和轮作的原则。目前常用的栽培模式介绍如下。

(一)蔬菜保护地立体多茬栽培模式

1. 早春黄瓜或番茄间作蘑菇或早甘蓝,秋延迟栽培番茄或黄瓜间作花椰菜或蘑菇 该模式为两茬栽培,一年四种四作四收。华北地区于 2 月份扣保护地膜。蘑菇栽培沟在黄瓜架下,沟宽 40 厘米,深 15～20 厘米,黄瓜起垄栽培,垄间距 80 厘米,高 15 厘米。选低温型平菇于 2 月上中旬填料、接种,黄瓜于 3 月中下旬定植,4 月底蘑菇采收完毕,黄瓜于 7 月上旬拉秧,夏季休闲。第二茬栽培为秋延迟,栽培秋番茄,隔畦间作花椰菜。花椰菜选用荷兰雪球、日本雪山等秋栽品种,7 月上旬育苗,8 月上旬定植,10 月份以后上市,番茄用早熟品种,7 月下旬遮阴育苗,8 月下旬定植于保护地,行距 55～60 厘米,株距 20～25 厘米,每 667 米² 栽植 5 500 株左右,12 月份上市。

第一茬也可间作甘蓝,第二茬也可间作蘑菇。

2. 越冬芹菜、菠菜、分葱等间作平菇,早春黄瓜、番茄间作甘蓝、花椰菜,夏季豆角间作草菇 该模式为三茬栽培,一年六作六收模式。越冬茬芹菜间作平菇。越冬芹菜 8 月中旬露地育苗,10 月中旬定植保护地。定植时做成高低畦,高畦宽 80 厘米,低畦宽 60 厘米,深 20 厘米。芹菜定植在高畦上,株行距为 10～12 厘米×15～20 厘米,每 667 米² 栽植 35 000～40 000 株。11 月上旬扣膜时,在低畦内填入培养料,接种平菇,冬季畦面上扣小拱棚越冬。芹菜于春节前收获,收后于翌年 2 月下旬定植 2 行早熟甘蓝或花椰菜。平菇于 2 月上旬出菇。3 月中下旬平整蘑菇畦,定植早熟番茄或黄瓜。5 月上中旬甘蓝、花椰菜收获,整地做高畦栽培草菇。6 月上旬在黄瓜畦内套种豆角,6 月下旬黄瓜拉秧,豆角畦下可套种二茬草菇。

3. 早春加行密植黄瓜或番茄,夏豆角间作草菇,秋番茄或黄瓜间作芹菜 该模式为一年三茬,六作六收。第一茬黄瓜于 3 月上旬定植,采用高矮秧加行密植,每 667 米² 栽植 6 000 株。加行 12 片叶打顶,5 月中旬拉秧。主栽行 6 月初拉秧。第一茬若是番茄,应采取早晚熟品种加行密植。第二茬夏豆角与草菇隔畦种植,豆角于 6 月初播种,草菇用高畦栽培。第三茬接草菇茬种植秋番茄或秋黄瓜,接豆角茬间作芹菜。

4. 空间立体模式 早春上层用架槽无土栽培黄瓜,下层地面栽培蘑菇,秋季上层架槽无土栽培番茄,下层栽培蒜苗。

5. 速生叶菜、喜温果菜、果菜或叶菜间作 第一茬种小油菜、芫荽、茼蒿等,3 月中旬播种或定植,4 月中下旬收获。第二茬种黄瓜、番茄或辣、甜椒,4 月上旬套栽于速生蔬菜畦上,7 月上旬拉秧。第三茬栽种果菜或叶菜,如番茄、黄瓜、芹菜、花椰菜等。7 月中旬定植,10 月底收完。该模式吉林省应用较多。

6. 早春黄瓜或番茄间作速生叶菜,秋延迟番茄或黄瓜间作花椰菜或菜豆 这种模式东北采用较多。3 月下旬定植黄瓜或番茄,7 月中旬拉秧。早春间作小油菜、芫荽、茼蒿等速生叶菜,3 月中旬定植或播种,4 月中旬收完。7 月中旬定植秋延迟的番茄或黄瓜,6 月中旬间套作辣椒或花椰菜。

7. 多种蔬菜立体化全年生产 这是南方的保护地栽培模式。1 月下旬定植春番茄或春辣椒,7 月上旬拉秧。8 月中旬定植秋番茄或秋黄瓜,11 月下旬拉秧,然后定植冬芹菜或生菜。间作套种苋菜,3 月份套播,5 月份收获。4 月下旬在棚边套播冬瓜和扁豆。

8. 育苗兼栽培 于 12 月下旬培育果菜类蔬菜秧苗,翌年 3 月上旬定植春番茄或黄瓜,6 月下旬拉秧。7～8 月份利用遮阳网育番茄、黄瓜、甘蓝、花椰菜苗,8 月下旬定植秋黄瓜或秋番茄,11 月份拉秧。这种模式在长江流域应用较多。

9. 留种、育苗、栽培 一般于 12 月份将选留的甘蓝、花椰菜种株移栽入棚,翌年 6 月份收种。7 月中旬至 8 月上旬培育甘蓝、花椰菜、秋番茄、秋黄瓜秧苗。8 月中下旬定植秋番茄,11 月底拉秧。这种模式多用于长江中下游地区。

(二)冬季温暖地区(江淮地区)蔬菜保护地立体多茬栽培模式

1. 春茬上层黄瓜下层平菇,夏季上层豆角下层草菇,秋茬上层番茄下层平菇　此模式为菌菜空间立体栽培,采用架槽式结构。春茬黄瓜3月上旬定植,下层选用中温型平菇。5月下旬黄瓜架下种豆角,豆角架下种草菇。8月下旬定植番茄,10月上旬种平菇。

2. 冬黄瓜、春辣椒、夏丝瓜或佛手瓜栽培模式　该模式三种三收。黄瓜于10月上中旬育苗,11月下旬移栽于保护地中。辣椒于翌年3月下旬移栽于黄瓜行间。丝瓜或佛手瓜栽植于保护地的南侧,黄瓜于5月中下旬拉秧。4月底揭掉塑料薄膜,让丝瓜蔓爬到保护地的骨架上。

3. 冬黄瓜间作蒜苗,收蒜苗栽春番茄,夏豆角间作草菇,秋花椰菜间作生菜、平菇　冬黄瓜于10月上中旬育苗,11月下旬定植于保护地中,翌年5月下旬拉秧。蒜苗于11月中下旬栽培,供应元旦春节。1月份可利用蒜苗畦育苗或再种一茬蒜苗供应春节。2月上旬接蒜苗畦定植番茄,番茄要利用早熟品种,6月上旬拉秧。夏茬接黄瓜直播豆角,接番茄茬间作草菇,豆角于8月底拉秧。秋季接草菇茬栽培花椰菜,接豆角茬种生菜或平菇。

4. 越冬芹菜间作分葱或白菜,高矮秧密植黄瓜(或早晚熟密植番茄),秋番茄(秋黄瓜)　冬前整好1米宽的畦,10月上旬定植芹菜。采用隔畦种植的办法,一畦种芹菜,一畦定植分葱或油菜。翌年3月上旬收获分葱或油菜定植2行早熟番茄或黄瓜,形成了芹菜套栽早黄瓜或早番茄的模式。3月下旬芹菜收完,再接种2行晚熟黄瓜或番茄。使黄瓜或番茄的每667米^{2}株数达到5 000~6 000株。早熟黄瓜或番茄及早拔秧,留下晚熟黄瓜或番茄。

5. 育苗兼栽培　在保护地内 12 月上旬至翌年 2 月上中旬培育温室栽培用苗,2 月中旬至 4 月上旬培养塑料棚栽培用苗。4 月中旬定植春黄瓜或番茄,10 月上旬收完。10 月中旬栽培蒜苗,11 月下旬收完。

6. 草本、木本蔬菜套作　保护地内栽培香椿,落叶后扣棚,春节上市。于 11 月下旬在香椿行间套播春萝卜,春节前后上市。翌年 2 月中旬在香椿中间套栽黄瓜,6 月中旬拉秧。

第二节　保护地蔬菜遮雨栽培

蔬菜遮雨栽培是利用保护地等保护设施的骨架,上覆塑料薄膜进行遮雨的一种栽培方式。这种栽培方式具有显著地防止气象灾害和提高产量的效果,对提高作业效率和节省人工也有一定作用。

我国许多地区利用保护地的旧塑料薄膜,在夏季进行遮雨培育蔬菜秧苗,均取得了防病、苗全、苗壮的显著效果,特别是在山东省,遮雨育苗已经成为夏季育苗的必需措施。我国黄河下游等地是保护地等保护设施集中利用的地区,也是夏季蔬菜的主要产区,在高温多雨季节,利用遮雨栽培,不仅充分利用了保护地设施,也使夏菜的产量得以保证。

一、遮雨栽培的效果

遮雨栽培方式阻挡雨水直接冲刷蔬菜,把雨水排除在保护地之外,避免因暴雨冲刷而导致的损苗、土壤板结、肥料流失以及根系生理性障碍,同时遮挡阳光可降温降湿,减轻因高温高湿所引发的如疫病、斑点病、霜霉病等多种病害。由于没有雨水的飞溅,还可减轻土传病害。遮光降温也可以减轻高温引发的裂果、日灼果、畸形果等生理病害。遮雨栽培由于改善环境条件,减轻病害,作物产量可以显著提高。

二、遮雨栽培技术

(一)遮雨栽培设施

目前,遮雨栽培主要在保护地中进行。夏季高温时,拆除保护地四周的塑料薄膜,只保留顶部的薄膜,即成遮雨设施。日本的遮雨设施内部有喷灌设备,可在行间或保护地顶部喷水,实现灌水自动化。

在保护地的四周设较深的排水沟,遇暴雨时防止积水和雨水渗入设施内。切实保证设施内的土壤湿度完全在人工控制下,不受降雨的影响。

(二)施　肥

遮雨栽培也属于投资较高的保护地栽培,为了提高经济效益,增施有机肥也是必要的。种植前,施入充足的腐熟有机肥,一般每667 米^2 地块有机肥施用量不少于 5 米^3。

遮雨栽培由于避免了大雨的冲刷,土壤表层盐分的积累相对较高,容易对蔬菜造成盐害。因此,施肥不可过量,特别是不能偏施氮肥,应注意磷钾肥料的配合使用。栽培数年后,应拆除塑料薄膜,让大雨冲淋,降低土壤盐分浓度。

(三)田间管理

遮雨栽培中,设施内的气温很不一致。通风条件好的保护地内,晴天气温较外界低 2℃~3℃。而在通风不良的棚中可能比外界高 1℃~2℃。因此,栽培中应尽量加大通风面积,也可用黑色薄膜、遮阳网等材料遮光降温。

　　夏季设施内的地温较高,为了降低地温,一般不覆盖地膜,浇水尽量利用冷凉的地下水。有条件时可利用喷灌设施,既增加土壤湿度,又降低地温。

　　遮雨栽培中,夜间棚中湿度较高,应注意防病。

第三节　保护地蔬菜软化栽培

　　人为地采用避光措施,在蔬菜生长的某一阶段,使蔬菜的整体或食用产品部分,在无光或弱光的条件下生长发育,从而使产品呈黄色、白色,纤维组织不发达,含水量高,质地柔嫩,食用质量大大改善,这种措施称为蔬菜软化栽培技术。目前大部分蔬菜的软化栽培是在保护地中进行的。利用人工制造的无光或弱光条件,实际上违背了蔬菜需要的自然环境条件规律,因此软化栽培不仅需要一定的设备,而且要求的技术水平也较高。

一、蔬菜软化栽培的种类

　　按照蔬菜在软化过程中,植株处于无光或弱光条件的状态,可分为2类。一类是利用蔬菜的根茎、鳞茎、肉质块茎等贮藏的养分,在无光的条件下,生长成新的植株,其植株整体黄化,产品均为黄色、白色。属于此类的蔬菜有韭黄、蒜黄、葱黄、姜芽、软化菊苣等。一类是蔬菜生长过程中,让其食用部分整体或一部分在避光条件下生长,其他组织器官部分仍在有光条件下,其食用部分整体或一部分黄化,呈黄色、白色,而其他部分仍为绿色。属于此类的蔬菜有三色韭、四色韭、五色韭、软化芹菜、软化薹菜、大葱白软化等。

　　按照蔬菜软化栽培中光照条件的强弱,可分为无光条件和弱光条件 2 类。无光条件蔬菜软化栽培包括韭黄、蒜黄、芦笋等,弱光条件蔬菜软化栽培包括芹菜整株软化、大白菜束叶软化等。

按照利用的遮光措施不同,蔬菜的软化栽培可分为:培土软化、遮阳网软化、覆草软化、黑色塑料覆盖软化、棚室内软化等多种形式。除了培土软化和覆草软化外,其他软化栽培基本都在保护地中进行。

二、蔬菜软化栽培的特点及意义

(一)经济效益

韭黄、蒜黄等蔬菜软化栽培使用简易的保护地、阳畦或室内等设施,投资少,风险少,成本较低。大部分蔬菜软化是在冬季进行的,产品的上市期在 12 月份至翌年 2 月份,正值我国元旦和春节人们需要量大而蔬菜供应量很少的淡季。近年来,随着保护地生产的迅速发展,冬季蔬菜淡季现象虽然逐渐消除,但是保护地生产的蔬菜成本高,销售价高,广大民众仍然青睐价格较低的软化蔬菜。这为蔬菜软化栽培的发展提供了巨大的空间。

(二)周年供应

韭黄、蒜黄等蔬菜软化栽培很少受季节限制,几乎能周年生产、四季供应。这是解决蔬菜的淡季供应问题的重要措施。

(三)营养价值高

韭黄、三色韭、四色韭、蒜黄等软化蔬菜以其黄、白、红、绿等多彩的色泽,柔嫩可口的风味,增加餐桌上艳丽的色彩的能力,备受人们的青睐。目前流行的彩色蔬菜,不但色泽鲜美诱人,而且较一般蔬菜含有更多的人体必需的营养物质,经常食用,对人体健康有极大的益处。而软化蔬菜是彩色蔬菜的主要成员。

(四)改善品质

很多营养价值高、风味好的大路蔬菜,如芹菜、薹菜等,在春、夏季栽培中,由于环境条件不适,表现纤维多,口感不良,品质下降。而利用软化栽培技术,可使产品色泽艳丽,纤维变少,脆嫩可口,风味大大改善。

(五)出口换汇

韭黄、蒜黄、姜芽、芦笋等软化蔬菜是我国出口的主要蔬菜。这些软化栽培蔬菜,每年为我国换回了大量的外汇,支援了国家现代化建设。

第四节 保护地蔬菜加工、包装、运输及增值技术

目前,我国的蔬菜产品质量档次不清。同一种蔬菜,品质好的或品质差的,除了外观差异特别明显的有一定价格差异外,一般都没有多大差异。即使有差异,价格也差异不大。这就造成了生产高品质的或低品质的蔬菜对于农民来说没有多大关系,因此蔬菜提高质量的生产需求并不迫切。由于很多物资生产者不讲信誉,大量生产假冒伪劣产品,以次充好,使广大消费者上当受骗,让消费者失去了信任感。在市场上,好产品、劣产品受到人们同样的怀疑对待。好的产品生产成本高,不能顺利销售,生产者生产的积极性受挫。

目前,国家号召广大农民组织起来成立合作社。合作社的生产面积大,农户多,经济实力雄厚,通过新技术的应用,大幅度地提高产品质量,同时注册商标,生产高档次高品位的产品在市场

销售。

我国高收入群体,对于消费高档次、高价格蔬菜的愿望强烈。只要合作社能够生产出让他们相信的产品,一般是不愁销售不出去的。为此,蔬菜合作社的生产者应从蔬菜的生产、加工、包装、运输等环节中,寻求增值技术。

一、蔬菜的高档次、高品位产品

蔬菜成为正常的商品,且有档次之分,是在 20 世纪 80 年代以后的事。随着改革开放,蔬菜敞开供应,量大而质优,由卖方市场转为买方市场,人们可以随意挑选、购买,于是同一种菜便有了优劣之分。那些脆嫩、外形周整、色彩鲜艳的蔬菜为高档菜,价格高;而那些老化、畸形、萎蔫的蔬菜,价格低,为低档菜。90 年代以后,很多城市农贸市场规定净菜上市,把那些带泥、沾土,有烂叶、黄帮的不能食用的菜,部分用作肥料。这一举措使城市蔬菜从整体上了一个档次,提高了品位。

档次、品位的含义与质量的含义有一定区别。蔬菜的质量一般是指含糖量、病虫害、外形、黄叶、粗大、肥壮、脆嫩、新鲜等的程度。而目前蔬菜的档次、品位的含义,比质量的含义更广泛、更深入。它不仅包含了质量的含义内容,还包括蔬菜营养丰富与否、加工精细程度、包装情况、销售场所等内容。所以,档次、品位是对蔬菜商品更全面、多方位的衡量、评价标准。

档次、品位的标准不是一成不变的,而是随着社会的发展、技术的进步而变化的。过去的档次只注重外观的形态,而现在不仅注重包装、加工、农药残留等形态,而且开始注意营养成分等内在性状了。

二、高档蔬菜产业化生产技术

高档蔬菜的生产,是田间种植、收获、加工、包装、贮藏、运输及销售等多环节、多部门协同工作的过程。它不仅是种植行业,还有加工业、运销业等诸多行业的相互合作与配合,因此生产高档蔬菜必须是产业化的生产。

高档蔬菜的生产应做好以下几项工作。

(一)优良品种

高档蔬菜要选用优良的品种,应具备口味好、营养价值高、外观美、人们喜爱等质量标准,只有这样的品种消费者才会出高价采购。

(二)栽培技术

在田间栽培时,应严格按照技术要求,进行精细、科学的管理,使蔬菜有充足的水肥供应,适宜的温光条件,保证蔬菜产品有较高的营养含量、外形周整、美观、香味浓郁、脆嫩,符合人们的消费习惯要求。在管理中应保证蔬菜无严重机械损伤,无病虫害及其他不正常色泽和畸形。

(三)病虫害防治

在蔬菜夏季生长期中,应及时进行病虫害防治,避免病虫害影响外观质量。在防治过程中,应严格按照无公害防治技术的要求进行操作。例如,不得使用国家规定的高毒农药,农药用量不超标,采收前15～20天停止用药,以保证生产无公害、无污染的蔬菜产品。

(四)施 肥

施肥应以农家肥为主,配合施用化学肥料。化学肥料的施用,应先化验土质,然后进行配方施肥。这不仅节约化肥,还可避免施用化肥过量造成田间污染。

(五)生产环境

高档蔬菜必须选用适宜的环境条件。为避免工业"三废"污染,应选距离污染环境远的地区进行种植。同时,还应选用多年种植粮食等的农药残留低的地块。种植过棉花的农药残留过高的地块,不宜生产高档蔬菜。

(六)采 收

蔬菜采收要在植株最佳状态时进行。采收过晚,老化,口味不佳,纤维多;采收过早则植株太小,产量低。采收宜在早晨进行,此时植株脆嫩、色泽鲜艳。

(七)加工技术

绝大多数蔬菜经过加工后的价格高于一般鲜菜几倍到几十倍,可大大提高经济效益。蔬菜除了一般清理加工外,还有清洗、鲜切等初加工。

(八)包 装

通过包装可以保护蔬菜,减少损耗,避免腐烂,方便运输,美化宣传,促进销售。包装可提高蔬菜的档次,提高价格,增加经济效益。

蔬菜包装的要求是科学、经济、牢固、美观、卫生、安全等。运往外地时要有大包装,零售要有小包装。

低档蔬菜的包装材料是竹篓、草袋。较高档的蔬菜外包装为纸箱、塑料箱等，内包装为保鲜纸、发泡网套、涂膜等。加工产品用精美的玻璃瓶、塑料桶、盒等包装。不管用什么包装材料，均需要无毒、无味，外表印刷要精美。包装应在清洁、无污染的环境中进行。包装后宜早上市销售，不宜贮藏过久。

(九)运　输

在蔬菜的收获、采购、加工处理、贮藏、销售过程中，运输是一个重要环节。蔬菜只有通过运输才能实现自身价值与商品价值。运输的要求是：及时、迅速地运送；运输中达到保鲜的质量标准；要经济实惠。运输中较好的办法是快装快运，利用冷链运输，减少路途损失，降低成本。

目前，我国的蔬菜产品运输常用的运输工具是拖拉机、汽车、火车等。寒冬利用盖草苫、棉被、帐篷等，以保持温度在 1℃～3℃，使其不受冻害。炎夏在产品上叠放冰块，保持温度在 10℃以下，防止温度过高发生腐烂损失。尽管这样，运输损失仍不可低估。加上运输费用等中间环节的费用等，形成了农民卖菜收入低而消费者买菜费用高的现象。

为了提高农民收入，降低消费者的买菜支出，大力发展蔬菜的冷链物流非常必要。冷链物流是指蔬菜在生产、贮藏、运输、销售等各个环节始终处于给定的低温环境中，以保证蔬菜质量，减少蔬菜损耗。在欧美等发达国家，冷藏运输率均达到 80%～90%，我国目前为 10%～20%。每年我国冷藏物流损失巨大，运输过程中的高损耗使得整个物流费用占到运输产品成本的 70%。为了实现冷链物流，在蔬菜产地和集散地建设大容量的冷库，利用冷藏运输车是关键措施。这些措施需要大量的投资，这项投资不像建设道路、楼堂馆所那样成效明显引人注目，但是它的隐形减耗增收效果十分惊人。另一方面，合作社的组织者们在这一方面增加投资也是利国利民,发展、巩固合作社的有效措施。

(十)销　售

目前我国蔬菜的主要销售流通模式为:家庭生产者—蔬菜贩运商—批发市场—零销商—消费者。销售的中间环节太多,增加成本过高,这是蔬菜价格生产者卖得便宜消费者买得贵的原因之一。发达国家蔬菜的流通模式为:专业合作社或农场—超市配送中心—消费者;或为生产者—批发市场—菜店—消费者。该模式中间环节少而且中间加价低。随着合作社的大量建立和提高,我国也应该学习发达国家蔬菜的流通模式,由合作社直接把产品送到超市销售,这也是目前提倡的农超对接。农超对接后不仅合作社的收入提高,由于中间环节减少,销售价格也降低。有条件时,合作社在消费地建立自己的销售场所进行直销也是可行的。

高档蔬菜销售要有一定的条件,一般需在有冷藏设备、恒温设备的超级市场里进行。

(十一)创造品牌、广泛宣传

高档蔬菜外观美丽、清洁、食用方便,易被辨认,但是其无公害、无污染、营养价值高等内在质量,不易从外观上辨认。通过大力宣传,让消费者了解高档蔬菜的内在与外在质量,知道其优良的品质,对人体的良好作用,并使消费者明了其质量与价格是相符的,这样才能刺激消费,扩大销路,开拓市场。

在宣传过程中,一定创建自己的品牌,品牌是优良产品的标志和代名词,没有品牌的宣传是无的放矢。大力宣传品牌和保证产品的质量是同等重要的。

三、蔬菜的贮藏保鲜技术

蔬菜在采收离开植株或土壤后,利用人工控制的环境条件,使之保持鲜嫩状态,符合人们食用时的色、香、味等口味标准,把损失浪费降低到最低水平,以达到较长时间供应上市的目的,这种措施称为贮藏保鲜技术。蔬菜保护地生产中很多蔬菜如芹菜等叶菜、萝卜等根菜都是集中一次性收获,其他如黄瓜、番茄等果菜,也由于产地的大面积生产,产品也有集中上市的现象,而市场一时消化不了,这都需要贮藏保鲜技术来解决。蔬菜贮藏是目前广大合作社必须发展的一个增收项目。

(一)贮藏保鲜的意义及现状

1. 降低产品成本,实现周年均衡供应　实现蔬菜周年均衡供应有两条途径:一是蔬菜四季生产,排开播种,陆续收获。二是蔬菜收获后,贮藏在库房内,随时取出上市供应。这两条途径中,哪一条成本低,产品质量有保证,哪一条就被人们多应用。目前来看,完全用四季生产的办法来解决周年供应的问题,还不现实。这是由于越冬栽培等保护地栽培,需要保护设施,这些保护设施一般投资很高,因而提高了产品成本。利用夏季或保护地秋延迟生产的成本很低的蔬菜,通过贮藏保鲜,在冬季上市,这种产品的成本相对较低。

目前,我国东西部地区,从10月份开始,直至翌年2~3月份,上市的甜瓜,绝大部分是西北地区夏季生产的厚皮甜瓜。这些厚皮甜瓜生产成本低廉,质量优良,经过花费不多的长途运销至国内各地后,在恒温库内可一直贮藏到翌年2~3月份。这种供应方式主宰着国内市场,这是保护地栽培所不能比拟的。蒜薹的贮藏技术能延长供应期7~8个月,也是贮藏技术应用的实例。

2. 提高产品产值,增加农民收入　大量露地或保护地生产的蔬菜上市,市场一时消化不了,因而价格低廉。通过贮藏后,到冬季上市,则价格提高,这为农民和经营者带来了可观的效益。这不仅有均衡市场供应、平抑物价的作用,也防止了产品的积压浪费。

3. 有利于产品的商业化流通　目前蔬菜已进入商品化生产的局面。大面积的蔬菜产地生产的大量产品,经销人员集中收购后,长途运输到很远的地方销售。从采收到食用,要经过很多道环节和较长的时间。在此过程中,稍有不慎就会造成损失浪费。为此,解决好产品的贮藏保鲜,对蔬菜的长途运销、商业化流通,亦属十分必要。

(二)贮藏保鲜应注意的事项

1. 产品质量对贮藏保鲜的要求　贮藏保鲜是手段,其目的是从库房中拿出质量合格的产品来供人们食用。为达到这一目的,在贮藏保鲜过程中,应保证蔬菜仍保持原有的风味、新鲜度、美丽的外观、适宜的口感、较高的营养价值,尽量减少重量损失,避免病虫害危害。

2. 贮藏保鲜过程中受损的原因　蔬菜采收后,到食用前的贮藏保鲜阶段,造成损失的原因很多。主要有如下几项。

(1)动物、昆虫危害　在贮运过程中,易遭老鼠的啃食,一些田间和仓库害虫也会危害,致使蔬菜降低品质,甚至失去商品价值。

(2)微生物侵染　侵染蔬菜的微生物主要是真菌和细菌。有些微生物是从田间带来的,如疫病、菌核病、炭疽病等。有些是在贮藏期间发病的,如一些霉菌。由于微生物的浸染,致使蔬菜长霉、腐烂、发臭,而降低食用价值。

(3)机械损伤　初采收的蔬菜,表皮脆嫩,在装卸、运输过程中,极易受外力而发生碎裂、擦伤、刺伤等。受伤害的产品不能成为合格的商品,在贮藏中易受病菌侵染而腐烂。

（4）生理生化作用　蔬菜收获后,其营养源被切断了,但蔬菜内细胞仍是有生命的,仍在进行着呼吸作用和其他一系列的生命活动。这些生命活动中较重要的介绍如下。

呼吸作用:这是新陈代谢的主导过程。呼吸作用的进行,标志着蔬菜的生命仍然存在,仍然具有抗病力和商品价值。正常的呼吸作用有2种类型:有氧呼吸与无氧呼吸。有氧呼吸从体外吸收空气中的氧气,消耗体内的有机物,产生维持生命的能量,放出二氧化碳。无氧呼吸是在外界缺乏氧气的条件下,消耗体内大量的有机物,产生能量,还会形成乙醛、乙醇等有害物质。呼吸作用是必须维持的,特别是应维持有氧呼吸。但呼吸作用在消耗着产品的营养物质,这是贮藏期间产品失重、损耗、食用价值降低的主要原因之一。因此,在贮藏过程中,应尽量降低呼吸作用。

后熟作用:在贮藏过程中,还存在顶端优势和种子后熟作用,很多果菜内的养分仍不断由瓜柄部向顶端及种子中输送。不太成熟的黄瓜种子在后熟作用中,可以继续发育成熟。在此过程中,产品本身的代谢会放出微量的乙烯气体,这些乙烯气体更加速了果菜的后熟作用。伴之而来的是,果肉中的淀粉大量转化为糖,果肉的含糖量更加高了,硬度下降了。过度的后熟,会使果肉变得面软,风味低劣。所以,长期贮藏的果实,应减缓后熟作用。

蒸发作用:初采收的蔬菜含水量一般在90%左右。采收后水分得不到补充,而蒸发作用依旧。这致使产品失水,细胞膨压下降,组织形态萎蔫,失去新鲜饱满状态和脆嫩的品质。

上述生理生化作用,均影响蔬菜的贮藏保鲜,因此应采取措施降低生命活动强度。

3. 采收前的诸多因素对贮藏效果的影响

（1）品种　不同的品种,耐贮性有很大差异。一般早熟品种的果菜不耐贮藏,中晚熟品种较耐贮藏。

（2）田间管理　蔬菜生长发育期适当施氮肥,特别是果实膨大期不施氮肥,增施磷、钾肥,不但可提高很多果菜的品质,还可提高耐贮性。生育期适当灌水,有利于提高耐贮性。如灌水后不到7~10天即采收,则很多果菜的含水量高,耐贮性大大下降。

田间及时防治病虫害,采收的蔬菜带病虫就少,可以减少贮藏期间病菌感染的机会及害虫危害的机会,这样也有利于贮藏。

(3)成熟度　果菜采收时,八成熟的比十成熟的耐贮藏。

(4)晒瓜　厚皮甜瓜采收后,在田间单层排放,晾晒2~3天,可使表皮干燥,减少搬运、装卸时造成机械损伤;并能促进伤口愈合,避免或减少病菌侵染的机会,这样有利于贮藏。但是,过长时间的晒瓜,则失水、腐烂严重,不利于贮藏。

(三)贮藏期要求的环境条件

蔬菜在贮藏期,应给予适宜的环境条件,抑制不利于贮藏的生理生化活动和蒸发的速度,延长贮藏期。在贮藏期的环境条件中,较重要的有如下几项。

1.温度　温度条件是蔬菜贮藏期长短的重要环境条件。若贮藏期温度过高,则病害可继续发展,造成损失。温度过高,如黄瓜、厚皮甜瓜在17℃~20℃时,呼吸作用加强,代谢活动旺盛,营养物质消耗增多,果肉迅速变软,后熟和腐烂加快。不同蔬菜适宜的贮藏温度各有不同。若黄瓜贮藏期温度过低,如在3℃以下时,则出现冷害。在果皮上会出现水浸状暗色斑块,继而变成褐色或棕色,以后斑上滋生病菌,降低商品价值。若温度在0℃以下,则果实结冻,化冻后失去商品价值。不同的品种要求的贮藏温度不同。一般厚皮甜瓜晚熟品种最适贮藏温度为2℃~3℃,低于2℃,则出现冷害;中、早熟品种对低温敏感,在3℃以下即受冷害,贮藏适温为5℃~7℃。

2.湿度　不同的蔬菜要求的湿度不同。黄瓜贮藏适宜的空气相对湿度为80%~85%。

3. 气体 黄瓜、厚皮甜瓜贮藏期间,适宜的氧气含量为$3\%\sim$$8\%$,二氧化碳含量为$0.5\%\sim2\%$。在这种条件下,果实的呼吸作用最弱,有明显延长贮藏期的作用。不同的蔬菜要求的气体环境不同,在适宜条件下,蔬菜腐烂少,色泽好,新鲜,可大大延长贮藏期。

在贮藏期,果实放出少量乙烯气体。乙烯的积累,可加速果实的后熟作用,缩短贮藏时间。因此,应通过通风换气等措施,降低贮藏环境的乙烯含量。

(四)贮藏前的准备

蔬菜在贮藏前,应做好如下工作。

1. 贮藏库(窖)消毒 为减少贮藏期病虫害,在产品入库(窖)前,应进行库(窖)消毒。可按100米^{2}用1千克硫黄粉熏蒸消毒。

2. 田间处理 采收前15天,在田间喷洒5 000毫克/千克氯化钙液,或2 000毫克/千克丁酰肼,可提高厚皮甜瓜瓜皮厚壁细胞的强化程度,增加耐贮性。

3. 预冷 入库前,把蔬菜产品放在阴凉的地方使温度自然降至3℃~5℃,然后入库。防止入库初期产生高温,造成腐烂损失。

4. 药物消毒及水果涂料的应用 贮藏前,把厚皮甜瓜放入1 000毫克/千克硫菌灵或多菌灵液中,浸1~2分钟。风干后,用毛刷涂上水果涂料,如C₄虫胶涂料加水2倍液。过15~20分钟,表面干燥后再装箱入库。药剂浸瓜后,可消灭表面的病菌,减少贮藏期腐烂损失。涂上水果涂料后,可增加果皮的光泽,减少水分蒸发。

(五)贮藏方法

1. 常温贮藏窖 常温贮藏窖是民间应用较多的贮藏方式。贮藏窖的形式多种多样,有一般平房式窖、半地下窖、全地下窖等,

应用较多的是全地下窖。全地下窖的温度条件较均衡,冬季易保持适温。其建造方法是:在地下水位低、干燥和空气流通的地方,挖深 2 米、宽 2.5～3 米、长度不限的长方形坑,上覆梁、檩,顶上铺玉米秸秆,再覆土 50～60 厘米,覆土厚度以超过当地冻土层为度。窖顶设出入口、天窗,以便通风换气。半地下窖的入土深度较浅,一般为 1.5～1.8 米,窖上砌 0.3～1 米高的墙。其他同全地下式窖。

这种窖的贮藏温度和湿度,全靠通风调节,受外界环境条件制约较大,但贮藏成本较低。在秋季初入窖时,应注意通风降温;冬季应注意保温;春季应注意缓慢升温。

2. 通风窖　通风窖是在常温贮藏窖的基础上,加上完善的通风换气设备而成。由于利用电力等通风设备,故窖内散热、排湿效果较好。

3. 控制温度贮藏法　贮藏库是由钢筋、水泥、砖、石等建成的隔热、保温的建筑,库房要严密,外设人工冷却系统,使库内能保持一定的恒温。

蔬菜在贮藏库中,可放在搁板上,也可放入纸箱中,保持适宜的温湿度,可延长贮藏时间。

4. 减压贮藏法　将蔬菜放入塑料袋内,袋内放少量硅胶及亚硫酸氢钠以防腐烂。

5. 气调贮藏法　气调贮藏法是目前世界上较先进的贮藏技术。它是用自然方法或人工充气的方法,改变贮藏环境的气体条件,使氧的含量降低,二氧化碳含量提高,以抑制果实的呼吸作用,延长贮藏时间。

贮藏时,把蔬菜放入塑料袋中,袋内放少量氢氧化钙,以吸收果实放出的二氧化碳。在贮藏期,每周向塑料袋中充氮气 2～5 次,使氧气含量为 3%～8%,二氧化碳含量为 0.5%～2%。加上贮藏中适宜的温度条件,可使多种蔬菜在贮藏 4 个月后,仍保持良好的硬度、鲜度、光泽,很少腐烂。

由于定期充氮,需要较高的设备和成本,我国多采用塑料薄膜或硅窗袋密封贮藏法,也可起到部分调节气体成分的作用。方法是把黄瓜等果菜放入有硅窗袋的塑料袋内即可。硅窗对气体有选择性,可以把过多的二氧化碳及乙烯排出袋外,又能渗入少量的氧气。贮藏期间,蔬菜的呼吸作用产生的二氧化碳使袋内成为一个低氧含量、高二氧化碳环境,由于有硅窗的调节,保持了适于蔬菜的气体环境,从而延长了贮藏期。

第五章　主要蔬菜的保护地栽培技术

第一节　黄　瓜

一、特征特性

(一)形态特征

1. 根　黄瓜原产热带森林地区,气候温暖,水分充足,形成了浅根型的根系。主要根群在 30 厘米的耕层中,以表土下 5～25 厘米为最密集,根际半径约 30 厘米,最深可达 100 厘米。因此,黄瓜吸收水肥能力弱,要求肥沃而湿润的土壤条件。

黄瓜的根分为主根、侧根、须根和不定根。主根由胚根发育而来,垂直向下生长。主根上分生一级侧根,一级侧根上分生二级侧根,以及三级侧根。所有主、侧根上纤细部分分生的纤细根叫须根。幼苗的胚轴和茎上分生的根叫不定根。黄瓜的根系浅而少,且木栓化早,断根后不易发生新根。因此,育苗中不宜多次移栽,应适时早分苗、早定植。有条件时,尽量采用营养钵、营养土方、营养塑料袋育苗。

2. 茎　黄瓜的茎蔓生,无限生长型,属攀缘植物。栽培中需立支架,以支持其直立生长。茎的长短和分枝,因品种而异。一般早熟品种主蔓较短,长 2～3 米,分枝较少,以主蔓结瓜为主。而晚熟品种主蔓较长,可达 3～5 米,分枝较多。

黄瓜茎的粗细、颜色的深浅和刚毛强度是植株长势强弱和产量高低的标志之一。茎蔓细弱、刚毛不发达，则表明植株生长势衰弱，产量不会高；而茎蔓过分粗壮，属于营养过旺，亦影响结果降低产量。一般茎粗为 0.6～1.2 厘米、节间长 5～9 厘米为宜。茎粗由下向上渐细，节间渐长。

在第三片真叶展开后，每一叶腋均产生不分枝的卷须。栽培中，卷须无实际用途，浪费营养，可早摘除。

3. 叶 黄瓜的叶分为子叶和真叶。幼苗期先长出子叶，子叶肥大，呈长圆形或椭圆形，两侧对称生长。子叶储藏和制造的养分是秧苗早期主要的营养来源。子叶面积的大小、厚薄、色泽和存留时间的长短，与环境条件有直接关系，是幼苗生长强弱的重要标志，是诊断环境条件适宜与否的主要依据。

真叶为单叶互生，掌状五角形，表面生有刺毛和气孔，叶缘有缺刻。叶子的光合作用、呼吸作用、净同化率等与叶龄有很大关系。叶片未展开时呼吸作用旺盛，光合作用很弱。叶片展开净同化率逐渐增加。展开 10 天后，叶面积最大，净同化率最高，呼吸作用最低，称之为壮龄叶。壮龄叶可保持 1 个月时间。在栽培中，应创造适宜的条件，延长壮龄叶的寿命，以获高产。一般来说，越冬栽培的黄瓜单株，有 15～17 片叶子，其中由下而上第 7～12 片叶子是形成高效益产量的主要功能叶。保护好这一层叶子，至关重要。

4. 花 黄瓜基本上是雌雄同株异花，偶尔也有完全花株、雌性株和雄性株等类型，雌、雄花分化的早晚、多少及分布状态，因品种和环境条件不同而异。一般早熟品种在 3～4 节以上出现雌花，中晚熟品种在 7～10 节以上才出现雌花。当苗期温度较低时，第一个雌花发生的节位较低，反之就高。

黄瓜为虫媒花，凌晨开花，清晨最宜授粉。雌花可以不经授粉而结瓜，具有单性结实的特性。这种特性有利于在无昆虫传粉的保护地内栽培。但是在花期进行人工授粉,有利于提高产量。

5. 果实和种子　黄瓜的果实为假浆果,是由子房和花托一并发育而成的。黄瓜果实生长快慢与品种、环境条件、栽培水平等关系密切。在一天内,以 17～18 时生长最快,以后逐渐减慢,翌日凌晨 6 时基本停止。从发育期看,开花前以细胞分裂为主,开花后逐渐进入细胞膨大期。因此,前期生长量小,后期生长量大。尤其在采收前 3～5 天,瓜条膨大迅速,生长量可占整个果实重量的 50% 以上。后期果实的长短与开花时子房的长短呈正相关关系。因此,在子房开始长大,瓜把颜色变深,形态变粗时,正值细胞分裂向体积迅速膨大的转折点,应加强管理,促进果实迅速发育。

黄瓜开花后 8～18 天即达商品成熟时间。及时采摘有利于保证脆嫩的品质,且可防止因种子成熟消耗养分而降低产量。

黄瓜的种子为长椭圆形,扁平,黄白色。单瓜内含 100～300 粒种子,千粒重 22～42 克。从雌花受精至种子成熟 35～40 天。采收后的种子约有 2 个月的休眠期。种子寿命为 4～5 年,以 1～2 年为宜。

(二)生育周期

黄瓜的生长发育周期可分为发芽期、幼苗期、甩条期和结果期 4 个时期。

1. 发芽期　由种子萌动至第一片真叶出现为发芽期。发芽期种子吸水膨胀,胚根伸出,主根下扎,下胚轴伸长,子叶展平,至真叶团心,需 5～10 天。发芽期所需的养分基本上靠种子本身储藏的养分供给,为异养阶段。

2. 幼苗期　从第一片真叶展至第四片真叶展开,达到"团棵",需 30～40 天,为幼苗期。幼苗期黄瓜的生育特点是幼苗叶形成,主根伸长,侧根发生,苗顶端各器官分化形成。黄瓜幼苗期已分化了根、茎、叶、花等器官,为整个生长期的发展,尤其是产品产量的形成及产品质量的提高打下了组织结构的基础。所以,在栽培中创造适宜的条件,培育适龄壮苗是优质高产的关键。在温度、肥、水管理中,应本着"促"与"控"相结合的原则进行,以适应此期黄瓜营养生长为主、生殖生长为辅的需要。

3. 甩条期 从4~5片真叶开始,经历第一雌花开放,到根瓜坐住为止为甩条期,又称初花期,需20~25天。此期结束,株高一般可达1.2米左右,展叶12~13片。甩条期是以茎叶生长为主,其次是花芽继续分化,花数增加,由营养生长向生殖生长过渡。在栽培中,既要促使根系生长,活力增强,又要扩大叶面积,确保花芽数量和质量,保证坐瓜,防止落花。在甩条中后期适当控制水肥,适当抑制营养生长是管理上的关键措施。

4. 结果期 从根瓜坐住到拉秧为止为结果期。结果期因栽培形式和环境条件不同而异,夏、秋栽培黄瓜约40天左右,越冬栽培可长达120~150天。结果期黄瓜连续不断地开花结果,根系与主、侧蔓继续生长,营养生长与生殖生长同时进行,中后期以生殖生长为主。结果期的长短是产量高低关键所在,在栽培管理上应抓紧水、肥、温度、光照等管理措施,注意病虫害防治,尽量延长结果期,以提高产量。

(三)对环境条件的要求

1. 温度 黄瓜属喜温性蔬菜,既不耐寒又忌高温。生育温度范围为10℃~35℃,最适温度为18℃~32℃,尤以昼温25℃~32℃,夜温15℃~18℃时最佳。黄瓜不耐霜冻,致死低温为-2℃~0℃,如未经低温锻炼的植株,在2℃~3℃时就枯死,5℃~10℃时就有受冷害的可能。在土壤、空气潮湿的条件下,黄瓜有明显的耐热性。在35℃时同化和异化作用处于平衡状态。35℃以上呼吸作用消耗高于光合作用,40℃以上光合作用急剧衰退,生长停止。45℃下经历3小时茎叶虽不发生直接伤害,但以后叶色变淡,雄花落蕾,花粉发芽力低下,畸形果增多。50℃时持续1小时,呼吸停止,原生质体受伤害,但及时降温尚可恢复正常。60℃时,5～6分钟即枯死。

在不同的时期,黄瓜所需温度亦有差异。发芽期最适温度为20℃～25℃,最低15℃。幼苗期适宜的昼温为24℃～28℃,夜温为15℃。幼苗期温度过高,幼苗生长快,细弱,易徒长;幼苗期温度过低,生长慢,苗龄长,易形成老化、僵化苗。开花结果期与光合作用最适温度一致,昼温为25℃～32℃,夜温14℃。黄瓜生长发育还要求一定的昼夜温差,以10℃～17℃温差为宜,10℃最适宜。夜温稍低可减少呼吸作用消耗,防止徒长。但过低的夜温不利于养分的输送,故应适当。

黄瓜对地温的要求较严格。根系发育最低温度为8℃,最适宜温度为32℃,最高为38℃。黄瓜根毛发生的最低温度为12℃,最高为38℃。生育期间黄瓜的最适宜地温为20℃～25℃,最低为15℃左右。

2. 光照　黄瓜属短日照作物。但不同的类型因生态环境不同而有差异,大多数品种对日照长短要求不严格,成为日照中性植物,但8～11小时的短日照有促进花芽分化的作用。

黄瓜喜光,也耐弱光。黄瓜的光饱和点为5.5万～6万勒,光补偿点为1500勒,最适光照强度为2万～6万勒,1万勒以下则生长发育不良。由于黄瓜起源于热带森林地区,对散射光有一定的适应能力,较耐弱光,故在保护地内只要温度条件适宜,冬季亦可生产。夏季光照过强也不利于黄瓜生育。

在一天时间里,黄瓜的光合作用产量是不相同的,早晨日出后光合作用迅速增强,至中午12时前的光合作用产量占当天光合作用总产量的60%～70%。所以,应尽量改善早晨的光照条件,提高产量。

3. 湿度　黄瓜根系浅,叶面积大,吸收能力弱而蒸腾消耗水分多,因此喜湿、怕涝、不耐旱,对土壤湿度和空气湿度要求比较严格。黄瓜适宜的土壤湿度为土壤持水量的 $60\%\sim90\%$,苗期为 $60\%\sim70\%$,成株为 $80\%\sim90\%$。黄瓜永久性萎蔫点的土壤含水量明显高于其他蔬菜,所以必须经常浇水才能保证高产。但浇水过多又有造成土壤板结、冬春季降低地温、增加空气湿度、有利于病害发生的副作用,故浇水应因时因地减少次数,控制水量为宜。

黄瓜在不同生育阶段对水分的要求也不相同。幼苗期水分应适当,供水过多易发生徒长;过少易形成老化苗、僵化苗。初花期适当控制水分,以促进根系生长,抑制营养生长向生殖生长转化,为结果期打下基础。结果期应充足地供应水分,以保证果实发育和茎叶生长。

黄瓜对空气湿度的适应能力较强。适宜的空气相对湿度为 $70\%\sim80\%$,也可以耐受 $95\%\sim100\%$ 的空气相对湿度。但是空气湿度过大,易引起多种病害的发生,且会抑制蒸腾作用进行,降低根系对水分、养分的吸收,严重影响产量和品质。

4. 土壤营养 黄瓜根系喜湿又不耐涝,喜肥又不耐肥,因此应选富含有机质的肥沃土壤栽培。在黏质土壤中生长发育迟,根系发育不良。在沙质土壤里发根较旺,但易衰老,产量降低。黄瓜适宜中性偏酸的土壤,适宜的 pH 值为 $5.5\sim7.6$,以 pH 值 6.5 为最佳,pH 值 4.3 以下会枯死。

黄瓜吸收土壤营养物质的量为中等。一般每生产 1 000 千克果实需吸收氮 2.8 千克,五氧化二磷 0.9 千克,氧化钾 3.9 千克,氧化钙 3.1 千克,氧化镁 0.7 千克。对五大营养要素的吸收量以氧化钾为最多,氧化钙其次,再次是氮。

黄瓜不同的生育时期吸肥量和种类有很大差异。育苗期吸肥量很少,但需磷较多。盛果期吸肥量占整个生育期的 60% 以上。直至采收后期氮、钾、钙的吸收量仍呈增加趋势,而磷和镁在采收期吸收量变化不大。

5. 气体　根系的生理活动离不开氧气。土壤通气良好,氧气充足是根系生长发育的重要条件。黄瓜属于浅根系,有氧时呼吸旺盛,因而要求土壤透气性良好。土壤中含氧量以 15%~20% 为宜,2% 以下时生长不良。为此,应多施有机肥,改善土壤通透状态。在土壤板结或过湿的条件下,氧气不足,土壤呈还原状态,会形成多种有毒物质,影响根系活动,并导致病害的发生。

空气中二氧化碳含量直接关系到黄瓜光合作用的进行。黄瓜的光合强度随二氧化碳浓度的升高而增高,空气中二氧化碳的浓度为 300 微升/升,这个浓度远远不能满足黄瓜光合作用所需。试验表明,在相同条件下,将环境中二氧化碳浓度提高 1 倍,则植株光合能力可提高 4 倍左右。一般条件下,黄瓜的二氧化碳浓度饱和点为 1 000 微升/升,甚至更高。其补偿点为 64 微升/升,比一般蔬菜要高。所以,在温度条件允许的情况下,应通风引入外界的二氧化碳。

另外,在保护地内,肥料的分解,塑料薄膜物质的释放,人为的管理等,有时会积累氨、二氧化氮、二氧化硫、乙烯、氯等有毒气体。这些有毒气体会影响黄瓜的生长发育,严重时能使植株致死。在栽培中,应及时通风换气排除有毒气体的积累。

二、栽培品种

目前,保护地生产上应用的多是新育成的抗病、丰产、早熟、耐低温弱光等特性的品种。在选用品种时,应照顾销售地区人民不同的食用习惯。如北方人喜食顶花带刺的长条状黄瓜,南方人爱吃短棒状、无刺的黄瓜品种。下面介绍一些近年来科研单位育成的新品种。

(一)普通品种

1. 津春 4 号　天津市黄瓜研究所育成的杂交种。植株生长势中等,株型紧凑,主侧蔓均可结瓜。商品性好,较早熟,抗病力强,适于保护地春早熟、秋延后栽培。

2. 中农 21 号　中国农业科学院蔬菜花卉研究所育成的杂交种。植株生长势强,第一雌花着生在主蔓 4～6 节。瓜条长棒状,色深绿,白刺,刺密,瘤小。瓜条长 30～35 厘米,单瓜重 200 克。抗黑星病、细菌性角斑病、枯萎病等病害,耐低温、丰产性好,适于保护地等春早熟、秋延迟栽培。

3. 津春 5 号　天津市黄瓜研究所育成的杂交一代。生长势强,侧枝发达。早熟,抗霜霉病、白粉病、枯萎病,适于保护地春早熟、秋延迟栽培。

4. 中农 16 号　中国农业科学院蔬菜花卉研究所育成的杂交种。植株生长势强,主蔓结瓜,第一雌花在 3～4 节,结瓜集中。瓜条长棒形,色深绿,有光泽,瓜尾无黄条纹,刺瘤密,白刺,把短,瓜长 30 厘米,单瓜重 150～200 克。肉质脆嫩、味甜,品质好。早熟,抗霜霉病、白粉病、黑星病、枯萎病,适于保护地春早熟、秋延后栽培。

5. 农大秋 1 号(秋棚 1 号)　北京农业大学园艺系育成的杂交种。植株生长势强,第一雌花着生在 5～8 节上,结瓜性能好,可多条瓜同时生长,雌花率为 30％左右。瓜条长 30～35 厘米,单瓜重 300～400 克,瓜条顺直,果肉厚,皮色深绿,有光泽,果实头部无明显的黄线,瘤刺适中,质地脆嫩、味香甜,保鲜性强,品质较好。抗霜霉病、白粉病、炭疽病,耐枯萎病。苗期耐热、耐涝,后期耐低温弱光,丰产性强,适于保护地秋延迟栽培。

6. 津优 1 号　天津市黄瓜研究所育成的一代杂交种。植株生长势强,叶片深绿色。侧蔓较少,主蔓结瓜为主,第一雌花着生在 3～4 节,雌花节率 80％左右。瓜条长棒形,瓜长 36 厘米,单瓜重 200 克左右。瓜把短。皮色深绿,有光泽。瘤显著,密生白刺。果肉绿白色、质脆,品质优,商品性好。耐低温和弱光性能好,高抗霜霉病,抗枯萎病和白粉病,丰产性和稳产性好。早熟,播种至采收 60～70 天。适宜我国北方各地保护地春早熟,秋延迟栽培。

7. 北京 402　北京蔬菜研究中心育成的杂交一代。生长势强,节间适中,主侧蔓均可节瓜。第一雌花着生在主蔓 5 节。瓜长 35 厘米,绿色,有光泽,刺瘤明显,种腔小。抗霜霉病、白粉病、细菌性角斑病、病毒病。适于保护地春早熟,秋延迟栽培。

8. 中农 106 号　中国农业科学院蔬菜花卉研究所育成的杂交一代。中熟,主蔓结果为主,生长势强,早春栽培第一雌花始于主蔓 5 节以上。瓜码较密,瓜色深绿,腰瓜长 35 厘米左右,瓜粗 3.4 厘米左右,刺瘤密,白刺,瘤小,无棱,少纹,口感脆甜。瓜条商品率高,品质佳,丰产性好,每 667 米^2 产量可达 6 000 千克以上。抗霜霉病、白粉病、病毒病,耐热,适宜春、夏、秋露地栽培。

9. 津绿 4 号　天津市黄瓜研究所育成的露地一代杂种。植株生长势强,叶深绿色,以主蔓结瓜为主,第一雌花着生在 4 节左右,雌花率 35％左右。瓜条长棒形,长 35 厘米左右,单瓜重约 200 克。瓜把短,瓜皮深绿色,瘤显著,密生白刺,果肉绿白色、质脆、品质优,商品性好。早熟,从播种到采收约 60 天,采收期 60～70 天。每 667 米^2 产量 5 500 千克左右。耐热性强,在 34℃～36℃高温下生长正常。对枯萎病、霜霉病、白粉病的抗性强,适于春秋露地栽培。

10. 津优 36 号　天津科润黄瓜研究所育成的杂交一代。植株生长势强,叶片大,主蔓结瓜为主,瓜码密,回头瓜多,瓜条生长速度快。早熟,抗霜霉病、白粉病、枯萎病,耐低温弱光能力强。瓜条顺直,皮色深绿、有光泽,瓜把短,心腔小,刺瘤适中,腰瓜长 32 厘米左右,畸形瓜率低,单瓜重 200 克左右,适宜温室越冬茬及早春茬栽培。

(二)袖珍品种

目前流行的袖珍品种多为生食用,又称为水果黄瓜,面积发展很快。下列品种均适宜保护地的春早熟和秋延迟栽培。

1. 凤燕 台湾农友种苗公司育成的杂交种。茎蔓粗壮,生长势强。果实端正,果色淡绿,白刺。采收时果长 18～20 厘米,单果重 80～100 克,品质优良。早熟,产量较高。

2. 秀燕 台湾农友种苗公司育成的杂交种。早熟,植株生长旺盛。主蔓 2～3 节即着生雌花,有时一节可发生 2 朵雌花,并均能结果。分枝多,侧枝 1～2 节连续结果。果色鲜绿,果型端正,白刺,品质优良。果长 20～21 厘米,单果重 90～100 克。

3. 春燕 台湾农友种苗公司育成的杂交种。早熟,植株生长强健。主蔓雌花节成性强,有时一节可发生 2 花,故结果多而早,每株可采收 30 个以上。果型较直,白刺,单瓜重 100 克左右。抗病毒病、白粉病。

4. 荷兰小黄瓜 由荷兰引进的杂交一代种。植株生长旺盛。果实长 15～18 厘米,果皮浓绿色,有不明显的纵沟纹,无刺,味甜,脆嫩,品质佳,单瓜重 80 克左右。主蔓上 3～4 叶开始有雌花,可连续节节有雌花 1～5 个,并均能坐果。早熟,产量高。

5. 锦龙黄瓜 日本育成的品种。植株生长势旺。果实浓绿色,有稀少的白刺,瓜长 21～22 厘米,单瓜重 100 克,品质佳。

6. 飞龙黄瓜 日本育成的品种。植株生长势旺。果实浓绿色,有稀而大的白刺,瓜长 22 厘米左右,单瓜重 100 克左右。

7. 春秋节成黄瓜 日本育成品种。植株生长势旺。果实淡绿色,有大而稀的白刺,瓜长 22 厘米,单瓜重 90 克左右。

三、栽培技术

（一）栽培季节

黄瓜保护地栽培茬口按产品的供应期季节分类如下。

1. 秋延迟栽培 黄瓜的供应期从秋季早霜来临，露地黄瓜拉秧后，向后延迟一段时间的栽培方式。在华北、山东等地的播种期为 7 月底到 8 月底，黄瓜的上市期从 9 月中下旬直到 12 月下旬至翌年 1 月上旬。

2. 越冬栽培 黄瓜的生长期跨越整个冬季，元旦和春节时黄瓜可上市，这种方式称越冬栽培。华北、山东等地的播种期为 9 月下旬至 10 月上旬，从 12 月下旬一直上市供应到翌年 6 月份。

3. 春早熟栽培 黄瓜的供应期以春季为主。一般 1～2 月份播种育苗，3 月中下旬至 7 月初上市供应。

（二）越冬栽培技术

这种栽培方式需在日光温室中进行，不耗费其他能源，除了温室建造需要较大的投资外，生产成本较低。黄瓜的上市期正值元旦、春节，此期喜温蔬菜缺乏，售价高，经济效益十分可观。

1. 栽培设施及时间 华北及山东地区近年来多在 9 月中旬至 10 月上旬播种育苗，10 月上旬至 11 月中旬定植。一般于元旦前开始上市，春节前进入盛果期。

黄瓜是喜温作物，生育期间气温不应低于 8℃。能保证此温度条件的保护设施，在我国北方地区只有保温性能良好的日光温室，一般大棚、阳畦均不能保证温度。

2. 品种选择 越冬黄瓜栽培是在严冬季节，外界气温低、日照弱的季节进行生产，因此必须选用耐低温弱光的品种。此外，还需要品种具有抗病、丰产等特性,目前应用较多的是津优 3 号、津春 3 号、津优 36 号等品种。

3. 播种育苗

黄瓜秧苗目前很多地方用工厂化育苗,大部分还是自行育苗,下面把自行育苗的技术介绍如下。

(1)育苗床的设置 由于黄瓜秧苗的苗期在 10 月中下旬至 11 月上旬,外界气温较低,因此育苗床应在日光温室内建造。

育苗床分播种床和分苗床 2 种。播种床多用育苗盘或箱,内铺 3.5 厘米厚的河沙,亦可在平地做畦。播种床用于黄瓜和南瓜砧木的播种,嫁接后即定植于分苗床上。

分苗床是移栽嫁接苗的处所,苗床内放营养土厚 10～12 厘米。多数地区是把嫁接苗移入营养钵中,进行容器育苗,营养钵摆放在分苗床上。

(2)浸种、催芽 黄瓜种、砧木南瓜种均应浸种催芽。用 55℃ 的温水浸泡 15 分钟,再在 30℃ 温水中浸 4～6 小时,南瓜浸 6～8 小时,然后放在 28℃～30℃ 条件下催芽。黄瓜 24 小时,黑籽南瓜 30 小时左右,即开始发芽,芽长 2.4 毫米左右时播种。

(3)播种 在播种床上浇足透水,再把黄瓜或黑籽南瓜种子均匀撒在床面上,上覆细沙 1～1.5 厘米厚。进行插接的黑籽南瓜种可直接播种在营养钵或分苗床上。靠接时,两种种子均播在播种床上。

利用靠接法嫁接,黄瓜应比黑籽南瓜早播 3～5 天;用插接法嫁接,黄瓜应晚播 3～5 天。

(4)播种后至嫁接前的管理 播种后黄瓜和黑籽南瓜苗床白天的温度保持在 25℃～30℃,夜间 18℃～20℃,约 3 天即可出土。待 70%～80% 的种芽出土后,苗床的温度逐渐降低至白天 22℃～26℃,夜间 15℃～18℃,以防止幼苗徒长。幼苗生长期每 1～2 天浇水 1 次。

一般条件下,黄瓜播种 13～14 天,子叶展平,第一片真叶破心为嫁接适期苗龄。利用插接法要在黑籽南瓜第一片真叶展平时进行;利用靠接法要在黑籽南瓜第一片真叶半展开时进行。

(5)嫁接 为了防止枯萎病的发生,最有效、省工的措施是利用嫁接育苗。常用的砧木为黑籽南瓜,嫁接的方法有插接和靠接等。

①舌形靠接 黄瓜舌形靠接法方法如下:黄瓜应比砧木提早 2～3 天播种。黄瓜播种后 10～12 天进行嫁接。此时黄瓜的第一片真叶开始展开,南瓜的子叶完全张开,二者的高度都为 5～7 厘米。嫁接前 2～3 天内,将育苗温室中的温度降低 2℃～3℃,促使秧苗生长粗壮。嫁接时把秧苗分别从育苗盘中挖出,在黄瓜子叶下 1 厘米左右处,朝第一片真叶的方向,向上呈 15°～20°角斜切一刀,深达胚轴直径的 2/3 处。然后除去南瓜苗的生长点,在南瓜子叶的下方 1 厘米左右处,向下呈 20°～30°角斜切一刀,深达胚轴直径的 2/3 处,切口长达 5～7 毫米。将黄瓜和南瓜的切口相互接合好用夹子固定,或用塑料带等绑缚,并把两株苗栽入同一营养钵或育苗畦中。嫁接苗的接口应离地面稍高些,以防止离地面太近时黄瓜长出不定根,或病菌从伤口处侵入,使嫁接苗失去应用价值。

②插接法 南瓜的播种期比黄瓜提早 5～7 天。在黄瓜播种后 7～8 天,幼苗的子叶展平,南瓜的第一片真叶微露,开始嫁接。嫁接时,除去南瓜的生长点,用一根削尖、光滑的竹签从南瓜子叶基部的一侧向胚轴中斜插成 0.5～0.7 厘米深的洞。把黄瓜苗从子叶的下方斜切一刀,将苗切下,切面长 0.5～0.7 厘米。然后把黄瓜苗插入南瓜苗的小洞中,使黄瓜和南瓜切口密切接合,并使黄瓜与南瓜的子叶着生的方向呈交叉十字形。南瓜苗可用坐地苗。嫁接后 2～3 天内苗床应保持高湿状态,床温白天应保持 25℃～30℃,夜温 23℃,中午适当遮阴。10 天后,秧苗的接口处愈合,可进行一般管理。1 个月后可定植。

(6)嫁接后的管理 嫁接后立即置于高温、高湿的环境中,床温保持 25℃ 左右。插接法接后中午适当遮阴,10 天后黄瓜成活,可转入一般管理。靠接法在接后 10 天,在接口上端剪断南瓜的胚轴,在接口下端剪断黄瓜的胚轴,并在中午进行遮阴。数天后转入正常管理。

①温度管理 嫁接苗成活后,白天保持 20℃～25℃,夜间15℃～18℃。定植前 7～10 天,应进行低温锻炼。使育苗畦内温度与定植田块的温度尽量相同,以提高黄瓜秧苗的适应能力和成活率。一般白天 15℃～20℃,夜间 12℃～14℃。

②光照管理 黄瓜属短日照作物,光照强度和光照时间对黄瓜幼苗雌雄花形成的比例有很大的影响。在黄瓜的 2 叶期,幼苗的花芽分化到 10 节,雌雄花尚未定。此期给予 8～30 小时较强的短日照,夜间控制适当的低温,有利于雌花的形成和节位的降低。在苗床管理中,应早揭、晚盖草苫,延长光照时间,在苗床北侧张挂镀铝反光膜,以增加光照强度。在连续阴雨天,应采用人工补光措施。

③湿度管理 黄瓜苗期应经常保持土壤湿润,一般 5～7 天灌1 次水,以保持土壤湿润为度。切忌用控制浇水的办法抑制秧苗的徒长。但是浇水也不可过多,否则有降低地温、诱发病害的副作用。浇水时,要在晴天上午进行,浇水后立即通风排湿,降低空气湿度。

(7)壮苗形态 越冬栽培的黄瓜秧苗以 35 天苗龄为佳。幼苗3～4 叶 1 心,苗高 10～13 厘米。叶片厚,叶色深绿,茎粗、节间短,子叶完好。具有上述形态的秧苗为壮苗。达到壮苗标准即应进行定植。

(8)工厂化育苗 目前很多地方利用工厂化育苗,育苗容器为育苗盘,育苗盘的单苗株行距为 3 厘米×3 厘米。基质为草炭、蛭石和少量的复合肥及杀菌剂。种子不浸种,干籽直播。苗龄 20 天左右,2叶1心。工厂化育苗的优点是省工,幼苗没有土传病害。但是苗龄小,定植后采收期稍延后。

4. 定　植

(1)定植前的准备　日光温室在定植前15～20天要扣严塑料薄膜,夜间加盖草苫,尽量提高温室内的地温和气温。

定植前1周灌大水造墒,以减少定植后寒冬浇水的次数,防止降低地温和增加空气湿度。待地面见干后,每公顷施150 000千克腐熟有机肥或300～400千克商品有机肥,并混入硝酸磷型复合肥600千克,深翻整平,做成1米宽的平畦。

(2)定植方法　越冬黄瓜的定植期在山东省为10月下旬至11月上旬,定植时要求土壤10厘米深处的地温在12℃以上,选择晴天的上午进行定植。

定植的株行距一般为:大行距75～80厘米,小行距50厘米,平均行距65厘米,株距25～26厘米。每公顷保苗60 000～96 000株。定植后浇定植水。水渗下后封穴,并把每行培成10厘米高的垄。

5. 冬季的管理

(1)温度调节　越冬黄瓜定植后,已入冬季,应立即扣严塑料薄膜,夜间加盖草苫提高温室内的温度。使白天在25℃～30℃,夜间15℃～18℃。在5～7天缓苗后,适当降低温室内的温度。晴天白天23℃～25℃,夜间10℃～12℃。阴天光照不足时,白天20℃左右,夜间8℃～10℃。尽量保持昼夜温差在8℃以上。在晴天当阳光照到温室棚面时,即应揭开草苫,下午4～5时,当室内气温降到18℃～20℃时及时覆盖草苫。上午室温超过30℃,应立即通小风,一方面降温排湿,一方面空气流通补充二氧化碳。

在12月中下旬至翌年1月中下旬经常有寒流侵袭,温室内应采取措施保持温度,防止夜间最低温度降至5℃以下,以免黄瓜发生冷害。草苫应晚揭早盖,尽量不通风。如果室内连续在5℃以下时,应采用电炉等加温设施,以防冷害、冻害的发生。

(2)光照调节 冬季光照本来就不强,加上温室覆盖物、骨架等遮阴,温室内光照更感不足。因此,增加光照对黄瓜丰产有明显的作用。增加温室的光照有如下措施:早揭、晚盖草苫延长光照时间;清洁塑料薄膜;把温室的内墙全部刷白,或在墙上张挂镀铝反光幕,把照在墙上的阳光反射到后排黄瓜植株上等,以此增加光照强度;有电力条件的地方,应安设生物效应灯,进行人工补光。

(3)水肥管理 黄瓜定植后 3~5 天,可再浇 1 次缓苗水。缓苗后,可追施 1 次化肥,可每 667 米² 用硝酸磷钾肥 15 千克。

深冬季节以前一定要控制水肥,防止植株生长过于旺盛而降低抗寒力。一般情况下,12 月份至翌年 1 月底不追肥。如有缺肥现象,可结合喷药根外追施 0.2% 磷酸二氢钾 2~3 次。一般也不浇水,防止降低地温和增加空气湿度诱发病害。如土壤干旱,可选"暖头寒尾"的晴天上午开沟浇小水。浇水后下午早盖草苫,翌日应通风,加强排湿。为防病害流行,灌水前可先喷防治病害的农药。

(4)支架、绑蔓 黄瓜一甩蔓即应支架、绑蔓,目前多用塑料扁丝作支架材料。黄瓜上架时,只需把瓜蔓缠绕在扁丝上即可。在绑蔓时,可采用"之"字形绑蔓,或"S"形绑蔓,以抑制植株过旺生长。为节省养分,应及时打掉下部的老叶、黄叶,去掉雄花、卷须。

(5)保花保果、提高抗寒力 12 月份,当植株生长过旺时,可喷 100 毫克/千克乙烯利溶液 1 次。乙烯利有抑制植株过旺生长、促进雌花发生的作用,喷施后有明显的早熟、高产效果。当温室内 11~12 月份温度过高,植株生长过旺,节间太长,生长细弱有徒长迹象时,喷 200 毫克/千克矮壮素溶液,可抑制徒长,防止化瓜,促进瓜条生长。在结瓜期用 100 毫克/千克赤霉素溶液喷花,可促进瓜条生长,并能防止低温化瓜。

在结瓜期,时值寒冬,温室内没有昆虫传粉,应进行人工授粉。

授粉应在每天上午 8～9 时进行,采集雄花,逐一为雌花授粉。

(6) 采收 山东地区越冬栽培黄瓜的采收始期一般在 12 月中下旬。冬季黄瓜的价格十分昂贵,适当早收,经济效益较高。根瓜应早收,以防坠秧。其他瓜条也应在有商品价值时及时采收,春节前瓜条在 20 厘米以上的均可采收上市。采收一般在早晨黄瓜脆嫩时进行,初期每 2～3 天采收 1 次,结瓜盛期每 1～2 天采收 1 次。

6. 春季的管理 2 月份以后,天气渐渐温暖,越冬黄瓜开始旺盛生长发育。此期华北地区天气尚不稳定,在管理中,不仅要注意防寒防冻,还要注意通风降温,防止温度过高。此期黄瓜生长很快,抗寒力下降,如遇强寒流侵袭,冷害、冻害的危害更为严重。所以,同冬季一样,时刻注意天气预报,采取保温措施预防冻害、冷害的发生。在晴天的中午,室内经常出现 40℃ 以上的高温,稍不注意即发生高温灼伤。因此,也应注意及时通风降温。此期白天保持 28℃,30℃ 即通风,夜间保持 10℃～15℃。

此期黄瓜生长量很大,需水量也很大,加上温度高,蒸发量大,需要大量浇水。前期每 5～7 天浇 1 次水,后期每 1～2 天浇 1 次水。浇水应在晴天早上进行。浇水的原则是以保持土壤湿润为度,忌大水漫灌。

在结瓜盛期要增加追肥次数。一般每 10～15 天追施 1 次肥。前期可追施 1 次腐熟有机肥,每公顷为 7 500 千克。以后只追施硝酸磷型复合肥,每公顷为 225～300 千克。追肥后及时浇水。

结瓜盛期应及时整枝、绑蔓。茎蔓每伸长 30 厘米,即绑缚 1 次。利用"S"形绑蔓,使龙头高度一致。当瓜蔓长到架顶时及时摘心,促使侧蔓发生。侧蔓长出雌花后,在花前留 2 片叶摘心。蔓下部的黄叶、老叶、病叶应及时摘除,以利于通风透光。

结瓜盛期有足量旺盛的叶片是丰产的保证。为延缓叶片衰老,可增施磷肥。在 2～3 月份每 3～5 天进行 1 次根外追肥,追肥可用 0.2%磷酸二氢钾或 0.1%尿素液喷布叶面。

春季病虫害严重,应及早防治。

春季黄瓜的价格是越提前越高,因此应及早采收上市。及时采收对下一个瓜的生长也有利。初期 2～3 天采收 1 次,盛期可天天采收。采收应在清晨空气湿润、黄瓜脆嫩时进行。在北方市场上,以顶花带刺的黄瓜较受欢迎。

(三)春早熟栽培技术

黄瓜春早熟栽培模式在保护地栽培中发展应用较早。由于黄瓜生育前期较耐低温弱光,后期需要高温、强光照,这一特性与春早熟保护地内的环境条件基本吻合,所以黄瓜春早熟栽培表现出明显的早熟、丰产优势来。加上所需的保护地建造成本低,效益高,故而在周年生产中占有重要的一席。

1. 栽培设施及时间 凡具有保温效果,而寒冬又不能维持最低温度在 8℃以上的保护地,均可用来作黄瓜的春早熟栽培,一般多用塑料大棚。

春早熟栽培的栽培时间因当地的气候条件和所利用大棚的保温性能而异。在华北地区保温性能好、有草苫等覆盖物的大棚一般于 1 月上中旬播种育苗,2 月中下旬定植,3 月中下旬开始采收上市。利用保温性能差,没有草苫覆盖的大棚时,于 2 月上中旬在日光温室内育苗,3 月中下旬定植,4 月中下旬开始采收。春早熟栽培一般于 7 月上中旬拉秧结束。在高纬度地区,播种期可稍延后。

2. 品种选择 春早熟栽培中,黄瓜生长的前半期时值早春,外界气温低,光照偏弱,因此应选用耐低温弱光、适应性强、早熟、丰产、抗病的品种。目前,应用较多的是津杂 1 号、津杂 2 号、中农 5 号、津优 1 号、北京 402、农大 14 号等。

3. 育苗 由于黄瓜秧苗的苗期在 2 月份,外界气温较低,因此育苗床应在日光温室内建造。育苗方法同越冬栽培。

　　移栽前壮苗的标准是：苗龄 35～45 天（电热温床育苗为 35 天，冷床为 40～45 天），子叶绿色，厚实肥大，叶缘稍向上卷，向斜上方向生长。秧苗矮壮，高 10～13 厘米，节间短，茎粗 0.5 厘米左右。茎节不是直立生长，而是略带"之"字形弯曲生长。茎棱角明显。幼苗 3～4 叶 1 心。叶片水平方向伸展，肥厚，叶色浓绿，无病虫害。

　　4. 定　植

　　(1)定植期　春早熟栽培黄瓜的定植期因利用的保护地保温性能及当地的气候条件而异。当保护地内 10 厘米深处的地温稳定在 10℃以上，夜间气温在 5℃以上时，方可定植。华北地区从 2 月中下旬至 3 月中下旬均可定植。定植应选暖头寒尾的晴天进行，争取定植后有数日的晴天，使设施内有较高的温度、光照，以利缓苗。定植在上午进行完毕，下午闭棚膜提高温度。

　　(2)定植前的准备　春早熟栽培黄瓜定植前，应在秋深翻的基础上，再进行 20 厘米以上春翻。每公顷施腐熟的有机肥 75 000～105 000 千克或商品有机肥 300～400 千克。

　　定植前 15～20 天扣严棚膜，夜间加盖草苫，尽量提高设施内的温度。翻地、耙平后做成 1～1.2 米宽的平畦。

　　(3)定植方法　春早熟栽培中，密度以每公顷 60 000 株为宜。单行栽植株行距是 17 厘米×100 厘米；双行栽植是：宽行行距 100 厘米，窄行行距 40 厘米，株距 20 厘米。定植时，挖 10～13 厘米深的穴，把秧苗放入，埋少许土稳住土坨，然后浇定植水。水渗下后封穴，把每行培成 10 厘米高的垄。定植后立即覆盖地膜，并用湿土封严膜孔。

5. 田间管理

(1)缓苗期管理 定植后当天即在畦上插上小拱棚,扣上二层膜,尽量提高温度。定植 7 天内,白天不超过 38℃不用放风,保持白天 30℃～35℃,夜间 15℃,地温可高于气温 2℃左右。

(2)根瓜采收前的管理 缓苗后到根瓜采收前为初花期。此期以促进根系发育,控制地上部徒长,为结果打下基础的管理为主。此期的甩蔓期是植株由营养生长转向生殖生长的转化时期。如果水肥过多,温度过高,极易造成徒长、枝叶茂盛、根瓜化瓜,降低早熟性;如果控制水肥过度,加上低温条件,就会促进生殖生长,严重抑制营养生长,形成瓜打顶现象。在管理中应调整营养生长和结瓜的关系。

定植 7～10 天开始松土,至结瓜前中耕松土 2～3 次,以提高地温,促进根系发育。保护地内的温度适当降低至白天 25℃～30℃,超过 30℃ 即放风,午后棚温降至 2℃ 即闭风,夜间保持 15℃。

定植后浇水宜少且小。如定植期较早,外界气温低,土壤蒸发量小,定植水充足的情况下,缓苗后可不浇水,以中耕松土保墒为主。反之,可开小沟浇小水,待表土稍干,立即中耕松土,进行蹲苗。蹲苗期不浇水,不追肥,促进根系向下生长,控制茎叶生长,以利开花坐瓜。

待根瓜坐住开始发育后,蹲苗结束。此期植株耗水量渐大,应及时浇 1 次水。结合浇水,每公顷施腐熟的人粪尿 7 500～19 500 千克或硝酸磷型复合肥 225～300 千克。

瓜蔓开始伸长,蔓长 25～30 厘米时,即插架绑蔓。

绑蔓的同时,要随时掐去卷须,摘除雄花,摘除 10 叶以下的侧蔓,以集中养分长好主蔓,促进结瓜。

在 3 月份华北地区气温变化无常,除注意低温冻害外,还应防止晴天中午 40℃以上的高温造成灼伤。中午一定进行通风降温。

(3) **结瓜期管理**　从根瓜开始采收至拉秧为结瓜期。华北地区约在 4 月份以后,此期外界气温日渐升高,可逐渐撤除草苫等保温覆盖物。当外界白天气温在 25℃ 以上时,掀开塑料薄膜进行大通风。一般在 4 月至 5 月上中旬,外界温度略低于黄瓜的生理要求,只要合理地掀盖塑料薄膜,可以很容易地使保护地内的温度保持在白天 30℃ 左右,夜间 18℃～20℃。此期黄瓜生长旺盛,产量很高。5 月中下旬后,当外界白天气温在 23℃ 以上、夜间稳定在 18℃ 以上时,即可撤除塑料薄膜,转入露地栽培。

黄瓜盛瓜期前期既长秧又结瓜,相互争夺养分,须及时进行调节,平衡植株生长与结瓜的关系。调节植株生长的重要措施是整枝、绑蔓。当植株叶片过大,龙头肥大向上,开始化瓜时,表明生长过旺,绑蔓时将蔓向下压,使秧蔓近水平伸长,抑制生长。当瓜条过多,龙头变小,生长势减弱时,要直立绑蔓,促进生长。当主茎长到距棚顶 30 厘米左右时,要及时打顶,促进下部发生侧枝,多结回头瓜。侧蔓结瓜时,每蔓只留 1 个瓜,瓜前留 2 叶摘心。

后期瓜叶密集,影响通风透光。可将 45 天以上叶龄的老叶、黄叶、病叶打去,改善光照条件,防止病虫害的发生。打老叶时,一次只可打去 1～2 片,陆续进行,不可贪多,削弱植株生长势。

结瓜盛期可在植株根部培土,促进不定根发生。此时不宜松土,以免伤根。

结瓜盛期前期每 3～5 天浇 1 次水,后期需水量大,气温高,蒸发量也大,一般 1～2 天浇 1 次水。总之,结瓜盛期应保持土壤湿润,土壤相对含水量在 80％～85％ 为宜。浇水应注意时间,初春时,阴天、下午、晚上及温度正高的中午前后不宜浇水,应在晴天上午灌水。夏季,气温高时,可在早晨或傍晚浇水。浇水需在采瓜前进行,采瓜后浇水容易把一些尚未坐住的瓜顶掉。采前浇水还有促进黄瓜增重和鲜嫩的作用。

及时进行人工授粉,有利于提高坐瓜率和增产。

结瓜盛期需要大量的肥料供应,才能保证高产的需要。从根瓜坐住后每 10～15 天追 1 次肥。前 2～3 次追肥,可随水冲施腐熟的人粪尿,每次每公顷 7 500～10 500 千克。后期可随水冲施硝酸磷型复合肥,每次每公顷 225～300 千克。有条件时根外追施 0.2%磷酸二氢钾或 0.1%尿素 3～4 次。追肥时应观察植株的形态,如果瓜秧瘦小、龙头小、顶叶色淡黄、卷须细、瓜条生长慢、叶薄而色浅,则表明缺肥,应及时追肥。如果龙头墨绿色,叶片发皱,叶片烧条,根系黄褐色,表明肥料过多、过浓,不仅不能追肥,还应及时灌水,降低土壤溶液浓度。

(4)结瓜延后期管理 进入结瓜后期,植株接近衰老。此时已在 6 月份,天气温暖,可逐步做到昼夜放风,陆续撤除塑料薄膜。在温度很高的地区,可保留塑料薄膜,保护地四周大通风,利用薄膜进行遮阴遮雨栽培。

结瓜后期的管理有下面 2 种不同的方式。

第一,在露地黄瓜大量上市,春早熟黄瓜失去竞争力的情况下,宜迅速拉秧腾地。在管理上要适当少浇水,控制茎叶生长,促使养分回流发生新根和雌花的形成,多结回头瓜。追肥应以钾肥为主,适当补氮。6 月中下旬拉秧。

第二,市场上黄瓜价格较高,春早熟黄瓜上市仍有可观的经济效益时,还应加强管理,尽量提高后期产量。同结瓜盛期一样进行浇水追肥,增施氮肥。为了增加叶面营养,减轻霜霉病,可经常根外追肥,喷 0.2%磷酸二氢钾加 0.1%尿素,再加入 1%蔗糖。采用 1 次深中耕施肥法,促进根系更新。在秧蔓基部空棵后,可采用缩秧法,即解除绑缚物,把下部空秧埋入土中,使其产生不定根,促使植株重新生长结果。也可在植株中部留出 1 个侧蔓,后期摘除主蔓,用侧蔓代替主蔓结瓜。采取上述措施后,可使植株出现后期的结果盛期,直至 7 月下旬拉秧。

6. 采收 在春早熟栽培中,采收上市越早,价格越高,因此应适期早收。采收均应在早上进行,不仅夜间瓜条增重较快,而且早晨湿度大,可保持瓜条鲜嫩状态。结瓜盛期应天天采收。

(四)秋延迟栽培技术

黄瓜秋延迟栽培是夏秋播种,秋末冬初供应市场的一种栽培方式,它的产品上市期在露地霜后拉秧至元旦春节或稍后的一段时间里。这种栽培方式解决了初冬蔬菜供应淡季,填补了露地黄瓜拉秧至越冬栽培于新年上市之间的供应空白,是周年供应的重要环节,且经济效益较高,在黄瓜保护地栽培中占有一定地位。在秋延迟栽培中,生长前期,外界的光照、温度等条件均较适宜,但到了结果盛期,温度逐渐下降,光照逐渐变弱,环境条件越差,很不适于黄瓜生长发育,产量也不高。但是,由于它所需要的设施较简单,成本低,加上较高的经济效益,所以仍备受菜农的青睐。

1. 栽培设施及时间　秋延迟栽培黄瓜的经济效益不如越冬栽培高,所以保温性能良好的保护地设施均进行越冬栽培。秋延迟栽培的上市期至 12 月底,最迟至翌年 1 月中旬。因此,用于秋延迟栽培的保护地设施一般是保温性能稍差的大棚,或没有草苫覆盖的简易温室。保温性能强的设施可以延迟栽培时间长一些,反之则短一些。

黄瓜秋延迟栽培的时间因各地气候、利用的保护地设施的性能而异。在华北地区,利用保温性能好的大棚时,一般于 8 月下旬至 9 月初播种育苗,10 月下旬进入盛果期,12 月下旬至翌年 1 月上旬拉秧。利用没有草苫覆盖的大棚时,7 月下旬至 8 月上旬播种育苗,10 月上旬进入盛果期,11 月下旬至 12 月上旬拉秧。在高纬度地区上述播种期可适当提前一些。

秋延迟栽培播种期总的原则是:其产量高峰期应避开露地秋黄瓜的产量高峰期,播种期应比露地秋黄瓜延后 20 天以上为宜。播种过早则价格低,经济效益下降。播种期应比越冬栽培提早

25～35 天,否则就变成了越冬栽培,其结果是保护地内温度已太低,而结果高峰尚未至,产量大受影响。

2. 栽培品种　黄瓜秋延迟栽培中,前期温度高,后期温度低,所以选用的品种要耐热、抗寒、生长势强、抗病力强。秋冬季市场规律,一般是上市越晚,经济效益越高,所以中后期产量高的品种才能取得较高的经济效益。后期采收的产品如能短期贮藏保鲜,延长供应时间,则价格更高,所以要求品种有一定的耐贮性。当然,根据市场要求的外观形态选用品种也是非常必要的。注意根据上述要求选用品种。

3. 播种育苗　秋延迟栽培黄瓜的播种方式有 2 种:一是直播法。这种方法由于不移栽不伤根,根部病害较轻,秧苗生长良好,长势较强。缺点是用种量较大,苗期管理难度大。如果设施温度高,秧苗易发生徒长,根量也较少。二是育苗移栽法。育苗移栽时秧苗集中,便于集中管理和进行遮雨、遮阴,秧苗健壮,根系发达,节省用种。缺点是移栽时伤根,易诱发茎基腐病等病害。

(1)直播法　播种前浸种催芽,方法同春早熟栽培。栽培地深翻,每公顷施腐熟有机肥 45 000～75 000 千克后耙平,做成 1～1.2 米宽的平畦,或 60～70 厘米宽的小高畦。按 50～60 厘米的行距开 3 厘米深、5～6 厘米宽的小沟,引小水灌沟,然后把已发芽的种子点播。每 9～10 厘米点播 1 粒种子,播后覆土 1.5 厘米厚,约 3 天后出苗。如果墒情不足,出苗前要灌水促苗。苗出齐后,长至 2 片真叶时定苗。

(2)育苗移栽　育苗畦可建在塑料保护地内,利用原来的旧塑料薄膜遮雨、遮阴,以降低苗床温度和光照强度,并防止大雨拍苗。如在露地育苗,应在苗床上搭建小拱棚,上扣旧塑料薄膜,或覆盖遮阳网,以遮光、挡雨、降温,防止病毒病等病害的流行。

育苗畦每公顷施腐熟的有机肥 30 000 千克,浅翻 15 厘米,耙平,做成宽 1～1.2 米的平畦。

芽出后,苗床灌足水,水渗下后,用长刀按 10 厘米×10 厘米的株行距划成方块。后在每方块中央点播 1 粒种子,上覆细土 2 厘米。

在老菜区,一般用营养钵育苗。也有的地方用沙盘育成黄瓜子叶苗,然后按株行距定植在大田里。

(3) 苗期管理 秋延迟栽培育苗期正值初秋高温多雨季节,在管理中应注意适当降温,降低光照强度,保持湿度,防止大雨拍苗,中耕除草,防止徒长等。通过塑料薄膜或遮阳网遮光降温,可使光照强度减弱 50% 左右。育苗畦四周应大通风,勤灌水。灌水应在早、晚进行,以勤灌少量为原则,保持土壤湿润。每 5~7 天中耕除草 1 次,既保持土壤疏松,又及时消灭杂草。在幼苗 1.5~2 片真叶展开时,喷 100 毫克/千克乙烯利抑制幼苗徒长,促进雌花形成,7 天后再喷 1 次。

(4) 壮苗标准 待苗龄 20 天左右,具有 2~3 片真叶,8~10 厘米高,茎粗 0.6 厘米以上,叶片厚而浓绿,子叶绿而齐全,根系发达,即为壮苗。此时即可定植。

(5) 工厂化育苗 同越冬栽培。

4. 定植 栽培地前茬应避免与瓜类作物重茬。定植前 10~15 天清除前茬上的残株落叶,拔除杂草。如果保护地已扣上塑料薄膜时可密闭薄膜,用硫黄粉进行一次熏蒸消毒。每公顷施腐熟有机肥 75 000 千克或商品有机肥 300~400 千克,深翻耙平,做成 1.2 米宽的平畦或 60 厘米行距的小高垄。

如果秋延迟栽培的保护地尚未建造,在做畦时,应预留出保护地占的地来。定植时,把苗切成土坨,尽量防止伤根。苗坨按株行距摆入定植沟中,培土稳坨,然后灌水。

定植时间宜在早上或傍晚,或在阴天光照不强时进行。防止强光照射,温度过高,致使秧苗失水萎蔫,影响成活率。

合理密植是秋延迟丰产的重要措施之一。过密会影响通风透光,易徒长和感染病害;过稀则因生长期短,不能充分利用土地,影响产量和产值。由于生长期短,后期生长缓慢,密度应稍大些。每公顷 75 000 株左右,株行距为 20～25 厘米×50～60 厘米。

5. 田间管理

(1)**定苗移栽** 直播的黄瓜,在出苗后立即细致松土。真叶展开后间苗,2 片真叶时定苗。发现缺苗、病苗、畸形苗、弱苗时,应挖密处的健苗补栽。

(2)**温度和湿度管理** 结瓜前期,外界温度尚高,保护地内的温度更高。因此,应把保护地四周的塑料薄膜全部揭开,只留顶部的塑料薄膜,进行大通风,以降低温度,减少太阳光强度,防止大雨拍苗。尽量使设施内的温度白天为 25℃～28℃,夜间为 13℃～17℃。此期还应及时中耕松土,降低土壤和空气中的湿度,防止病害的发生。

结瓜盛期自 9 月中下旬至 10 月中下旬。此期外界温度稍低,只要合理地扣严塑料薄膜和通风,可以使设施内的温度完全适于黄瓜生长的要求。白天保持 25℃～30℃,夜间 13℃～15℃。当外界夜温低于 13℃时,要关闭通风口。但在晴朗无风的夜间,棚膜上要留一条 10 厘米宽的小缝通风,以排除湿气,减轻霜霉病等病害发生。

华北地区在 10 月中下旬后,外界气温急剧下降,出现霜冻后,气温有时在冰点以下。此期应做好防霜冻保温工作,夜间扣严塑料薄膜,有霜冻时,加盖草苫,保证夜间最低温度在 12℃以上。

在 11 月下旬至 12 月份,外界温度很低,设施内的温度也越来越低,应采取措施保温。当设施内夜间温度降到 10℃左右时,为延长供应期,可落架保存。即把绑缚物解除,去掉支架,把黄瓜落秧均匀摆放在地面上,插上小拱棚,小拱棚上夜间再加盖草苫保温,防止冻害。待设施内夜间气温降至 5℃时,可全部拉秧上市。

10 月中下旬至拉秧,这一时期要逐渐减少通风时间,以保持温度为主。但是中午还是要进行短期的通风,以补充二氧化碳和排除设施内的湿气,防止病害的发生。

(3)肥水管理 秋延迟栽培中,黄瓜结果前应控制灌水。在无雨的情况下,每3~5天灌1次水,保持土壤见干见湿,并减少氮肥用量,增施磷、钾肥,或采用0.2%磷酸二氢钾液根外追肥2~3次。以此来防止植株徒长,促进开花坐瓜。在插架前可进行1次追肥,每公顷施腐熟人粪尿7500千克。灌水后插架。进入盛果期后水肥要充足,以保证黄瓜生长发育的需要。此期约在10月份,外界气温渐低,蒸发量渐小,所以浇水间隔时间并不缩短,仍为3~5天浇1次水,以保持土壤湿润为度。每10~15天追1次肥,每次每公顷施硝酸磷型复合肥225千克,共追2~3次。进入11月份,气温很低,黄瓜需水量减少,应减少浇水次数,只要土壤不干旱就不用浇水。一般全月浇2~3次水。利用保温性能好的保护地栽培时,可适当多浇1~2次水,并于11月初再追1次肥。11月份如遇连阴天、光照弱时,可用0.1%硼酸溶液喷洒,有防止化瓜的作用。

(4)中耕与植株调整 秋延迟栽培定植后初期杂草较多,应及时中耕除草。从定植到根瓜坐瓜可松3次土,使土壤疏松,减少灌水次数,以利控制植株徒长,促进根系发育。根瓜坐住后即不用再中耕。

秋延迟栽培的黄瓜易徒长。坐瓜节位高,应及时上架和绑蔓。

秋延迟栽培的品种多易产生侧蔓,可以利用侧蔓增加后期产量。盛果期侧蔓如有雌花,可在其上留2叶摘心。侧蔓太多、瓜蔓太密时,要摘除一部分无雌花的细弱蔓。当植株长到25片时,龙头距棚顶30厘米左右时,及时打顶摘心,促进回头瓜生长。

6. 采收 根瓜应适期早收,以防坠秧,影响以后的花坐瓜和生长。在结瓜前期,温度、光照条件较好,黄瓜生长旺盛,产量较高。此期露地黄瓜上市量较大,价格低而平稳,故应尽量早采收,增加采收频率,提高产量。结瓜后期,天气转冷,光照减弱,黄瓜生长缓慢,产量下降。露地黄瓜拉秧,市场价格逐日上升。此期应降低采收频率,适当晚采收,保持一部分生长正常的黄瓜延迟采收,以获得更高的经济效益。

最后拉秧一次采下的黄瓜可贮藏一段时间,待价格高时上市。

(五)栽培中经常出现的问题及解决方法

1. 冻害和冷害 黄瓜是喜温作物,生长期需要较高的温度条件,10℃以下停止生长,5℃受冷害,0℃即能致死。大部分保护地栽培是在秋、冬、春寒冷季节进行的。在广大北方地区,寒冷季节的气温均在黄瓜的致死温度以下,因此经常发生由于管理不当而引起保护地内黄瓜的冻害和冷害。目前,按黄瓜发生冻害、冷害的时间和原因可分如下几种。

(1)苗期冻害 苗期冻害或冷害发生的时间约在1月上旬。发生的原因有:播种期过早,秧苗徒长,未受低温锻炼;连续阴天,光照不足,使黄瓜秧苗的光合作用受到极大影响,光合产物减少,秧苗体内可溶性物质浓度低,抗寒力大大下降。加上光照不足,保护地内的热量来源减少,一旦寒流侵袭,稍微低温便导致了冷害和冻害的发生。此期的冻害和冷害,轻则降低嫁接苗的成活率,重则使秧苗受冻致死。

(2)早春季节的冷害和冻害 进入2~3月份外界天气逐渐变暖,温度日渐提高。保护地内黄瓜开始旺盛生长,浇水、施肥次数增多。此期突然的低温极易造成冷害或冻害。

此期冻害、冷害发生的原因有两方面:一是植株的抗寒力下降。由于植株旺盛生长,加上人为管理中水肥的增加,使植株的抗寒力显著下降。二是温度的下降。我国北方2~3月份仍有较大的寒流,所造成的低温,足以使保护地内黄瓜产生冻害、冷害。多数的冻害、冷害产生的气象条件是:连续5~7天的阴雨天,日照不足,保护地温度不高,突然的低温来临,即造成冻害和冷害。

　　防止保护地黄瓜冻害的措施是:提高保护地保温性能,加强保温管理;适期播种,适期对植株进行锻炼;春季水肥供应应适量,逐渐增加,不可操之过急等。此外,还可用抗冻剂喷雾。使用抗冻剂喷雾后,可提高黄瓜的抗低温能力 $1℃\sim2℃$ 。用 0.2% 磷酸二氢钾溶液根外追肥 $2\sim3$ 次,也有提高黄瓜抗低温能力的作用。采用抗寒品种,也可取得良好的抗冻、冷害效果。

　　2. 热害　保护地的热害是指温度过高使叶片受伤或致死的现象。在华北地区 3 月份经常发生热害现象。

　　保护地的气温在 $48℃$ 以上,短时间内会使黄瓜生长点附近的小叶萎蔫,叶缘变黑,时间再长,整株叶片萎蔫,如水烫状。一般正常天气的通风管理不会使保护地产生热害现象。产生热害主要是在阴或多云的天气,由于上午气温不高,人们忽略通风降温,而中午短暂的晴天,日照充足,即会造成瞬时的热害发生。一旦发生热害,应立即通风降温。

　　3. 化瓜　黄瓜雌花未开放或开放后,子房不膨大,迅速萎缩变黄脱落,称为化瓜。化瓜严重降低产量,是保护地栽培中的一大问题。化瓜的原因很多,育苗期温度经常处于 $10℃$ 以下的低温,可导致花芽分化不正常而化瓜。在温度过高,水肥过大,秧苗徒长时,花芽得不到充足的养分,分化受阻也易引起化瓜。干旱缺水、光照不足时也会造成花芽分化不良,引起化瓜。总之,黄瓜秧苗期环境条件和人为管理的适宜与否,均能影响花芽的分化,从而导致开花时的坐瓜率降低。黄瓜有单性结实的特性,但是人工授粉有促进坐瓜的作用。未授粉的雌花化瓜的比率要大得多。在生长期植株的营养生长过旺,抑制了生殖生长,营养集中到茎叶上时,也易发生化瓜。特别是在甩蔓期,过早的追肥浇水,往往使根瓜化瓜,植株发生徒长。生长期中,高温、干旱、缺肥或氮肥过多也易造成化瓜。防止黄瓜化瓜的措施主要是改善环境条件,合理地调节生长与结果的关系。在发现有化瓜现象时,喷施乙烯利、矮壮素等有较好的改善效果。

4. 畸形瓜与苦瓜

(1) 瓜条弯曲 瓜条弯曲影响了商品外观价值,是畸形的表现。瓜条弯曲发生的原因主要有机械原因和生理原因2种。机械原因是果实生长发育时受到地面、支架等障碍,影响了正常的下垂生长,造成弯曲。生理原因是瓜条内细胞纵向分裂或膨大不均匀造成。细胞分裂膨大较快的一侧,伸长较快,另一侧较慢,因此弯曲。导致瓜条内细胞膨大和分裂不正常的原因如下:一是受粉不良,受粉不均匀。受粉较充分的一侧细胞分裂多而快,另一侧相对较慢。二是营养不良。当植株生长势弱,结瓜太多,瓜条内营养供应不充足时,得到营养较多的一侧和较少的一侧就会发生细胞膨大的不一致。三是光照过强、温度高、水分供应不足时造成的。水分供应不足与营养不良导致的生理过程相似。在光照过强时,向阳的一面水分蒸发量大,失水多,影响了细胞正常的生理活动,因而膨大受阻,另一侧则正常。因此,两侧细胞膨大速度不一致。

防止黄瓜弯曲的措施主要是针对上述发生的原因对症治疗。要及早支架绑蔓,防止瓜条触地。黄瓜生长期人工及时调理,勿使伸长受阻。提高管理水平,促进植株健壮的生长发育,保证黄瓜瓜条有充足的营养。在黄瓜盛瓜期,注意调节光照和温度条件。幼果发生弯曲时,可在瓜先端缚重物坠直。亦可用锋利经消毒的刀片,在瓜条弯曲的相反一侧的瓜柄处,轻划一刀,深度2~3毫米,通过暂时的切断营养通路,来均衡整个瓜条的营养供应,克服瓜条弯曲现象。

(2) 尖嘴瓜、大肚瓜、细腰瓜 尖嘴瓜是黄瓜先端细小如尖,中部正常。大肚瓜是瓜条两头正常,而中间过度膨大。细腰瓜是上下两头膨大,腰部细小。畸形瓜产生的原因如下:一是雌花缺陷或双性花形成的果实。在植株生长初期或育苗期,温度较低,环境条件恶劣,雌花发育不完全,或受伤害,由此结成的果实,畸形的比例较高。花芽分化期温度过低,往往发生两性花、双子房花或具有4个心皮的子房,多易形成大肚瓜等畸形瓜。二是雌花开花期在高温干旱或光照严重不足的情况下,由于授粉受精不完全而使瓜条的上下部分生长发育速度不一致而形成畸形瓜。三是营养和环境条件的不适宜也是形成畸形瓜的重要原因。尖嘴瓜在早春保护地内,通风换气少,二氧化碳不足,同化物质少时易产生。未受精的黄瓜易产生尖嘴瓜。在土壤干燥、盐类浓度过高,使植株吸收水分和养分不足,光合作用降低时,产生尖嘴瓜较多。大肚瓜是在受精不完全,分配到的干物质少,或因高温、日照不良,病害或摘叶过多,使干物质生产降低所造成的。在果实生育前期,营养供应不充分或环境条件不良,易形成蜂腰瓜。防止黄瓜畸形瓜产生的方法是针对产生原因,采取相应的措施。

(3)苦味瓜 黄瓜的果柄一端有时稍带苦味,有时整个果实均有苦味,不堪食用。发生苦味有遗传上的原因,也有栽培上的原因。黄瓜带有苦味是一种返祖现象,目前大多数栽培品种苦味较少。黄瓜发生苦味与植株的年龄有关。一般较老的植株上生长的果实和过熟的果实带有苦味的较多,根系损伤、植株生长不良时,所结的瓜也多带有苦味。高温干旱、氮肥过多、磷钾肥不足、光照太少、地温太低等环境均易形成苦味瓜。防止苦味瓜的措施是:选用苦味少的品种;改善栽培管理条件,合理施肥,合理调节温度和光照等条件。

(4)黄环叶、焦边、白叶、黄褐叶、泡泡叶 黄瓜在温度较低的季节栽培中,经常出现叶缘失绿,成为黄带的黄环叶,叶边缘焦黄的焦边叶,叶面失绿变白的白叶,叶面失绿变黄褐色的黄褐叶,以及叶面不平,出现很多泡泡的泡泡叶等,影响产量和经济效益。焦边叶的叶片中间向上隆起,边沿向下,呈降落伞状,故又称降落伞状叶。上述现象不是传染性病害造成的,一般属生理性病害。

上述症状在温度较低的月份,地温很低时发生严重。这是由于地温低,土壤中微生物活动能力降低,造成土壤中铵态氮与硝态氮的比例失调,铵态氮积聚过多,抑制了钙、钾、锌、镁、钼等元素的吸收。因而尽管土壤中不缺上述元素,黄瓜仍呈缺上述元素的症状。此外,土壤沙性太大,施用有机肥不足,土壤中缺乏上述元素时症状发生较重。施用氮肥过多,特别是施用氮素化肥过多时症状发生严重。

防治方法:提高设施内的地温;深翻土壤到30厘米以上,促进根系发育强大,吸收能力增强;增施有机肥,适量施铵态氮肥。施用化肥时,注意氮、磷、钾合理搭配;在温度较低的季节,每3~5天喷含钙、钾、锌、镁、钼等元素的0.2%溶液1次,补充植株对这些营养元素的需要。

四、立体栽培模式

目前常用的模式有:

第一,黄瓜加行高矮秧密植立体栽培,详见第四章第一节立体栽培模式有关内容。

第二,春黄瓜间作春早熟甘蓝,详见第四章第一节立体栽培模式有关内容。

第三,春早熟黄瓜套种低温型平菇,详见第四章第一节立体栽培模式有关内容。

第四,春早熟黄瓜套种耐寒速生蔬菜。在春早熟黄瓜栽培中,在定植前15~20天利用黄瓜尚未定植或定植初期剩余的面积,在保护地中较温暖但不适于黄瓜生长的较低温度条件下,种植较耐寒的油菜、芫荽、青蒜、小萝卜、菠菜等速生蔬菜,于黄瓜定植后15~20天采收速生蔬菜上市。这样可提高设施、土地、光能的利用率,黄瓜产量无影响,多收一茬速生菜。山东地区利用塑料保护地栽培时,黄瓜于2月中下旬育苗,3月中下旬定植。油菜于2月初育苗,3月初定植,4月初上市。

第五,春早熟黄瓜间作春早熟辣椒。利用塑料保护地进行春早熟黄瓜栽培时,同时间套作春早熟辣椒。该模式黄瓜生长基本不受影响,又创造了适宜辣椒生长的环境条件,可有效防止高温、日灼对辣椒造成的落叶、落花、落果和日灼病,提高了产量,延长了采收期,提高了保护地和土地的利用率。

黄瓜采用春早熟栽培的适宜品种,辣椒采用湘研1号、早丰等早熟品种。两者同时定植,50厘米行距,隔行定植,黄瓜株距20厘米,每公顷保苗49 500株,辣椒穴距25厘米,每穴2株,每公顷保苗99 000株。辣椒管理方法同黄瓜春早熟栽培,7月上中旬黄瓜拉秧,辣椒继续管理,可一直采收到霜冻前。

第六,春早熟黄瓜间作韭菜。黄瓜和韭菜分别做畦,韭菜畦宽65～74厘米,每畦栽2～3行,穴距20～27厘米,每穴栽20～30株。黄瓜畦宽1.33～1.5米,每畦栽2行黄瓜,株距20厘米。

韭菜于头一年夏秋定植,春季扣上塑料膜,建好保护地。黄瓜按春早熟栽培管理,这样黄瓜生长发育不受影响,韭菜可提早上市20～30天,经济效益大大提高。

第七,春早熟黄瓜套种夏豆角,详见第四章第一节立体栽培模式有关内容。

第八,黄瓜空间立体栽培,详见第四章第一节立体栽培模式有关内容。

第九,春早熟黄瓜间作春早熟甘蓝,秋延迟番茄间作食用菌,详见第四章第一节立体栽培模式有关内容。

第十,春早熟黄瓜、夏豆角间作草菇、秋番茄间作芹菜,详见第四章第一节立体栽培模式有关内容。

黄瓜与其他蔬菜的多茬立体周年栽培模式还有多种多样,随着技术的发展,花样更是层出不穷,各地可根据市场需要灵活掌握运用。此外,在棉、粮、果、林产区,还有黄瓜与小麦、水稻间套作,与果树间套作,与林业间套作等模式。近年来又出现了黄瓜与饲养业同棚室混种、混养,与沼气发酵池混种等模式。总之,黄瓜的立体、间套种发展方兴未艾,模式层出不穷。

五、栽培技术日历

(一)保护地春早熟栽培日历

该日历适于华北地区,栽培设施是塑料保护地。

2月1日至2月10日:建塑料保护地,埋骨架,上拱杆,施有机肥。

2月10日至2月15日:黄瓜催芽,在日光保护地或风障阳畦中播种育苗。

2月15日至2月20日:黄瓜苗床中保持25℃～28℃的温度,促进出苗。出苗后降至白天20℃～25℃,夜间12℃～15℃。

2月21日至3月2日:黄瓜苗床保持白天25℃,夜间25℃,采取覆盖草苫等措施,防止冻害。

3月1日至3月10日:塑料保护地扣上塑料薄膜,提高地温。每公顷施有机肥75 000千克或施用商品有机肥300～400千克,深翻、耙平、做畦。

3月10日至3月25日:定植黄瓜。定植后扣严棚膜,提高温度,保持白天25℃～28℃,夜间15℃～18℃。定植2～3天浇缓苗水。

3月25日至3月31日:定植缓苗后,中午通风,保持白天20℃～25℃,夜间12℃～15℃,深中耕、松土。

4月1日至4月10日:插架绑蔓,第二次中耕松土。白天大通风,保持20℃～25℃,夜间12℃～15℃。喷药防治霜霉病1次,进行人工授粉。

4 月 10 日至 4 月 20 日:根据土壤湿度可浇 1 次小水,也可不浇。进行第三次中耕松士。

4 月 21 日至 4 月 25 日:第一次采收。每公顷追施硝酸磷型复合肥 225 千克,浇大水。白天大通风。

4 月 26 日至 5 月 5 日:每 3～5 天采收 1 次,注意喷药防治霜霉病、白粉病。逐渐掀开塑料薄膜,进行昼夜通风。每 3～5 天浇水 1 次,追施化肥 1 次,每公顷追施硝酸磷型复合肥 225 千克。

5 月 5 日至 7 月上旬:只保留塑料保护地的顶膜,转入露地栽培。每 2～3 天采收 1 次,每 2～3 天浇水 1 次,每 10～25 天追肥 1 次,每次每公顷施 225～300 千克复合肥,6 月中旬结束。每 10 天喷 1 次药防治霜霉病、白粉病,6 月中旬结束。7 月上旬拉秧。

(二)保护地秋延迟栽培日历

此日历适于华北地区,栽培设施是塑料保护地。

7 月 20 日至 8 月 1 日:清理田园,每公顷施有机肥 45 000 千克或施用沃丰康商品性有机肥 300～400 千克,深翻做畦。

7 月 25 日至 8 月 5 日:浸种、催芽、浇水直播。

8 月 5 日至 8 月 10 日:苗期每 1～2 天浇 1 次水,保证苗全。挖过密处苗进行补栽。喷药防治蚜虫。苗出齐后间定苗。

8 月 11 日至 8 月 20 日:每 3～5 天浇 1 次水,保持土壤见干见湿。中耕除草 1 次,喷 150 毫克/千克乙烯利 1 次。

8 月 21 日至 8 月 31 日:每 3～5 天浇 1 次水,每公顷施尿素 150 千克。中耕除草 1 次,喷 150～200 毫克/千克乙烯利 1 次。

9 月 1 日至 9 月 10 日:每 5～7 大浇 1 次水,中耕 1 次,插架,上蔓。

9 月 11 日至 9 月 30 日:第一次采收后,每 3～5 天浇 1 次水,保持土壤湿润。追第二次肥,每公顷追施硝酸磷型复合肥 225

千克。

10月1日至10月10日：追第三次肥，每公顷追施300千克复合肥。每5～7天浇1次水，保持土壤湿润。建好塑料保护地，盖上塑料薄膜，白天通风，温度保持白天25℃～28℃，夜间12℃～15℃。

10月11日至10月31日：每5～7天浇1次水，保持土壤湿润。覆盖塑料薄膜，注意防霜冻，温度保持白天25℃～28℃，夜间12℃～15℃。

11月1日至11月20日：每7～10天浇1次水，注意防霜冻。

11月21日至11月30日：当设施内夜间最低温度在5℃以下时，把插架解除，瓜蔓落架，上覆小拱棚，保持黄瓜不受冻害。至棚温1℃～2℃时，拉秧。

(三)越冬栽培日历

此日历适于华北地区。

9月1日至9月20日：修建日光温室墙体，埋立柱，安拱架设草苫等。

9月20日至9月25日：日光温室内施基肥，深翻平地，做育苗畦、栽培畦。

9月25日至10月1日：黄瓜、黑籽南瓜浸种催芽，用育苗畦或育苗盘播种。

10月1日至10月8日：育苗畦或育苗盘经常浇水，保持土壤湿润。

10月8日至10月10日：黄瓜、黑籽南瓜嫁接，育苗畦上扣塑料薄膜。

10月10日至10月20日：日光温室夜间覆盖塑料薄膜，白天大通风，温度保持白天25℃～30℃，夜间18℃～20℃。

10月20日至10月23日：嫁接苗剪断黄瓜的胚轴，转入一般苗期管理。

10月23日至10月30日：日光温室夜间加盖草苫保温。

10月30日至11月5日：黄瓜定植于温室内，温室内白天覆盖塑料薄膜，夜间加盖草苫，温度保持白天25℃～30℃，夜间15℃～18℃。

11月5日至11月15日：日光温室内通过覆盖塑料薄膜和草苫保温，温度保持白天25℃左右，夜间15℃左右。不浇水，不追肥。

11月16日至11月20日：黄瓜开始绑蔓，以后每10～15天绑1次蔓。

11月20日至12月20日：继续保持温室温度，防止冻害、冷害。每天早上7～8时，进行人工授粉，摘卷须。11月20日、12月5日各喷药1次防治灰霉病。

12月20日至12月30日：第一次采收，采后立即喷药防治灰霉病1次，每5～7天进行1次根外追肥。

12月31日至翌年1月30日：每5～7天采收1次，每10～15天喷药1次防治灰霉病，注意保温。每天7～8时进行人工授粉、摘卷须。

1月31日至2月10日：每公顷追施硝酸磷型复合肥150～225千克，浇1次小水。保温、采收、人工授粉等管理同前。

2月11日至2月28日：采收、人工授粉、绑蔓等管理同前。2月25日左右浇1次小水，每公顷追施硝酸磷型复合肥225千克。晴天中午注意通风降温，防止高温灼伤。温度保持白天25℃左右，夜间15℃左右。

3月1日至3月10日：除了注意保温外，中午加强通风，防止高温灼伤。根据土壤情况再浇1次水。喷药防治霜霉病1次。采收、人工授粉、绑蔓等管理同前。

3月11日至3月31日：夜间覆盖草苫保温防霜，白天塑料薄膜掀开通风防高温。每 3～5 天浇 1 次水,每 20 多天追施 1 次化肥,每公顷每次追施硝酸磷型复合肥 225 千克。喷药 1 次防治霜霉病、白粉病。

4 月 1 日至 4 月 20 日:逐渐撤除草苫,白天掀开塑料薄膜通风降温,夜间覆盖薄膜防霜冻。温度保持白天 25℃～28℃,夜间 15℃。喷药 2 次防治霜霉病、白粉病。每 3～5 天浇 1 次水,浇水在早、晚进行。追施化肥 2 次,每次每公顷 225～300 千克复合肥。

4 月 21 日至 5 月 10 日:逐渐昼夜进行通风,不再密闭塑料薄膜。喷药 1 次防治霜霉病、白粉病。每 3 天浇 1 次水,10～15 天追施 1 次化肥,每公顷施硝酸磷型复合肥 225～300 千克。

5 月 10 日至 7 月 1 日:掀开日光温室南侧的塑料薄膜,昼夜大通风。每 10～15 天喷药 1 次防治霜霉病、白粉病,6 月中旬停止。每 1～3 天浇 1 次水,每 15～20 天追施 1 次硝酸磷型复合肥,每次每公顷 225～300 千克,6 月中旬停止。

7 月上旬:拉秧。

六、病虫害防治

(一)病害防治

1. 霜霉病

(1)症状　苗期和成株期均可受害,主要危害叶片、茎、卷须及花梗。成株期发病,多从下部叶片开始,逐渐向上蔓延。发病初期,叶片正面发生水渍状淡绿色或黄色的小斑点,后渐扩大,由黄色变成淡褐色,受叶脉限制形成多角形的病斑,在叶片背面病斑处生成紫灰色霉层。在潮湿的条件下,霉层变厚,呈黑色。严重时,病斑连接成片,全叶黄褐色,干枯卷缩,甚至枯死。发病后,在高温干燥的条件下,霉层易消失,病斑迅速枯黄,病情发展较慢。

(2) 防治方法

①品种　尽量选用抗病品种。

②栽培管理　培育壮苗,提高幼苗的抗病力。选择地势高燥、排水良好的地块栽培黄瓜,减少传染源。生育前期多中耕少浇水,提高地温。生育期适当控制灌水,忌大水漫灌,雨季注意排水,最好利用滴灌暗灌。及时摘除病叶、老叶,加宽行距,改善通风透光条件。设施内要加强通风,降低设施内空气相对湿度在90%以下。铺设地膜,降低土壤水分蒸发量,减少浇水次数,降低空气湿度。利用无滴薄膜,减少保护地薄膜结露滴水落在叶片上。

③生态防治　在保护地管理中,上午及早闭棚,迅速提高设施内温度到28℃～33℃,使病菌停止发育。下午在20℃～25℃的温度时,及时放风,降低空气湿度,减少侵染。傍晚降低设施内温度在12℃～15℃,抑制病菌的生长发育。

④高温闷棚　闷棚前1天先浇水,在晴天上午闭棚提高设施内温度到44℃～46℃,保持2小时,后适当通风恢复常温。隔3～5天重复1次,可抑制病情的发展。

⑤营养防治　用尿素0.25千克,加糖0.5千克,加水50升,制成溶液,每5天喷1次,连续喷4～5次,一般在早晨喷在叶背面,此法可防止病害的大发生。

⑥清洁田园　在重发病区,收获结束拔秧前,每公顷喷5%石灰水1500千克,注意喷布均匀,或用石灰粉按每公顷300千克量喷粉,病株集中烧毁,可减少田间病菌残留。

⑦药剂防治　发病初期可选用20.67%噁酮·氟硅唑乳油2000～3000倍液,或72%霜脲·锰锌可湿性粉剂600倍液,或68.75%噁酮·锰锌水分散粒剂800～1000倍液,或52.5%噁酮·霜脲氰水分散粒剂2000倍液,或25%甲霜灵可湿性粉剂800～1000倍液,或50%克菌丹可湿性粉剂500倍液喷雾防治,每7～10天喷1次,连喷3～6次。

发病初也可每公顷用5％百菌清粉尘剂15～22.5千克喷粉，每8～10天喷1次，连喷3～6次。在保护地内亦可用40％百菌清烟剂，每室用药200～250克，把药分成4～5份，均匀分布在棚室内，傍晚用暗火点燃，闭棚，翌日晨通风，每7天1次，连熏3～6次即可。

2. 白粉病

(1)症状 主要危害叶片，亦可危害茎蔓和叶柄，一般不危害果实。发病初期，叶片正面或反面产生白色小斑点，逐渐扩大，后来连成片，上面布满一层白色的霉。白霉边缘不整齐，后变成灰白色。

(2)防治方法 同霜霉病。

3. 疫 病

(1)症状 黄瓜的整个生长期都能受害，叶、茎、果、生长点均可发病。发病多从近地面茎基部开始，先呈水渍状暗绿色，病部软化缢缩，其上部叶片逐渐萎蔫下垂，以后全株枯死。叶片发病，初呈圆形暗绿色水渍状病斑，边缘不明显，扩展很快。果实受害，一般先从花蒂部发生，开始出现水渍状暗绿色近圆形凹陷病斑，后果实皱缩软腐，表面生有灰白色稀疏霉状物，迅速腐烂。病株维管束不变色。

(2)防治方法 同霜霉病。

4. 枯萎病

(1)症状 整个主育期均可发病，以开花期、抽蔓到结果期发病为多。病株一般从开花结瓜期开始出现症状，植株生长缓慢，下部叶片变黄，逐渐向上发展。中午叶片萎蔫，夜间恢复，反复数日后，全株萎蔫枯死。病株茎基部表皮多纵裂，节部和节间出现黄褐色条斑，常流出松香状的胶质物。潮湿时，长出白色至粉红色霉层。横切病茎，可见维管束呈褐色。根部腐烂，极易从土中拔起。

(2)防治方法

①品种　选用抗枯萎病的品种。

②轮作　实行与非瓜类作物 3～5 年以上的轮作,有条件的地方最好与水田轮作。苗床 2～3 年应调换地方,或改换新土,有条件时应采用无土育苗。

③嫁接　利用抗枯萎病的黑籽南瓜等作砧木,黄瓜作接穗,育成的嫁接苗有较强的抗病力。

④种子　坚持在无病植株、无病田中留种,防止种子带菌。育苗催芽前应行种子消毒。

⑤育苗　尽量采用营养钵育苗,以减少移栽时根系受伤而增加病菌入侵机会。有条件时,利用无土育苗技术。育苗用土尽量利用无病的大田土,或用药剂进行土壤消毒。

⑥土壤消毒　参照第三章第五节土壤环境的调控有关内容。

⑦栽培管理　选地势高燥的田块栽培,尽量利用高畦或半高畦栽植;控制浇水量,雨季及时排水,防止涝害;施肥注意氮、磷、钾肥配合应用,防止偏施氮肥;农具、架材注意清洁消毒,可用硫酸铜 500 倍液清洗。

⑧药剂防治　发病初期可用 50% 多菌灵可湿性粉剂 500 倍液,或 50% 甲基硫菌灵可湿性粉剂 400 倍液,或 10% 混合氨基酸铜水剂 200～300 倍液,或 2% 嘧啶核苷类抗菌素水剂 100 倍液,每 10 天喷 1 次,连喷 2～3 次。

5. 根腐病

(1)症状　成株期,近地的茎上病斑呈水渍状,稍凹陷,后腐烂,主侧根全部腐朽死亡。该病危害根部,不向上发展。

(2)防治方法　同枯萎病。

6. 生理性萎蔫病

(1)症状　在保护地栽培的 11 月份至翌年 1 月份,黄瓜初果到盛果期,植株生长一直正常,在晴天的中午,特别是久阴初晴的中午,开始出现零星植株上部叶片及生长点萎蔫,早晚恢复正常,反复数日,整株死亡。叶片上无明显侵染性病斑,有别于疫病。病情发展下去,蔓延扩大,整棚都萎蔫,直至死亡。病株的根系未见异常,有别于根腐病。剖开茎部,维管束不变色,无异常现象,茎部亦无明显病斑及裂口,有别于枯萎病和蔓枯病。病情未见传染现象发生。

该病发病的主因是根系发育不良、营养不足或运输不畅,造成植株地上部需求大而地下部水肥供应少的失衡。

(2)防治方法 一是轮作,重茬不能超过 3 年。栽培前土壤深翻 25 厘米以上。二是深耕土壤。三是播种定植期适当。9 月 10 日后播种育苗,10 月中下旬定植,避开高温期。四是育苗期避免高温,防止徒长。提高嫁接质量,利用亲和力好的砧木。五是定植密度适当,勿过密。六是定植后中耕注意少伤根,及时防治病虫害。七是追肥应氮、磷、钾结合施用,忌单施多施氮肥。八是初冬保护地,保护地放风以顶风为主,少放底风。放风时由小至大,循序渐进,勿突然放大风。九是在天气晴朗、空气湿度较小时,适当多浇水,提高空气湿度。十是如果出现生理性萎蔫现象,应在光照过强的中午覆盖草苫,降低光照;及时打顶,抑制生长,减少地上部的水肥消耗;喷 0.2%磷酸二氢钾液 1 次。上述措施可缓解萎蔫现象的发生。

(二)虫害防治

危害黄瓜的地下害虫有:地老虎、蝼蛄、蛴螬等。可用下列方法防治:一是利用糖醋液或黑光灯在田间诱杀成虫。二是药剂防治。每 667 米^2 用 2.5%敌百虫粉剂 1.5～2 千克喷粉,或加 10 千克细土制成毒土,撒在植株周围;或用 80%敌百虫可湿性粉剂 1 000 倍液;或用 20%氰戊菊酯乳油 2 000 倍液进行地面喷雾。在虫龄较大时,可用 80%敌敌畏乳油 1 000～1 500 倍液进行灌根,以杀灭土中的幼虫。

危害黄瓜的害虫还有黄守瓜、白粉虱、瓜蚜、茶黄螨等。发生时可施用如下药剂：15％茚虫威悬浮剂 4 000 倍液，或 9.5％喹螨醚乳油 3 000 倍液，或 50％抗蚜威可湿性粉剂或水分散粒剂 2 000～3 000 倍液，或 1％阿维菌素乳油 2 000 倍液，或 10％吡虫啉乳油 1 000 倍液，上述药剂喷雾防治。此外，在保护地可用 22％敌敌畏烟剂防治，每 667 米^{2}用药 0.5 千克，密闭熏烟。

第二节　西葫芦

西葫芦是葫芦科南瓜属中的一个栽培种，又称美洲南瓜，俗名荚瓜。西葫芦是 1 年生草本植物，以嫩果或成熟果供食用。嫩果可炒食、做馅、汤食，味甜鲜美。老熟果带皮煮熟，横切开，掏净籽瓤，用筷子搅动果肉，果肉即成粉条丝状，金黄晶莹，做汤或凉拌，清脆香甜。如用老熟的瓜皮做容器盛之，则老熟瓜如罐头，故今人美其名曰"天然蔬菜罐头"。瓜类蔬菜中，西葫芦的适应性最强，对低温和高温的适应力皆超过黄瓜，又具有抗旱和耐瘠薄能力。很多早熟品种生长快，结果早，在北方保护地生产中是最早上市的蔬菜之一。因此，保护地栽培面积中，西葫芦是葫芦科仅次于黄瓜的瓜类蔬菜，对蔬菜的周年供应有着不可忽视的作用。

一、特征特性

(一)形态特征

西葫芦为葫芦科南瓜属 1 年生草本植物。

1. 根　西葫芦具主根根系。主根发达，在不受损伤的情况下，可入土深 2～3 米。如育苗移栽，切断主根，根系向纵深发展受抑制,侧根分枝能力很强,横伸分布在土层中的半径可达 1 米以上,侧根多分布在耕作层内 30 厘米深左右。西葫芦的根系吸收力较强,适应性广,故抗旱耐瘠薄能力强。

2. 茎　西葫芦的茎矮生或蔓性。茎五棱,有粗刚毛,深绿色或淡绿色、墨绿色。一般茎蔓为空心。主茎上叶腋容易抽生侧枝,即子蔓,子蔓上再抽生侧枝,即孙蔓。茎蔓长度分为蔓生和矮生两种。蔓生西葫芦蔓长 1～4 米,晚熟,抗高温能力强。矮生西葫芦茎短缩,蔓长 0.3～0.5 米,节间很短,不伸蔓,适于密植。此外,还有介于两者之间的半蔓性种类。

3. 叶　西葫芦的叶梗直立,粗糙,多刺。叶片较大,叶上多刺,宽三分形,掌状深裂,缺刻较大。叶色绿或浅绿,部分品种叶片上有白斑。

4. 花　西葫芦为雌雄异花同株,花单生于中腋间。花冠鲜黄色,呈筒状。一般雄花比雌花多而小,出现早,先开放。雄花花冠呈喇叭状,裂片大,萼片下少紧缢,雌花萼筒短,萼片渐尖形,有雌蕊 5 个,合生。西葫芦花朝开夕闭,初开时花粉较多,人工授粉应在早上进行。依靠昆虫传粉为主。

5. 果实　西葫芦的果实多长圆筒形,果面光滑,皮绿色或白色,具有绿色条纹。成熟瓜皮黄色,蜡粉少。嫩瓜皮薄可食,老熟瓜皮厚而硬不可食。果柄五棱,与果实连接和略膨大,呈星状。果肉较薄。

6. 种子　西葫芦的种子着生于内果皮上,幼嫩时可与果实一同食用,一般是取瓤、籽,只食用果肉。老熟果种子硬化,应取出,方可食用。种子发芽年限为 4～5 年,生产中以 2～3 年为佳。

(二)生育周期

1. 发芽期　由种子萌动至出现第一片真叶时为止,为种子发芽期。此期生长发育的养分主要依靠种子内子叶中储藏的养分。

2. 幼苗期　从第一片真叶显露至开始抽蔓为幼苗期。西葫芦的定植期一般为 3 叶 1 心,幼苗期发芽期共 30 天左右。幼苗期所需的营养均为自身的叶片进行光合作用制造供应。

3. 抽蔓期　从幼苗期结束至植株显蕾为抽蔓期。此期生长加速,主、侧蔓均迅速生长,花芽也在分化、形成。

4. 开花结果期　从植株显蕾至果实成熟采收为止,为开花结果期。由于西葫芦以收嫩果为主,故开花至结果需时甚短,15~20天即可收获。

(三)对环境条件的要求

西葫芦适于温暖的气候条件下栽培,不耐霜冻。但在瓜类作物中是最耐寒、适应性最强的作物。

1. 温度　西葫芦生育期需要的温度比黄瓜、南瓜均低,耐寒力最强,种子发芽的适温为 25℃~30℃,15℃时发芽缓慢,30℃~35℃时发芽最快,但芽较细弱。生长发育适温为 18℃~25℃,11℃ 以下的低温和 40℃ 以上的高温,生长发育停止。开花结果期要求的温度较高,以 22℃~25℃ 为宜。32℃ 以上的高温,使花器官不能正常发育。长期高温,易发生病毒病。西葫芦不耐霜冻,0℃ 即会冻死。

2. 光照　西葫芦属短日照作物,需要中等强度的光照,较能耐受弱光,适于保护地栽培。在低温、短日照的条件下有利于雌花提早形成及数目增加、节位降低。在光照过弱、光照时数不足的条件下,植株生长不良、叶色淡、叶片薄、节间长、化瓜、落花现象严重,白粉病、霜霉病害严重。晚春和夏季过强的光照也是不利的,由于叶片大,蒸腾旺盛,易引起萎蔫和发生病毒病。

3. 水分　西葫芦原产于热带干旱地区,具有发达的根系,抗旱能力很强,但由于其叶片大,蒸腾强,又需要大量的水分。生育期应保持土壤湿润。坐瓜前期,应保持土壤见干见湿,浇水过多,易造成茎蔓生长过旺而徒长,导致落花落果。过于干旱又会抑制生长发育。开花期空气潮湿、多雨会影响授粉,造成落花、落果。结果期果实生长旺盛,需水较多,应适当多浇水,保持土壤湿润。西葫芦对湿度的要求较严格,过于干旱易发生病毒病,过于潮湿易发生白粉病、霜霉病。

4. 土壤 西葫芦对土壤要求不严格,在黏土、壤土、沙壤土中均可栽培。因其根群发达,宜选用土层深厚、疏松肥沃的壤土。早熟栽培中,可选用升温快、上市早的沙壤土栽培。西葫芦要求中性或微酸性(pH 值在 5.5~6.7)的土壤。西葫芦的生长发育很快,产量高,应施大量的肥料。氮、磷、钾三要素中,需要钾最多,氮次之,磷肥最少。

二、栽培品种

目前,栽培中常用的品种以及新育成的品种如下。

(一)花叶西葫芦

又称阿尔及利亚西葫芦,从阿尔及利亚引进,在我国北方广泛栽培。该品种矮生,节间短,不易发生侧枝,适于密植。叶片绿色,深浅相同,叶片掌状深裂狭长,叶脉附近有白色斑点。一般在主蔓第 5~6 节着生第一朵雌花,以后节节有雌花,只能坐果 3~5 个。嫩瓜长圆筒形,皮色深绿间有黄绿色不规则的条纹,瓜肉绿白色,肉厚,品质好。单瓜重 1~2.5 千克,以嫩瓜供食。该品种早熟、耐寒、丰产、抗病性强。适于春早熟栽培。

(二)京葫 12 号

北京蔬菜研究中心育成。生长势强,中早熟。叶翠绿色有白斑。茎秆中粗,深色茎,雌花多,成瓜率高。商品瓜长 22~24 厘米,粗 6~7 厘米,颜色浅绿带稀网纹,光泽度好,商品性佳,较耐贮运。中抗病毒病、白粉病和银叶病。缺点是株型不够紧凑。

(三)阿太一代西葫芦

山西省农业科学院蔬菜研究所育成的杂交一代。属矮生类型,蔓长 33~50 厘米,节间密,不发生侧蔓。叶色深绿,叶面有稀疏的白斑,叶掌状 5 裂。主蔓 5~7 节着生第一朵雌花,以后几乎节节有瓜。瓜长筒形,嫩瓜深绿色,有光泽,单瓜重 2~2.5 千克,老熟瓜墨绿色。该品种单株结瓜个数较多,产量较高,早熟,且较抗病毒病。

(四)早青一代西葫芦

山西省农业科学院蔬菜研究所育成的杂交一代。属矮生型。茎蔓短,蔓长 33 厘米左右,适于密植。叶片小,叶柄短,开展度小。主蔓 5 节开始着生第一朵雌花,可同时结 3~4 个瓜。瓜长筒形,嫩瓜皮浅绿色,老瓜黄绿色。该品种结瓜性能好,雌花多,有雌花先开的习性,瓜码密,早熟。适于春早熟栽培。

(五)京　莹

北京市蔬菜研究中心育成。结瓜能力强,雌花多,瓜码密,产量高。瓜条顺直,呈长圆柱形,无瓜肚,瓜浅绿色,光泽度好,商品性佳。低温和高温下连续结瓜能力都很强,不易早衰。

(六)搅　瓜

山东、河北等省地方品种。植株生长势强,叶片小,缺刻深,果实椭圆形,单果重 0.7~1 千克。成熟瓜表皮浓黄色,亦有底色橙黄、间有深褐色纵条纹者。肉厚,黄色,组织呈纤维状。以老熟瓜供食,整瓜煮熟,瓜肉用筷子一搅,即成粉条状,故名搅瓜。

(七)瀛洲金瓜

上海市崇明县的特产蔬菜。该品种茎蔓较粗,有棱或沟,有刺毛,节间长 10～13 厘米,分枝较多。叶绿色,心脏形或五角形。主蔓 4～7 节着生第一朵雌花。果实有 2 种类型:一种瓜型较小,椭圆形,果皮、果肉均金黄色,色深,丝状物细致,品质优良,但产量较低;另一种果实较大,单瓜重 2 千克以上,皮肉色泽较淡,丝状物较粗,品质稍差,但产量高。该种以老熟瓜供食,耐贮藏,食法与搅瓜相同。

(八)常青 1 号西葫芦

山西省农业科学院蔬菜研究所育成的杂交一代。极早熟,播种后 35～37 天可采收 250 克以上的商品瓜。属短蔓直立型品种,生长势强,主蔓结瓜,侧蔓结瓜很少。适合保护地栽培。丰产性好,雌花多,瓜码密,连续结瓜能力强。瓜皮绿色,长筒形粗细均匀,外表美观,商品性好。

(九)寒玉西葫芦

山西省农业科学院蔬菜研究所育成的杂交一代。一般在 5～6 节开始结瓜,播种后 35 天可采收商品瓜。属矮生类型,瓜码密。抗寒,耐弱光性强。在低温弱光下节瓜性能好。嫩瓜浅绿色,被美丽的本色花纹,表面光滑,有光泽。果实长柱形,均匀一致,商品性好。

(十)绿 宝

中早熟杂交一代种。植株直立丛生型,生长健壮,节间短,瓜码密。果实长圆筒形,果长 20～25 厘米,果径 4～5 厘米。主蔓结瓜,侧蔓稀少;瓜皮深绿色;品质脆嫩,该品种长势强,生长速度快,

4～5叶出现第一雌花。坐瓜好,单株结瓜8～10个,单瓜重250克左右较好。主要适于春早熟栽培和露地栽培。

(十一)香蕉西葫芦

外形似香蕉,果皮黄色,是美洲南瓜中的一个黄色果皮新品种,以食用嫩果为主,嫩果肉质细嫩,味微甜清香,适于生食,也可熟食,嫩茎梢也可作菜食用。

(十二)绿 玉

法国引进杂交一代油亮型品种。早熟,耐低温弱光性极强,植株长势旺盛,株型整齐,叶片中等,瓜秧与瓜条生长协调,高抗病毒病、立枯病、蔓枯病,综合抗病抗逆性强,雌花多,不易化瓜,膨瓜快,单株结瓜60个左右,生育期达280天,产量极高,商品瓜长棒形,瓜长22～28厘米,横径6～7厘米,花纹细腻,油亮翠绿,光泽度好,商品性极好。适宜秋延迟、越冬、早春茬日光温室与早春茬大拱棚种植。

(十三)佳 美

利用国外资源最新育成的杂交一代西葫芦新品种。早熟性较好,较一般品种早熟5～7天。瓜条顺直,色泽亮绿;瓜长24～26厘米,粗6～8厘米以上,圆柱形。坐瓜能力强,膨瓜速度快,可连续坐瓜35个以上,产量高。中等叶片,节间短,耐低温、耐热;高抗白粉病、灰霉病、抗早衰。适宜温室、春秋大小拱棚早熟栽培。

(十四)欧曼西葫芦

杂交一代,早熟品种,植株长势旺盛,强健、抗病、耐寒,常规叶。6叶左右即出第一雌花,以后节节有瓜,坐瓜率高,连续结瓜能力强,同时带瓜5～6个,瓜长22～25厘米,直径6～7厘米,瓜皮翠绿,顺直,斑点小,光泽度好,商品性佳,越冬茬单株结瓜 50 个以上,产量极高。该品种适宜温室大棚秋延迟、越冬、早春茬种植。

(十五)冬玉西葫芦

法国引进的优良品种,植株粗壮,瓜形美观,颜色碧绿如玉,抗寒能力强,抗病毒能力强,坐果率高,脆嫩、水分大,还有一股淡淡的奶香味;且具有一定的耐盐碱和耐涝性。根系发达,吸收能力强,抗病性好,采收期可达 200 天以上,适于越冬茬栽培。

(十六)法拉利西葫芦

法国最新培育的长瓜大棵品种,植株长势旺盛,茎秆粗壮,叶片大而肥厚,耐低温弱光性好,瓜长 26～28 厘米,粗 6～8 厘米。单瓜重 300～400 克,瓜条大,瓜形稳定,膨大快,耐存放,瓜皮光滑细腻,油亮翠绿。适于越冬栽培。

(十七)寒青西葫芦

早熟、瓜码密、瓜条光滑无棱、色泽翠绿、商品率极高等优良特点,节间短、早熟、坐瓜多,适于越冬和春早熟栽培。

三、栽培技术

(一)春早熟栽培技术

在冬季或是早春育苗,定植在保护地设施中,争取在 4～5 月份上市的栽培方式为西葫芦春早熟栽培。这种栽培方式的上市期较早,正值晚春初夏蔬菜供应淡季,是蔬菜周年供应的重要环节,而且有较高的经济效益。因此,在我国北方应用面积很大。在瓜类栽培中,面积仅次于黄瓜。

1. 品种选择　西葫芦早熟栽培的苗期在寒冷的冬春季节,生育前期也在春寒时间,故选择品种应具有耐寒特性。早熟栽培的目的是提早上市,争得更高的经济效益,因此矮生、早熟是必备的特性。此外,在保护地中,过长的茎蔓占地多,不利于密植,不便管理,故选用生长势中弱、短蔓的品种亦属必要。目前常用品种见品种介绍。

2. 栽培季节　栽培季节因当地气候条件和保护地的保温性能而异。在华北地区,多用保护地或温室育苗,2 月上中旬播种,3 月上中旬定植,4 月中旬开始采收,至 6 月份结束。利用保温条件稍好的有草苫覆盖的保护地栽培时,播种期可提前至 1 月份,2 月份定植,3 月份即可上市。

3. 育苗　西葫芦幼苗生长速度快,主根长,根系易木栓化,移栽断根后缓苗慢,并影响生长。因此,早熟栽培应培育出根系完整、定植后缓苗快的幼苗。一般采用纸质或塑料袋做的营养钵进行育苗,亦有采用平畦育苗的。

(1) 播种期　早熟栽培中,播种期应根据保护地的保温性能和当地气候条件而定的定植期和苗龄而确定。由于育苗期气温较低,苗龄一般稍长,约 35 天。

(2) 育苗　育苗床应在播种前 20～30 天准备好。每 667 米² 施腐熟有机肥 3 000～5 000 千克,浅翻耙平、做畦。育苗畦做好后,立即覆盖塑料薄膜,夜间加盖草苫,尽量提高地温。

播种前应先行浸种催芽。催芽前用 50℃～60℃温水浸泡种子,以消灭种子携带的病菌,减少病害。亦可用 1%高锰酸钾溶液浸种 20～30 分钟,或用 10%磷酸三钠溶液浸种 15 分钟,以消灭种子上的病毒,预防病毒病。消毒后洗净,再浸种 3～4 小时,后捞出,置于纱布中,放在 25℃～30℃环境中催芽。2～3 天后,种子发芽长 0.5～1 厘米即可播种。

播种方法有 3 种:一种是将催好芽的种子直接播在装好营养

土的纸钵或塑料钵内;第二种是把催好芽的种子,均匀地撒播在经消毒并浇足水的河沙、锯末或珍珠岩、蛭石的育苗盘或育苗床中,待幼苗子叶展平后,再分苗到营养钵中;第三种是直播在育苗床中,即先给苗床浇透水,水渗下后,用长刀把畦面划成 10 厘米×10 厘米见方的方格,深 10 厘米。后在方格中央点 1 粒萌芽的种子。不论用哪种方法播种,播前均应先浇 1 次透水,待水渗下方可播种。种子平放,芽尖向下。后覆土 1.5～2 厘米厚。

播完种后立即扣严育苗畦,夜间加盖草苫保温。此期,夜间还有霜冻,如遇寒流侵袭,仍有冻死幼苗之虞,故应严密注意保温防冻。白天保持 25℃～30℃,夜间 18℃～20℃,10 厘米地温应在 15℃以上,以 25℃为宜,促进出苗。3～4 天后即可出苗。待大部分幼苗出土,应立即降低苗床温度,保持白天 25℃左右,夜间 13℃～15℃,防止温度过高,造成秧苗徒长,形成下胚轴过长的高脚苗。待子叶展平到第一片真叶展开时,应适当降低夜温,以积累营养物质,促秧苗粗壮和雌花的分化,白天保持温度 20℃～25℃,夜间 10℃～13℃。

从第一片真叶展开一直到定植前 10 天,要逐渐提高温度,促使幼苗充分生长发育,力争达到定植标准。白天保持 25℃左右,夜间 13℃～15℃。

定植前 10 天,逐渐加大通风量,降低温度锻炼秧苗,使之适应露地温度环境,以提高其抗逆性,保证成活率。定植前 3～5 天,撤去塑料薄膜和草苫,使秧苗完全处在露地环境中。在育苗过程中,应及时掀揭草苫和塑料薄膜,不仅要防冻,中午还应注意防止高温造成灼伤。

利用平畦育西葫芦苗,只要浇足底水,苗期可不再浇水,浇水过多反而降低地温,影响生长。利用营养钵育苗时,因底部对土壤水分的利用有一定限制,故在晴天上午应用喷壶浇水。苗期施足有机基肥后,可不再追肥。如方便,可根外追施 0.3%～0.4%磷酸二氢钾溶液,亦可加入 0.1%的尿素或微量元素。

利用平畦育苗者,定植起苗前 7 天应浇 1 次透水,水渗下后用长刀在苗株行间切成方块土坨。切坨后晾干,以利起苗时带土坨少伤根系。营养钵育苗时,定植前数天停止浇水,以使钵内基质成坨。在定植前 5～7 天必须进行降温锻炼,使秧苗逐渐适应定植到保护地内的环境条件,以增强抗逆力,提高成活率。

定植前的西葫芦壮苗指标是:苗龄 35 天左右,3 叶 1 心,株型紧凑,根系完整,茎秆粗壮、节间短,叶片绿、肥厚,叶柄较短。

目前,已有用工厂化育苗的技术,方法同黄瓜。

4. 定　植

(1)定植期　春早熟栽培中定植期越早,上市越早,经济效益越高。但是由于当时气温低,遭受冻害或因地温不足而延缓缓苗的风险也越大,有时反而得不偿失。定植稍晚,外界气温渐高,保护地内的温度条件适宜,冻害的风险没有了,但是上市也推迟了,经济效益自然会下降。适宜的定植期是考虑当地的气候条件,根据保护地的保温性能来确定。当设施内 10 厘米地温稳定在 13℃以上、夜间最低气温不低于 10℃时,即为安全定植期,在这个要求下,尽量适期早定植。

(2)整地　由于春早熟栽培定植期较露地早,所以必须于头年秋冬季节进行深翻、晒土,以减少病虫害和熟化土壤,利于早春地温回升。定植前 15～20 天将保护地覆盖好。白天扣严塑料薄膜,夜间加盖草苫,尽量提高设施内地温。较高的地温不仅可以提早定植期,而且有利于提高成活率和促进迅速生长发育。

定植前结合浅翻,每 667 米² 施入腐熟有机肥 3 000～5 000千克或商品有机肥 300～400 千克。有条件时,可混入过磷酸钙 40～50 千克或硝酸磷型复合肥 20 千克。翻后、整平、耙细,做成宽 1.3～1.5 米的平畦。

(3)定植方法　早熟栽培均为矮生早熟品种,故定植密度应增

大。一般株行距为 45～50 厘米×60～70 厘米,每 667 米² 栽植
2 000～2 500 株。可用单行定植,亦可用宽窄行定植。定植密度
还应考虑品种特性。如叶片较大,叶柄不太直立的阿太一代西葫
芦应稍稀,每 667 米² 栽植 1 700～2 000 株为宜;而叶片小,叶柄
短,直立性强的早青一代西葫芦则稍密,每 667 米² 栽植 2 200 株
为宜。

定植时淘汰病苗、弱苗、小苗、畸形苗和无生长点的苗。定植
时挖穴或开沟,把幼苗的土坨也埋入。埋土深度与土坨原深度相
同即可。栽后即浇水。有条件时,可进行地膜覆盖。

5. 田间管理

(1) 温度管理 西葫芦是喜温蔬菜,不耐霜冻,早熟栽培时期
外界气温很低,故管理的重点是防寒保温,避免 0℃ 的低温出现,
保持适温,以利生长发育。保温覆盖物应早揭晚盖,塑料薄膜应扣
严。缓苗期不通风,白天保持 25℃～30℃,夜间 15℃～20℃。缓
苗后逐渐通风降低温度,白天保持 20℃～25℃,夜间 15℃ 以上。
进入结果期适当提高温度,白天 25℃～28℃,夜间 15℃～18℃。
在生育中期,即华北地区在 3 月份至 4 月上中旬时,此期晴天中午
保护地内温度较高,如塑料薄膜密闭的情况下,可达 40℃ 以上。
故还应及时通风降温,防止高温灼害。当外界白天气温达 20℃ 以
上时,可揭掉塑料薄膜,只进行夜间覆盖。当夜间最低气温稳定在
13℃ 以上时,可撤掉所有保护设施,使之在露地条件下生长发育。
各地撤除保护设施的时间不同,应根据当地的气候条件而定。应
注意的是撤除的时间不是晚霜已过即撤除,而是在外界温度完全
处于适宜于西葫芦的生长发育温度范围内时才进行。只有这样,
才能充分发挥保护设施创造良好的环境条件的作用,取得较高的
产量和经济效益。

(2) 水肥管理 定植缓苗后浇 1 次缓苗水,即中耕松土,进行
蹲苗。此期温度较低,应多次进行中耕,中耕可由浅而深,每 5～7

天 1 次,到根瓜采收时,一般中耕 4～5 次。多次中耕是早熟丰产的重要措施,可提高地温,促进根系向深入发展,促进瓜茎叶粗壮,叶色浓绿,及早进行生殖生长。这时如浇水过多,不仅降低地温,还易引起徒长,而落花落瓜,影响早熟。蹲苗时间长短除了根据土壤含水情况确定外,还应根据不同的品种而定。一般植株表现旱象,中午有轻度萎蔫,根瓜长 10 厘米左右时,即应结束蹲苗,进行浇水追肥。一些早熟品种,坐瓜早、瓜密、生长势弱,结瓜后易发生坠秧现象,应轻度蹲苗,以促为主,缓苗后第一次水应适当早浇。

蹲苗后结合浇第一水,可每 667 米² 随水冲施稀人粪尿 300～500 千克,或硝酸磷钾肥 15～20 千克,以促进植株生长和根瓜的膨大。根瓜膨保护地和开花结瓜期应加大浇水量和增加浇水次数,保持土壤见干见湿,一般 2～5 天浇 1 次水。待撤去覆盖物处于露地条件后,应增加浇水次数。

早熟栽培西葫芦每 10～15 天追 1 次肥,共追 3～4 次,每次每 667 米² 施用硝酸磷型复合肥 15～20 千克,结果盛期每 7～10 天可根外追施 0.1%～0.2%磷酸二氢钾液。

(3)整枝打杈　早熟栽培西葫芦多为矮生品种,分枝力弱,一般不必整枝,只将生长点朝南向即可。这样,瓜秧方向一致,互不影响,便于管理和采收。

(4)保花保果　西葫芦可单性结实,但授粉有利于提高坐瓜率,减少化瓜,增加产量。早熟栽培早期外界气温尚低,昆虫很少,加上塑料薄膜密闭,不易接受昆虫传粉。因此,人工辅助授粉十分必要。此外,用植物生长调节剂防止落花落果也很重要,具体方法同黄瓜。为了节省养分,多余的雄花、雌花,及枯花黄叶应及早摘除。

6. 采收　西葫芦栽培中,采收越早,经济效益越高。故开花后 10 天即可采收 0.25 千克左右的嫩瓜上市。

(二)秋延迟栽培技术

保护地秋延迟栽培是 8～9 月份播种,10 月份即上市,12 月份拉秧的栽培方式。对解决初冬季蔬菜淡季问题,起着一定的作用。由于温室越冬栽培的大面积发展,这种栽培方式面积较小。

常用的品种见品种介绍。

由于苗期较早,外界气温很高,应加设纱网等保护设施,以隔避蚜虫等,防止传染病毒病。大部分不用育苗的方法,而采用直播,按株行距直接播种在栽培田中,每穴 2～3 粒种子。出苗后间苗、定苗,及时移栽。

其他管理技术,参照西葫芦春早熟栽培和黄瓜秋延迟栽培技术。

(三)越冬栽培技术

在日光温室越冬栽培中,西葫芦是仅次于黄瓜的葫芦科作物。我国北方西葫芦越冬栽培多在元旦前即上市,春节期间大量供应,一直供应到春早熟栽培产品上市。对解决冬季蔬菜淡季问题,增加寒冬蔬菜花色品种起着巨大的作用。显然,这种栽培方式的经济效益也是十分可观的。

1. 品种选择 西葫芦越冬栽培中,整个生育期在严寒的冬季,低温是制约生长发育的关键因素。所以,选用耐寒、耐弱光的品种至关重要。日光温室栽培中,需要高度密植,以充分利用土地和空间,提高经济效益,弥补保护设施高昂的成本。因此,应选用矮生、茎短、叶片小、直立、早熟、产量高的品种。常用的品种见品种介绍。

2. 栽培设施 有良好的保温性能的日光温室方能胜任越冬栽培,我国北方多用冬暖型日光温室。总的要求是在当地最寒冷的时间,室内温度不低于 8℃方可。在黄河以南地区,冬季气温较高,越冬栽培亦可用保温性能较好的塑料大棚。

3. 育　苗

(1)播种期　华北地区一般从 9 月上旬到 10 月上中旬播种。11 月上中旬即可上市,一直可供应到春节以后。不宜过迟,但也不宜再提前。如再提早播种期,则因外界气温高有感染病毒之虞,且至春节时,结果期已近尾声,有降低经济效益之弊。

(2)育苗设施　越冬西葫芦育苗一般是在日光温室内进行的,如果日光温室中前茬作物尚未拉秧,亦可在其他阳畦中进行育苗。由于育苗后期外界温度渐低,所以必须有一定的保护设施,除了白天有塑料薄膜覆盖外,夜间应有草苫保温。如果育苗较早,外界气温很高,应加设纱网等保护设施,以隔避蚜虫等,防止传染病毒病。

(3)种子处理　同春早熟栽培。

(4)做育苗畦　同春早熟栽培。

(5)播种　同春早熟栽培。

(6)苗期管理　出苗期保持 25℃～28℃,以促进出苗。出苗后,白天保持畦温 20℃～25℃,夜间 10℃～15℃,白天超过 25℃即放风。育苗后期,育苗畦白天保持 16℃～22℃,夜间 13℃,早晨揭开草苫时畦温不高于 10℃,不低于 6℃～8℃。定植前 3～4 天,再降低 1℃～2℃,以锻炼秧苗,提高抗寒力,增强定植后的适应性。在播种期较早时,外界气温较高,白天应注意通风降温,勿因温度过高而使苗徒长,降低抗寒力。育苗期气温较低,土壤蒸发量小,只要播前灌水充足,苗期基本不浇水。如果浇水过多,加上较高的畦温,很易造成秧苗徒长。如果土壤干旱,秧苗表现旱象,可在晴天上午浇小水,浇水后加强放风,排除湿气,以防止病害发生。西葫芦需要较强的光照,以控制秧苗徒长,促进雌花分化和发育。而育苗期时值日照时间变短,加上保温覆盖物的遮阴,光照强度不足。为此,应采取早揭、晚盖草苫,清洁塑料薄膜等措施,改善光照条件。有条件时,育苗畦北侧张挂反光镀铝塑料薄膜,以增加苗畦光照强度。定植前西葫芦的壮苗标准是:3 叶 1 心,株高 10 厘米以内,苗龄 25～30 天。

4. 定植 根据西葫芦的播种期和苗龄确定定植期。一般在 10 月初至 11 月上中旬。定植期过晚会延迟采收期,影响元旦或春节前后上市,而降低经济效益。定植前在温室中施基肥,每 667 米² 施腐熟有机肥 3 000～5 000 千克或商品有机肥 300～400 千克。有条件时,可混过磷酸钙 30～50 千克或硝酸磷型复合肥 20 千克。深翻、耙平。按 50 厘米小行,60 厘米的大行开 10 厘米深的沟,起垄,并在垄上覆盖地膜。亦可按 65 厘米行距开沟起垄。选晴头寒尾的日子上午栽苗,以争取栽后有数天温暖的天气。在垄中央按株距 50 厘米,在地膜上切十字口,挖坑取土栽苗。起苗时尽量铲起土坨,带土移栽,少伤根系。栽苗后立即浇足定植水,水渗下去后把地膜盖严,用湿土封住膜口。栽植深度以原来的深度低于垄面 1～2 厘米为宜。每 667 米² 栽苗 2 000 株以上。

5. 田间管理

(1) 温度调节 定植后 3～5 天密闭大棚,尽量提高棚温,以促进缓苗。白天保持 25℃～30℃,不超过 30℃不放风。缓苗后,白天保持 20℃～25℃,超过 25℃就放风,午后降到 15℃就覆盖草苫,前半夜保持 15℃以上,后半夜保持 10℃～13℃,早晨揭草苫前,棚温保持 8℃～10℃。在开花结果期,在夜温 12℃～16℃时,果实发育最适宜,产量最高。而在 16℃～20℃或 8℃～10℃的高夜温或低夜温条件下,结瓜的重量均下降。西葫芦比黄瓜耐寒,加上植株短蔓生,无须支架,在冬季室内可加小拱棚或二次保温幕保温,故温度条件较易调控,冻害减少。但是注意增加保温覆盖,防止冻害、冷害还是十分必要的。冬末春初,天气回暖,中午及时通风降温,防止高温伤害。

(2) 肥水管理 定植缓苗后,如土壤水分不太充足时,可浇 1 次催秧水,并每 667 米² 追施硝酸磷钾肥 10～15 千克。灌水量应小些,采用沟灌,灌后立即盖上地膜,立即通风,降低室内湿度。此期浇水不宜过多过大,以免降低地温发生沤根,或造成空气湿度过大,诱发白粉病、霜霉病大发生。催秧水有利于促进秧蔓伸长,为多结瓜、高产打下基础。此后便应中耕松土,进行蹲苗。直到第一个瓜坐住,长至 10 厘米长时,不再浇水、追肥。此期,过多的肥水极易引起茎叶徒长,落花、落瓜率提高,而适当蹲苗有利于促进植株由营养生长向生殖生长过渡,促使根系下扎,使茎叶生长粗壮,还有增强抗寒力,有利于冬季正常生长发育的作用。结果期应逐渐增加浇水次数和增大灌水量,一般每 15 天左右浇 1 次水,每次每 667 米^2 随水追施硝酸磷型复合肥 15~20 千克。寒冷季节,如土壤不干燥也可不浇水。晚冬,初春季节外界气温回暖,通风时间加长,蒸发量加大,为降低地温,保证水分供应,可增加浇水次数,以保持土壤湿润为度。

(3)光照调控　冬季保护地内光照时间短、光照强度弱,尽量延长光照时间,增加光照强度是增产的关键措施。冬季单瓜重的增长与光照强度呈正相关关系,未受精花朵的坐瓜率与光照时间有关,长日照下未受精花朵的坐瓜率高。为此,应尽量早揭保温草苫,争取早见光,傍晚稍晚覆盖草苫,尽量延长光照时间;经常清洁塑料薄膜,增加透光量。有条件时,在温室北侧张挂反光幕,以增加北侧植株的受光强度。

(4)二氧化碳调节　同黄瓜越冬栽培。

(5)保花保果　冬季棚内几乎没有昆虫为西葫芦传粉,进行人工授粉十分必要。此外,亦可应用植物生长调节剂进行保花保果。方法见春早熟栽培部分。

(6)整枝、打杈　越冬栽培西葫芦均为矮生、早熟品种,一般不需整枝。生长期可调整生长点向南即可,这样有利于管理、采收。对萌发过多的侧枝、枯、老、黄、病叶及早摘除,改善通透条件。

6. 采收　越冬西葫芦的采收与春早熟栽培一样,越早经济效益越高。适当早采收,有利于后面的瓜坐瓜和迅速膨大,故在第一瓜长至 0.25 千克时,即应采收上市。在 1 月份春节前夕,西葫芦的价格是越临近春节,价格越高。此期,从提高经济效益角度考虑,采收可适当偏晚,待瓜长至 0.5～1 千克时再采收,方为有益。到 2～3 月份,植株进入结瓜后期,结瓜个数越来越少,为提高后期产量,可适当晚采收,待瓜长至 1～2 千克大时再采收。

(四)果实畸形及防止

西葫芦早期和后期结的瓜中畸形现象十分严重,大大降低了产品的商品价值和食用价值。常见畸形果有尖嘴瓜、细腰瓜、歪瓜、僵瓜等。上述畸形瓜发生的原因如下。

1. 雌花缺陷或双性花 在生长早期或后期,雌花形成过程中,温度低、光照弱、营养不良,导致花芽分化不良,花器形成缺憾,或形成双性花、双子房花,致使结的瓜畸形。

2. 授粉不良 开花期低温高湿,或高温干旱,昆虫少,而造成授粉受精不良,或授粉不均匀,授粉异常。种子结得多的部位,果实发育正常,种子结得少的部位,果实发育不正常而致畸形。

3. 肥水失调 坐瓜初期肥水不足易形成尖嘴瓜;中期肥水不足形成细腰瓜;中期肥水猛攻,易形成大肚瓜;后期肥水不足易形成细把瓜。

4. 温度不适 高温、低温均可影响光合作用进行,而造成畸形瓜的发生。

防止畸形瓜的发生可针对发生原因,采取相应措施防止。

四、病虫害防治

(一)病毒病、银叶病

1. 症状　西葫芦病毒病是生产中发生最严重的病害,在我国北方一到 6～7 月份,由于该病的发生,西葫芦即不能生长发育、开花结果,是越夏栽培的极大障碍。症状主要有黄化皱缩型、花叶型和两者兼有的混合型。黄化皱缩型从幼苗到成株均可发病,上部叶处先沿叶脉失绿,继而出现黄绿斑点,后整叶黄化,皱缩下卷,节间缩短,植株矮化,大部分不能结实或瓜小畸形,瓜皮布满肉瘤,或密集隆起皱褶,食用价值降低。花叶型是新叶出现明脉及褪绿斑点后变成花叶,有深绿色疱斑,严重时顶叶畸形变成鸡爪状,叶色加深,植株矮化,不结实或果实畸形。混合型是黄化皱缩症状和花叶症状均有表现。

银叶病是近年来出现的病害。发病时,叶片呈银灰色,发亮,叶片增厚,硬化,易脆裂。

病毒病和银叶病是病毒性病害,发生与气候条件关系非常密切,随着气温升高(一般 20℃左右)症状表现明显,危害加重。在干旱、日照强的条件下发病迅速。这与高温、干旱条件下蚜虫、烟粉虱发生严重,传毒机会增大有很大关系。此外,管理粗放、缺水、缺肥等情况下发病严重。

2. 防治方法　防治西葫芦病毒病,目前尚无有效的药剂供生产使用,仍以采用综合栽培技术进行综合防治。

(1)品种　西葫芦不同品种间对病毒的耐病力有一定差异,花叶西葫芦、早青一代、阿太一代等品种较耐病毒病。

(2)种子　在无病区或无病植株上留种,可防止种子带毒。浸种催芽前应进行处理,以消灭种子上携带的病毒。常用的方法有:

10％磷酸三钠溶液浸种 20～30 分钟,用清水冲洗干净后再催芽播种。

(3)轮作 实行 3～5 年的轮作,减少土壤中病毒的积累。

(4)土壤 栽培前施足腐熟有机肥,特别注意增施磷、钾肥料。尽量选择保水保肥力强的土壤进行栽培。

(5)田间管理 加强肥水管理,避免缺水干旱,无雨季期适当多浇水,降低地温,增加空气湿度,以增强植株的抗病能力。田中和地边的杂草要清除干净,减少传毒寄主。人工进行农事操作时,注意减少接触传毒。在触摸病株后应用肥皂水洗手,然后再摸健株。适当密植或与其他蔬菜间套作,使生育前中期枝叶及早遮住地面,防止日光较长时间地照射地面,导致地温过高、土壤干燥。移栽定植时,凡感染病毒、症状明显的一律淘汰,切勿定植病苗,以免传染其他植株。

(6)消灭蚜虫、烟粉虱 烟粉虱、蚜虫是传布病毒的重要媒介,病毒病的发生及其严重程度与蚜虫、烟粉虱的发生量有密切关系,及早防治烟粉虱、蚜虫是防治病毒病的关键措施。

(二)其他病虫害

参照黄瓜病虫害防治部分。

第三节 甜 瓜

甜瓜是多样化的作物。我国各地出产的梨瓜、香瓜、蜜瓜、白兰瓜、哈密瓜等,在植物学分类上都属于甜瓜种,通称为甜瓜。目前,甜瓜在我国仍为种植面积较大的瓜类作物之一。新疆是主产区,随着保护地栽培生产的发展,在我国东部沿海地区,甜瓜的春早熟栽培、秋延迟栽培、越冬栽培迅速发展。甜瓜的四季生产、周年供应已成为现实。加上栽培技术的提高,品种的改良,过去甜瓜栽培区域的界限也逐渐打破。厚皮甜瓜已东移至东部沿海地区，在热带的海南岛已落户成功。每年早春、初夏季节，山东省保护地栽培的厚皮甜瓜在满足本地区需要的同时，还大量销往上海、广州等广大南方地区。甜瓜已成了长途远销蔬菜之一，成了广大菜农致富的项目之一。

一、特征特性

(一)形态特性

甜瓜为葫芦科甜瓜属中的栽培种。1 年生蔓性草本植物。

1. 根　甜瓜的根系较发达，主根可以深入土中 1～1.5 米，侧根半径可达 2 米，侧根主要分布在地表 30 厘米深的土层中。

根系在疏松肥沃的沙质土壤中生长得广而深，侧根和根毛也多，黏重的土壤不利于根系的生长。整枝过早过重，茎叶较少时，对根系生长有一定的影响。甜瓜根具有好气性的特点，适于通透性好的土壤条件。浇水过多，土壤湿度过大，易造成烂根。甜瓜根木质化较早，根系受损后，再生能力很差，因而不耐移植。

2. 茎　甜瓜为 1 年生蔓性草本植物。在不进行整枝的自然生长状态下主蔓生长不旺，长不到 1 米。侧蔓（子蔓）却异常发达，生长旺盛，长度常超过主蔓。分枝能力很强，特别是摘除顶芽后，从腋芽中可以萌发出很多子蔓（或称一次侧蔓）和孙蔓（或称二次侧蔓）。每一叶腋内着生有幼芽、卷须和雌花或雄花 3 种器官。在同一叶腋中可以着生多个雄花或雌花。

甜瓜的结果习性因品种而异。有的品种在主蔓上结果早而且多，对于这类品种，应利用其主蔓结果。有的品种主蔓结果迟而且少，但子蔓结果早而多，应主要利用其子蔓结果，也可利用孙蔓结果。因此，栽培甜瓜应根据不同的结果习性，通过整枝，促发子蔓或孙蔓,以促进结果。

3. 叶　甜瓜为互生的单叶,叶柄有短刚毛,叶色浅绿或深绿。叶形多为近圆形或肾形,有时呈心脏形、掌形,叶缘呈锯齿状、波状或圆缘。叶脉为掌状网脉。叶的两面均被有茸毛,叶背脉上有短刚毛。叶片的茸毛和刚毛,有保护叶片减少水分蒸发的作用,使甜瓜有较高的抗旱能力。叶片的大小,因品种类型的不同,在 8～15 厘米之间。

4. 花　甜瓜为雌雄异花同株植物。花为虫媒花,花冠(花瓣)黄色,多为 5 瓣,腋生。雄花单性,常数朵簇生,同一叶腋的 3～5 朵雄花不在同一日开放,而是分期分次开放。雌花常为两性,柱头三裂,子房下位。雄蕊的花粉具有正常功能,因此甜瓜的自然杂交率较低。

雌花的着生习性因品种不同而异。以孙蔓结果为主的品种,其主蔓、子蔓上雌花发生的少而迟。但在孙蔓的第一节上即可着生雌花。以子蔓结果为主的品种,子蔓 1～3 节上可以出现雌花,孙蔓上雌花出现也早。以主蔓结果为主的品种,主蔓 2～3 节上即可出现雌花。

甜瓜开花时间,一般在早晨 5 时,午后凋萎。但遇到低温时,开花延迟。一般上午开花后 4 小时以内(即 6～10 时)为最佳授粉时期,午后授粉坐果率极低。雌花在开花的前 1 天上午进行蕾期授粉,也能坐果。

5. 果实　甜瓜果实为瓠果。果实大小相差悬殊,薄皮甜瓜大多在 0.5 千克以下,厚皮甜瓜常达 5～10 千克及以上。甜瓜果实的外果皮为蜡质或角质,中果皮发达,具有较多的水分、糖分和其他营养物质,并具有浓郁的香味,是甜瓜的食用部分。果实中心有一个空腔,称为心室,瓜瓤及种子均在心室中。

果实在成熟前一般为绿色。将要成熟时,叶绿素逐渐破坏消失,在花青素及叶黄素的作用下,果皮呈现出白、黄、橘红等颜色。

未熟的果实,其充满的淀粉被果胶质粘连在一起,因此果实硬而坚实,有的还有苦味。将要成熟时,由于各种酶的作用,如淀粉酶和磷酸化酶,能使淀粉转化成糖,果胶酶则能使果胶转化为果胶酸和醇类。由于糖、酸和醇均能溶于水,就使果实变得柔软酥脆。还有一种酶,能把酸和醇合成具有香味的酯,因此成熟后,就会变得松软多汁、甜而芳香。有的品种果实成熟后,在果柄和果实相连的地方会产生离层,使成熟的甜瓜从果柄上自动脱离,称为"瓜熟蒂落"现象。

6. 种子 甜瓜种子形状为扁平窄卵圆形,种皮较薄,种皮表面平滑或有折曲,颜色有白、黄、红色之别。种子是由种皮、胚和肥大的子叶三部分构成的。

种子寿命一般为4~5年,在干燥低温或干燥密封的条件下,可贮存10年以上。

(二)生育周期

1. 生育周期 甜瓜的全生育期,是指从播种到头茬瓜成熟采收所需的天数。就一个品种而言,其生育期的确定,为整个群体从播种到头茬瓜成熟数占50％时所需的天数。甜瓜的生长发育可分为5个阶段。

(1)发芽期 指从种子播种到子叶展开。种子发芽除需要湿度、温度、氧气3个条件外,还具有嫌光性,即适于在黑暗条件下发芽。在光照条件下,发芽受到抑制。用干种子播种6~7天就可以出苗。

(2)幼苗期 从子叶平展破心到4片真叶展开,5片叶未展,即"4叶1心"时,为幼苗期。若在2片真叶展开后即行打顶(摘心),则2真叶叶腋间抽生的子蔓长2~3厘米时,也称为幼苗期。苗期在春季需25~30天。此期内,主根长度已达40厘米左右,侧根也已大量发生,并分布在土壤20~30厘米深的表层中。

(3)**伸蔓期** 根据品种不同的结果习性,自"4叶1心"到第一雌花出现为伸蔓期。此期,栽培上应"促、控"结合,使植株壮而不旺,在开花前长好茎蔓,为结果打好坚实的基础。

(4)**结果期** 从第一朵雌花开放到果实成熟为结果期。此期的长短,因光照和温度的影响而不同。甜瓜在结果期中,是由营养生长转入生殖生长的关键时期。在栽培上应进行精细的管理。在开花坐果时,应进行授粉。授粉的子房迅速膨大。果实膨大期间,同株再开的雌花会自行脱落,即生理疏果,以保证已坐的瓜有充足的养分供应。果实停止生长后(即果实定个后),同一植株上可以继续坐果,即二茬瓜。

(5)**成熟期** 指果实达到生理成熟,或能够达到采收程度的时期为成熟期。生产中是指一个品种从开始采收到采收结束这段时期。果实成熟时,果皮呈现出该品种特有的颜色和花纹,由于糖分的不断积累,使果实甜度达到最高值,果实发出香味,种子充分成熟并着色。在生产中,一个品种的采收期,因管理水平的不同而有差别,一般为10~25天。

2. 生长发育特性

(1)**幼苗的生长发育** 甜瓜出苗后,经4~5天出现1片真叶,出苗后10天左右出现3片真叶。从播种、出苗到现2~3片真叶,约需20天。进行育苗移栽时,因定植前需低温锻炼,故整个育苗期要25天左右。

(2)**开花结果期的生长发育** 初花时,地上部营养器官已进入旺盛生长时期,地下部根系已基本长成。从雌花开放到坐瓜阶段,茎蔓的增长达到最大值。此时根系吸收的水分和矿物质,以及叶片所积累的光合产物,大量往果实中运转,促使果实体积和重量急剧增大。此后,根系生长处于停滞状态,茎蔓的增长量也急剧下降。

甜瓜的雌花比雄花晚开2~7天。甜瓜雌花多着生在子蔓和孙蔓上。甜瓜适宜的人工授粉时间是早晨7~9时。雌花柱头接受花粉的有效时间,只有半天的时间。当日凌晨开放的雄花,花粉粒萌发有效时间是从早晨到中午,以花瓣开放后 2 小时的花粉萌发率最高。

植株从坐瓜到果实成熟的时间,因种类品种的不同,相差悬殊。最早的薄皮甜瓜品种需 25 天左右,厚皮甜瓜早熟品种需 30～35 天,厚皮甜瓜中熟品种需 45 天以上,厚皮甜瓜晚熟品种需 65～90 天。

(三)对环境条件的要求

1. 温度　甜瓜是喜温耐热的作物,极不耐寒,遇霜即死。生长适温为 25℃～30℃,在 30℃以上、35℃以下能很好地生长结果。生长温度的最低限为 15℃,最高可达 45℃～50℃。当气温低于 14℃时,甜瓜的生长发育受到抑制,10℃以下,停止生长,5℃时发生冻冷害。厚皮甜瓜和薄皮甜瓜生长发育所需温度有所不同。种子发芽和植株生育适温,厚皮甜瓜比薄皮甜瓜高 2℃左右。厚皮甜瓜全生育期≥15℃有效积温,早熟品种为 1 500℃～2 200℃,中熟品种 2 200℃～2 900℃,晚期品种 3 000℃以上。所以,厚皮甜瓜发育时间较长,成熟较晚。薄皮甜瓜生育期内要求的有效积温较低,成熟较早。

气温日较差大小对甜瓜的果实发育及糖分转化积累关系密切,气温日较差 11℃～20℃,有利于糖分的积累。

2. 光照　甜瓜要求每天 10～12 小时日照。在每天 12 小时日照的条件下,形成的雌花最多。每天 14～15 小时日照时,侧蔓发生早,植株生长快。而每天不足 8 小时的短日照,则对植株生育不利。甜瓜需要的总日照时数因品种而异,厚皮甜瓜的早熟品种为 1 100～1 300 小时,中熟品种为 1 300～1 500 小时,晚熟品种为 1 500 小时以上。甜瓜的光补偿点为 4 000 勒,光饱和点为 55 000 勒。强光条件下,易遭日灼危害,常采用叶片及杂草遮盖和翻瓜,避免日灼,提高果实品质。

薄皮甜瓜比厚皮甜瓜耐阴。即使在阴雨天气较多的条件下,也能较好地生长。只是果实糖度、品质、产量等方面,会受到不利的影响。

3. 水分 甜瓜是需水量较多的一种作物。据测定,甜瓜植株在形成 1 克重的干物质时,需要蒸腾水量 700 毫升左右。在盛夏中午气温最高时,每平方米的甜瓜叶面积上可以蒸腾 5~5.5 升的水分。大量的叶面水分蒸发,可以避免植株过热,这是甜瓜对炎热气候环境的一种生物学适应。

甜瓜较耐旱,地上部要求较低的空气湿度,地下部要求足够的土壤湿度。在空气干燥地区栽培的甜瓜,甜度高,品质好,香味浓,皮薄。空气潮湿地区栽培的甜瓜则水多,味淡,香味和品质都较差。薄皮甜瓜能耐稍高的空气湿度,在日照不很充足,多雨潮湿,也不致造成严重减产。而厚皮甜瓜需要有较低的空气湿度,一般空气相对湿度在 50% 以下时较为适宜。

4. 土壤 甜瓜适应疏松、深厚、肥沃、通气良好的沙壤土。沙地上生长的甜瓜,发苗快,成熟早,品质好,但植株容易早衰,发病也早。在黏性土壤种植的甜瓜,幼苗生长慢,植株生长旺盛,不早衰,成熟晚,产量较高,但品质低于沙地种的瓜。甜瓜适宜的 pH 值为 6~6.8,对酸碱度的要求不十分严格。酸性土壤条件下易发生枯萎病。甜瓜耐盐性也较强,一般土壤中不超过 1.14% 的含盐量时,亦能正常生长。

甜瓜每株生长发育需氮量为 6~12 克,磷 12~18 克,钾 20 克。考虑到肥料的流失和实际肥料的利用率,每株施肥量大约是氮 12 克,磷 25 克,钾 20 克。每公顷施用氮、磷、钾数量是:氮为 45~60 千克,磷 60~90 千克,钾 45~60 千克。施用化肥时,应注意氮、磷、钾三要素的全面施用和合理搭配。甜瓜为忌氯作物,含氯的化肥,如氯化铵、氯化钾等,不宜用于甜瓜。

二、栽培品种

(一)薄皮甜瓜品种

目前常用和新育成的品种如下。

1. 华南 108　果实圆形稍扁。果皮黄白色,果肉白绿色,肉厚1.8厘米。单瓜重400克左右,折光糖含量12%以上。全生育期85天,中早熟品种。孙蔓坐瓜为主,北方进行双蔓整枝,每公顷30 000株;南方宜多蔓整枝,每公顷12 000株。全国各地均有栽培。

2. 广州蜜瓜　由广州市果树研究所育成。果实扁球形,单瓜重400~500克,皮白色,成熟时呈金黄色,色艳,香味浓郁。果肉淡绿色,脆沙适中,折光糖含量13%以上。全生育期85天左右,果实25天即可采收。孙蔓结瓜。该品种抗枯萎病能力较强,但不抗霜霉病。现在广东、广西、四川、福建、湖北、内蒙古等地推广栽培。

3. 银瓜(益都银瓜)　中晚熟种,以孙蔓结瓜为主。果实筒形,单瓜重400~2 000克,肩10条纵带,果皮、果肉、种子均为白色,肉厚2厘米左右,质嫩脆香甜,折光糖含量11%,品质上等,全生育期90天,果实发育期35天。银瓜又可分为4种不同类型。

(1)大银瓜　瓜大丰产,筒形,肉厚2~3.5厘米,单瓜重1 000~2 000克。果实生育期35天,折光糖含量10%~12%。

(2)小银瓜　瓜筒形,肉厚2~2.8厘米,单瓜重500~1 300克。比大银瓜稍小,产量稍低。果实生育期30天,折光糖含量14%,质脆嫩。

(3)青皮银瓜　皮色淡绿泛黄晕,筒形,蒂部稍细,肉厚2厘米,淡绿色,单瓜重1 000克左右,果实生育期30天,折光糖含量

15%～16%。

(4)火银瓜 筒形,肉厚 1.8 厘米,单瓜重 590 克左右,果实生育期 28～30 天,为银瓜中最早熟类型,折光糖含量 10%左右。

4. 龙甜 1 号 黑龙江省农业科学院园艺研究所育成的品种。生育期 70～80 天。果实近圆形,幼果呈绿色,成熟时转为黄白色,果面光滑有光泽,有 10 条纵沟,平均单瓜重 500 克。果肉黄白色,肉厚 2～2.5 厘米。质地细脆,味香甜。折光糖含量 12%左右,高者达 17%,品质上等。种子白色长卵形,千粒重 12.5～14.5 克,单瓜种子数 500～600 粒。单株结瓜 3～5 个。当前是黑龙江、吉林、辽宁 3 省的主栽品种,山西、天津、山东、内蒙古各地也大面积栽培。

5. 京玉绿宝 北京市蔬菜研究中心育成。植株生长势强,果实近圆形,果皮深绿色,果面光滑无棱,果肉浅绿色,单瓜重 200～400 克,早熟,易坐果,高产,肉质脆嫩可口,口感香甜。子蔓、孙蔓均可结果,果实不易落蒂。抗逆性好。肉色白,过熟易倒瓢。适于保护地栽培。

6. 台湾蜜瓜 果实卵形,平均单瓜重 300 克,果皮绿白色,有浅沟,皮薄而脆。白肉,细脆多汁,味极甜,折光糖含量 12%～16%。全生育期 84 天。黑龙江、吉林、辽宁等省均有栽培。

7. 京玉墨宝 北京市蔬菜研究中心育成。植株生长势强,果实高圆形,果皮深绿色,有墨绿色隐条纹,光滑无棱,果肉黄绿色,质沙,口感清香,瓢橙色,单瓜重 250～350 克,可溶性固形物含量 11%～14%。子蔓、孙蔓均可坐果,果实不易落蒂。抗逆性强。生长势过旺,不适宜密植。

8. 亭林雪瓜 上海金山区亭林一带珍贵农家品种。果实高圆,果皮乳白色,有棱沟 10 条。果肉绿白色,肉厚 1.5～2 厘米。汁多味甜质脆嫩,折光糖含量 13%左右,品质极佳。孙蔓结瓜,单瓜重 300 克左右,坐果率极高,单株结瓜数可达 14 个以上。缺点是易感病,不耐贮运。

9. 荆农 4 号　由荆州市农业科学院育成。果实卵圆形,果皮黄色,有白绿色沟。肉白色而细脆,味甜,肉厚 2 厘米,折光糖含量 10%～13%,瓤及种子均为白色,千粒重 18 克。现在华中、华东、华北等地推广。

10. 黄金 9 号(日本黄金)　果实长卵形,单瓜重 350～350 克。果皮金黄;有浅沟。肉白色,甜脆多汁,肉厚 1.6 厘米,折光糖含量 10%～14%。种子黄白色,千粒重 12 克。全生育期 90 天。由日本引进。在华北少量栽培。

11. 绿宝石 2 号　郑州中原西甜瓜研究所育成的杂交一代。全生育期 65 天。适应性广,抗逆性强。以孙蔓结瓜为主。果实成熟期 28 天左右。果实近似圆苹果形,外观光滑,翠绿,美观,果实整齐一致,商品率高。单瓜重 500～700 克,单株结瓜 5～6 个。果肉色绿,肉厚,肉质细脆多汁,香甜可口,含糖量 16%～18%,耐运输耐贮藏,货架期长。

12. 京玉 11 号　北京市蔬菜研究中心育成。植株生长势中等,果实卵圆形,果皮白绿色,果柄处有绿晕,果皮光滑无棱,果肉黄白色、质脆,口感清香,瓤黄白色。单果重 300～400 克,可溶性固形物含量 12%～15%。子蔓、孙蔓均可坐瓜。果实不易落蒂,抗逆性较强。不易倒瓤,耐贮运。高温下果型偏长。

13. 金姬　国外引进的杂交特早熟种,适应性广泛,保护地、露地均可种植,品质上乘,糖度可达 18°。果实阔梨形,黄白色,单瓜重 500～750 克,产量高,皮薄,甜脆。

14. 红城 10 号　内蒙古大民种业有限公司推出。中早熟。全生育期 75 天左右,开花至果实成熟 28 天。长势旺,果实阔梨形,丰产,单瓜重 300～500 克。果皮黄白色略带淡绿色,表皮光滑,外形美观,商品性好,果肉白色,糖度 15%,皮薄肉厚。植株抗逆性强,抗枯萎病,较抗炭疽病,耐贮运,棚室栽培较低温度下坐果率高,适于大棚和日光温室栽培。

15. 清甜 2 号 河南省庆发种业有限公司培育特早熟杂交一代种。结瓜早,易坐果,丰产性好,外观美,品质佳,抗病能力强。主蔓、子蔓、孙蔓均可结瓜。果实梨形,果皮雪白,可溶性固形物含量 13% 左右,单瓜重 500 克,大果可达 750 克以上。适宜露地、保护地栽培。

16. 京玉 352 北京京研益农科技发展中心培育。全新育成,白皮白肉,果实短卵圆形,单瓜重 0.2~0.6 千克,含糖量 12%~15%,肉质嫩脆爽口,风味香甜,早熟,长势旺,货架期长,特耐贮运。

(二)厚皮甜瓜品种

1. 鲁甜 3 号 山东农业科学院蔬菜研究所育成。早熟,生育期 80 天。果实圆形。嫩瓜淡绿色,成熟瓜黄色。肉乳白色,质地脆硬,汁多味甜,含折光糖 14% 左右。耐贮运。苗期生长势偏弱,抽薹后生长渐旺盛,坐果率高。适于保护地栽培。

2. 黄河蜜瓜 甘肃农业大学瓜类研究所培育的品种。有 3 个品系,全生育期在不同地区或不同年份略有差异,一般比普通白兰瓜早熟 10 天左右。果皮金黄色,果肉分翠绿色、绿色和黄白色 3 种,肉质较紧,适于加工。含折光糖平均 14.5%,最高达 18.2%。平均单瓜重 2.16 千克。该品种已在甘肃的主要瓜产区大面积推广,已有 20 多个省的研究单位和瓜农引种成功。

3. 伊丽莎白 是 1985 年从日本引进的早熟厚皮甜瓜杂交品种。是一个高产质优、适应性广、抗性较强、易于栽培的优良品种,已在北京、河南等地产生了良好经济效益和社会效益。果实高圆形,果皮橘黄色、白肉,肉厚 2.5~3 厘米,质细多汁味甜,折光糖含量 11%~15%。单瓜重 400~1 000 克。全生育期 90 天,其中果实发育期 30 天。有露地地膜栽培、小拱棚栽培和保护地栽培等多种栽培形式。

4. 特大状元 香港力昌农业有限公司引进的一代杂交种。该品种植株生长整齐,开花后 47 天左右成熟,易坐果。果实呈橄榄形,单瓜重 1.25~1.5 千克。果皮金黄色,有很稀的竖网纹,果肉厚、玉白色,肉质鲜嫩,可溶性固形物含量为 14%~16%。果皮硬实耐贮运,适宜密植,适于山东等地保护地栽培。

5. MASA 该品种植株生长强健,茎叶粗大,抗病力强,结果力强,栽培容易。生育期 128 天,开花后 50 天左右成熟。果实纺锤形,单瓜重 1.3~1.75 千克。成熟时果皮底色土黄绿,上面布满长短不一的墨绿色条斑,果肉淡绿色,肉质细脆多汁,入口无渣,品质优良,口味纯正,可溶性固形物含量 12%~15%。除皮色外,其口感、单瓜重、产量、植株长势、抗病性状优于特大状元,且耐贮运,有很大的发展潜力。适于山东等地保护地栽培。

6. 西班牙蜜王 由香港力昌农业有限公司引进的一代杂交种,属世界著名的西班牙大型洋香瓜。果实呈圆球形,单瓜重 1.25~1.75 千克。成熟时果皮金黄色,果肉玉白,汁多,清甜爽口,香味浓厚,风味特别,可溶性固形物含量为 15%~16%。该品种生长强健,抗枯萎病及白粉病,开花后 50 天左右可采收。

7. 西薄洛托 从日本引进的一代杂交种。花后 40 天左右成熟,果实呈球形,单瓜重 1~1.5 千克。果实白皮白肉,皮肉透明感很强,香味浓,可溶性固形物含量达 16%~18%。植株生长势中等,株型较小,适于密植。成熟前后皮色变化不大,不易判断成熟度。

8. 枫叶二号 加拿大伟业国际农业公司生产。该品种生长势强,结果力强,易栽培,花后 40~45 天成熟,果实椭球形,单瓜重 1.5 千克左右。成熟时果皮乳白色,果面光滑或稍带网纹。肉色白,略带橘红色,肉质脆甜多汁,香味浓,可溶性固形物含量为 14%~16%。不易裂果,耐贮运。

9. 状元 台湾农友种苗公司引进的一代杂交种。该品种早熟,易结果,开花后 40 天左右成熟,成熟时果皮呈金黄色。果实呈橄榄形,脐小,单瓜重约 1.5 千克。果肉白色,靠腔部为淡橙色,可溶性固形物含量 14%～16%,肉质细嫩,品质优良。果皮坚硬不易裂果,耐贮运。本品种株型小,适于密植,低温下果实膨大良好。

10. 蜜世界 台湾农友种苗公司引进的一代杂交种。果实长球形,果皮淡白绿色,果面光滑,在湿度高或低节位结果时,果面偶有稀少网纹。单瓜重 1～1.5 千克。肉色绿,肉质细嫩多汁,可溶性固形物含量 14%～18%,品质优。低温结果力很强。开花至成熟需 42 天左右,果肉不易发酵,耐贮运。

11. 鲁厚甜 1 号 山东省农业科学院蔬菜研究所选育的一代杂交种。适应性强,生长强健,抗病,易坐果。开花至果实成熟需50 天左右。果实高球形,单瓜重 1.2～1.5 千克。果皮灰绿色,网纹细密,果肉厚,黄绿色,酥脆细腻,清香多汁,含糖量 15%左右。果皮硬,耐贮运。适合冬春茬和秋冬茬保护地栽培。

12. 鲁厚甜 2 号 山东省农业科学院蔬菜研究所选育的一代杂交种。早熟,植株长势较强,开花后 35 天可成熟,易坐果。果实呈椭球形,单瓜重 1～1.2 千克。果皮白绿色,果肉绿色,清香酥甜,含糖量 14%左右。果肉不易发酵,耐贮运。适合冬春茬和秋冬茬保护地栽培。

13. 西甜 208 西北农林科技大学培育的厚皮甜瓜新品种。早熟,中果型,种子黄白色,中籽,千粒重 30 克左右。全生育期 95天左右,果实发育期 28 天左右。果实圆球形,充分成熟后果面浅黄色光亮,不落蒂,果肉白色,肉厚 3.5 厘米,中心可溶性固形物含量 16%～18%。肉质滑爽,香甜。单瓜重 0.8～2 千克。长势旺盛,耐低温弱光和高温强光,孙蔓结瓜。高抗霜霉病、炭疽病,不易早衰,适应性广,耐贮运,货架期长,室温下可贮藏 15 天以上。全国各地均可栽培,爬地、吊蔓栽培均可。

14. 京玉黄流星 北京市农林科学院蔬菜研究中心育成。全新育成的黄皮特异类型。果实锥圆形,果皮浅黄色,上覆盖深绿断条斑点,似流星雨状。高产,单瓜重 1.3～2.5 千克,含糖量14%～16%。肉质松脆爽口。适合保护地观光采摘。

三、栽 培 技 术

(一)薄皮甜瓜保护地春早熟栽培技术

薄皮甜瓜春早熟栽培是在冬季或早春进行育苗,定植在保护地中,于晚春或初夏开始收获上市的一种栽培方式。该方式产量高,品质好,上市早,经济效益很高。因而,广大瓜农乐于栽培,在我国东部地区生产面积很大。

1. 栽培季节 华北地区在利用保温性能较好有草苫覆盖的保护地栽培时,于 2 月中下旬育苗,3 月下旬定植,5 月中下旬收获。利用保温性能差的保护地的栽培季节可晚 10～15 天。总的要求是,定植后,在棚中的地温应稳定在 12℃以上,最低气温在10℃以上。绝对不能有霜冻出现。育苗设施一般在阳畦,或日光温室中进行。

2. 品种选择 薄皮甜瓜在我国各地都有适应当地的优良品种,在选用时,应选择早熟、品质优良的品种。此外,还应考虑品种具有一定的抗寒性,以及较强的适应能力。

3. 培育壮苗 春早熟栽培中,播种越早,产品上市越早,经济效益也越高。因此,在所利用的保护地设施内,只要温度条件许可,即应尽早播种。

(1)营养土配制 选用优质肥沃、未种过瓜类的土壤 6 份,腐熟优质土杂肥 4 份,混匀过筛,每立方米营养土再加三元复合肥1 千克、50%多菌灵粉剂 50 克,混匀后装入塑料营养钵,排放于苗床上。浇足底水,同时再灌 1 遍 100 倍农保赞 1 号有机质液肥,促进根系生长。

(2)播种 播前先用 50℃～60℃ 温水浸种 10 分钟,并不断搅拌,至水温降至 25℃～30℃ 时,再浸泡 6 小时。捞出后沥去多余水分,用湿布包好,置于 30℃ 条件下催芽。当胚根长 1 厘米左右时,即可播种。每钵 2 粒,播后覆过筛的营养土 1.5 厘米,盖地膜保温保湿。

(3)苗床管理 播种后,苗床保持 30℃,促进出苗。出苗后立即揭去地膜,适当通风降温,防止幼苗徒长。白天保持 25℃～28℃,夜间 15℃～18℃。在春早熟栽培中,育苗越早,外界气温越低,发生冻冷害的风险越大。因此,应注意采取一切措施,防寒保温。保温覆盖物应早盖晚揭。有条件时,应尽量采用电热温床育苗。

2～3 片真叶时,喷施农保赞 1 号、8 号 500 倍液各 1 次,或与杀菌剂混喷。如发现有黄苗烂根时,应立即用 3.2% 甲霜·噁霉灵水剂 1 000 倍液灌根 2 次,防止死苗。

苗期适当控制土壤水分,尽量不浇水,防止浇水过多,降低地温,造成秧苗僵化,或生长缓慢。如土壤干旱,可浇小水 1 次。

定植前 7～10 天,降低苗床温度,白天 20℃～25℃,晚上 12℃～15℃,进行秧苗低温锻炼,提高其适应性,保证定植后的适应能力。

待秧苗 3 叶 1 心,30～35 天苗龄时,即可定植。

目前很多地方采用工厂化育苗,详情见黄瓜工厂化育苗技术。

4. 定植 甜瓜宜选择土层深厚、疏松肥沃的沙壤土种植。定植前,每公顷施优质厩肥 45 000～50 000 千克或商品有机肥 300～400 千克,硝酸磷型复合肥 450 千克,施肥后深翻、耙平,按 70～100 厘米行距筑成小高垄,垄高 15 厘米。

定植前 15～20 天,保护地的塑料薄膜扣严,夜间加盖草苫,尽量提高地温。

定植选晴天上午进行,将 3 叶 1 心的健苗带土坨起出,按 30～50 厘米株距栽植,浇足穴水。栽苗后立即扣严保护设施的塑料薄膜,夜间加盖草苫,提高设施内的温度,促进缓苗、生长。

5. 田间管理

(1) 温度管理　定植后 7 天内,白天保持棚温 28℃～30℃,夜间 18℃～20℃,地温 27℃,以促进缓苗。缓苗后,通过加大通风,逐渐降温,营养生长期白天保持 25℃～30℃,夜间不低于 15℃,地温 23℃～25℃;开花期白天 27℃～30℃,夜间 15℃～18℃,地温 23℃～25℃;坐瓜后应当提高温度,白天 28℃～32℃,夜间 15℃。昼夜温差:幼苗及营养生长期 10℃～13℃,结瓜后 15℃。提高地温是保护地栽培成功的关键,应通过增施有机肥、覆盖地膜、选晴天浇水、中午闭棚提温等措施来实现。

在春早熟栽培中,生长前期,外界温度较低,应减少通风,注意保温。生长后期,外界气温逐渐升高,应注意加大通风量,降低温度,防止高温造成灼伤。待外界夜间气温稳定在 15℃ 以上时,可逐渐撤去草苫,揭去塑料薄膜,转入露地栽培。

(2) 肥水管理　定植后浇 1 次缓苗水,以后至开花坐瓜前,尽量不浇水,以免降低地温,影响植株生长发育。如土壤干旱,可酌情浇 1～2 次小水,促进根系及瓜蔓生长。开花期尽量不浇水,以免造成落花。幼瓜坐住后,为促进果实发育,及时浇大水。结合浇水每公顷追施硝酸磷型复合肥 300 千克,以壮秧促瓜。果实膨大期可每公顷追施硝酸磷型复合肥 450 千克,促进果实膨大。此期应适当多浇水,保持土壤见干见湿,一般 7～10 天浇 1 次水。

(3) 光照管理　甜瓜生长期需要较强的光照,因此在温度条件有保证的前提下,草苫应早揭晚盖,尽量延长光照时间。塑料薄膜应经常清扫,增加透光量。

(4) 整枝吊蔓　整枝摘心是甜瓜栽培管理的关键性技术措施。

在北方地区,常用的整枝摘心方法有单蔓、双蔓、子蔓三蔓、子蔓四蔓及孙蔓四蔓式等。

单蔓整枝:主要适用于主蔓可以结瓜的品种,及早熟密植栽培。在生长初期,主蔓任其生长,不摘心,任其结果。主蔓基部可坐果3～5个,以后子蔓也可结果。

双蔓整枝:适用于子蔓结果早的品种。当幼苗3片真叶时主蔓摘心,然后选留2条健壮子蔓任其自然生长结果。当子蔓结果后,每蔓留1瓜,瓜前留2～3片叶摘心。无瓜的孙蔓及早疏除。这种方法能促进早熟,密植早熟栽培时多用此法。

子蔓三蔓式整枝:与双蔓式整枝方法相似,只是每株留3条有效子蔓,达到一株结3个瓜的目的。

子蔓四蔓式整枝:当幼苗6片真叶时,留4叶摘心,促4条子蔓萌发,子蔓任其自然生长,一般不摘心。或者在结瓜后,在瓜的上部留3～4叶摘心,并除掉其他无用的枝蔓。

在上述的整枝过程中,如发现某一子蔓没有坐住瓜时,应在子蔓上留3～4叶摘心,促发孙蔓,再利用1～2条健壮孙蔓结瓜。

孙蔓四蔓整枝:主要用于孙蔓结瓜的品种。当主蔓4～5片叶时,留4片叶摘心,并除去基部2条子蔓。待第三、第四2条子蔓长到4～5片叶时摘心,并摘除子蔓基部2条蔓,每个子蔓上只保留上部第三和第四孙蔓,全株共留4条孙蔓,每个孙蔓上留1个瓜。当孙蔓长到一定长度时,在瓜前边留2～3片叶摘心,其余枝蔓一律摘除。

在田间整枝过程中,应根据植株的疏密度和结瓜多少等情况,灵活应用整枝技术。瓜田局部植株过密时,宜采用双蔓或三蔓整枝法,使株密而蔓稀;植株太稀时,宜采用多蔓整枝方式,做到株稀而蔓密,以调节瓜蔓的疏密度和结瓜数。

为了提早成熟,早上市,取得较高的经济效益,一般采用单蔓整枝。很多地区,受传统习惯的支配,常用4孙蔓或6孙蔓整枝法,单株结瓜 4~6 个。

为了提高保护设施的利用率,一般用吊蔓法。保护设施内架设塑料带,每株 1~4 条带,每蔓 1 带。生长期,蔓每长长 30 厘米,即人工绑蔓 1 次。这样,可改善光照条件,增加株数。

(5)人工授粉及施用植物生长调节剂 春早熟栽培中,设施内没有昆虫传粉,瓜不易坐住,必须进行人工辅助授粉。开花期,可在上午 8~10 时,取当日开放的雄花,去掉花冠露出花药,在雌蕊柱头上轻轻涂抹几下即可。也可用植物生长调节剂蘸花,防止落花落果。

6. 采收 甜瓜是供人们生食的新鲜果品,要求有足够的成熟度,成熟度与瓜的品质关系极大。过早采收,果实含糖量低,香味不足,且具苦味;采收过晚,果肉组织胶质离解,细胞组织变成绵软,风味不佳,降低了食用价值。因此,采收标准十分重要,成熟瓜的标准是:一是计算成熟天数。在一定温度条件下,每个品种开花至果实成熟的天数是一定的。如小果型早熟种约 24 天,中熟种 25~27 天,晚熟种 30 天左右。二是看果色转变。薄皮甜瓜品种皮色艳丽多彩,成熟时果实皮色有明显转变,比西瓜容易判断。例如,黄金瓜类型幼果色淡绿,成熟转金黄。又如,梨瓜类型幼果绿色,成熟转乳白色或淡绿色(蒂部)等。三是一些品种成熟时蒂部出现环状裂痕。四是脐部散发出香味。

薄皮甜瓜皮薄易碰伤,果实肉薄、水多、瓤大,容易倒瓤,不耐贮运,采收和销售过程都要注意轻拿轻放。采摘时用剪刀,最好在上午露水稍干后下田采收,避免在烈日下暴晒。要求在 1~2 天内销售,以保持新鲜和品质。

(二)厚皮甜瓜保护地春早熟栽培技术

厚皮甜瓜春早熟栽培在华北地区,厚皮甜瓜在 1~2 月份育苗,定植在塑料保护地中,于春季或初夏开始上市。该方式产量高,含糖量高,品质较好;而且,上市期正值冬季贮藏的产品已经没有的供应空白期,经济效益、社会效益均很显著。因此,近年来发展面积很大。

1. 栽培季节 华北地区在利用塑料保护地栽培时,于2月中下旬育苗,3月下旬定植,5月中下旬收获。总的要求是,定植后,在保护设施中的地温应稳定在12℃以上,最低气温在10℃以上。绝对不能有霜冻出现。育苗设施一般在阳畦或日光温室中进行。

2. 品种选择 在春早熟栽培中,生长前期正值寒冷季节,因此应选用较耐寒的品种。为了提早上市,获得较高的经济效益,最好选用早熟品种。为了提高质量,选用含糖量高、品质好的小果型品种,更属必要。目前,华北地区常用品种如下:黄皮类型:伊丽莎白、状元、枫叶3号等。白皮类型:枫叶2号、西博罗托、台农2号等。网纹类型:丰甜3号等。

3. 培育壮苗

(1) 种子处理 为了促进种子发芽,提高发芽势,厚皮甜瓜在播种前必须进行种子处理。一般的处理方法有:

①晒种 催芽前,在日光下晒种3~4小时,可提高种子的发芽势。

②温汤浸种 将种子放入种子体积3倍的55℃~60℃温水中,不断搅动。待水温降至30℃左右时,浸种6~8小时。此法可消灭种子表面的病菌。

③干热消毒 将干燥的种子放在70℃的干热条件下处理72小时,然后浸种催芽。这种方法可消灭侵入种子内部的病毒,具有防止病毒病的作用。处理时,种子含水量要低,温度不能过高,否则影响种子的生活力。

④药剂消毒 常用的药剂有甲基硫菌灵或多菌灵的500~600倍液浸种15分钟,或10%磷酸三钠液浸种30分钟,或40%甲醛溶液的100倍液浸种30分钟。用上述任何一种药物浸种后,

捞出洗净,再浸种催芽。此法可消灭种子内携带的多种真菌。

⑤浸种催芽　种子经上述处理后,也可不经上述处理,直接用温水浸种 6~8 小时。待吸足水分,捞出,用干净纱布包好,置于 28℃~30℃ 条件下催芽。约 24 小时后,种子露白,即可播种。

(2)播种　厚皮甜瓜的根系再生能力很差,育苗移栽必须带土坨,或用营养钵。常用的方法有 3 种:

第一,把种子直接点播在营养钵中。营养土的配制选未种过瓜菜的肥沃田土 6 份,加入充分腐熟的厩肥 3 份,炉灰渣 1 份。每立方米营养土中再加入硝酸磷型复合肥 0.5 千克,并用 50%多菌灵或 50%硫菌灵可湿性粉剂 500 倍液喷洒消毒。过筛后,将营养土装入直径 8 厘米、高 8 厘米的营养钵中,营养土深 6 厘米。在处理种子的同时,将营养钵浇透水。将露白的种子平放在营养钵中间 1 厘米深的小坑中,然后覆过筛营养土 1~1.5 厘米厚。

很多育苗工厂用配制好的草炭营养基质也有很好的效果。一般草炭基质为草炭 5~6 份,蛭石 4~5 份,复合肥 1 份,混合时用多菌灵 500 倍液喷雾消毒。目前,育苗工厂用的育苗钵多为 5 厘米×5 厘米的大穴盘。这种穴盘育苗便于机械化操作。但是秧苗的叶龄较小。

第二,把种子点播在沙盘中,或育苗盘中。沙盘中盛满干净的河沙 2~3 厘米厚,浇足水,点种,上覆细沙 1 厘米厚。待幼苗子叶展平后,再移入营养钵中。

第三,播种在育苗床中。床土配制同营养钵。播种前,苗床浇大水。待水渗下后,用长刀在畦内按 10 厘米间距,纵横切成方块,深度 10 厘米。把种子点在土方块中央,上覆细土 1 厘米厚。

无论用什么方法播种,均要求播前浇足水;种子平放;移栽定植时秧苗应带土坨,少伤根系。

(3)苗期管理　育苗期正值最寒冷季节,因此,应采取一切措施,保持苗床温度,防止冻冷害的发生。播种后,应立即扣严育苗畦的塑料薄膜,提高温度,促进出苗。一般白天保持 30℃左右,夜间 20℃。经 5 天左右,多数苗出齐,即开始降低温度,白天保持 27℃左右,夜温 18℃左右,防止夜温过高,造成徒长,成为下胚轴细长的"高脚苗"。

在第一片真叶长出后,白天保持 22℃～25℃,夜温 15℃～17℃,不能低于 12℃。育苗后期,外界温度渐高,应注意通风降温,注意勿使白天温度超过 30℃。定植前 3～5 天,逐渐降低温度,使秧苗适应保护地内的温度条件,增强适应力,提高定植后的成活率,白天约 20℃,夜间 15℃左右。

由于春季气温低,土壤蒸发量小,通常不需要浇水。为保持墒情可进行覆土。一般在苗出齐后,第一片真叶长出后分别覆土 1 次,每次覆细土 0.3～0.5 厘米厚。覆土不仅有保墒、弥补土壤表面裂缝、降低苗床湿度、避免苗期病害的作用,还有利于抑制幼苗徒长,培育壮苗的作用。

苗期应及时清洁薄膜上的尘土,增加光照。一般不进行追肥。如缺肥,可每 3～5 天根外追施 0.2% 磷酸二氢钾液 1 次。

(4) 壮苗标准 厚皮甜瓜苗定植前壮苗的形态是:苗龄 30～40 天,3～4 片真叶,生长整齐,茎粗壮,下胚轴短,节间短,叶片肥厚,深绿色有光泽,根系发达、完整、白色、无病虫害。子叶完好。工厂化育苗的苗龄较小,一般为 2 叶 1 心。

(5) 嫁接育苗 利用黑籽南瓜、瓠瓜等作砧木与厚皮甜瓜嫁接,有下列优点:可减少枯萎病等土传病害;耐低温;根系发达,生长旺盛,耐旱、耐瘠薄,丰产。由于上述优点,目前在我国东部栽培区开始逐渐应用。

常用的砧木有黑籽南瓜、瓠瓜,或抗病的普通甜瓜(多用当地的薄皮甜瓜)。嫁接方法同黄瓜嫁接。

目前很多地方采用工厂化育苗,详情见黄瓜工厂化育苗技术。

4. 定　植

(1) 整地、施肥　采用未种过瓜类的保护设施可有效地防治枯萎病。重施有机肥,每 667 米² 施喷洒辛硫磷农药的腐熟鸡粪 1 000 千克,优质圈肥 5 000 千克或商品有机肥 300～400 千克,硝酸磷型复合肥 30 千克,施后深翻耙平。

厚皮甜瓜喜光,应采用宽垄栽培。大垄宽 80 厘米,种植畦宽 60 厘米,畦高 20 厘米,每畦种 2 行。

(2) 定植　定植前 7 天把营养钵内浇透水,并降温锻炼幼苗,方法同厚皮甜瓜露地栽培。定植前 20 天扣好保护地等设施的塑料薄膜,夜间加盖草苫,进行高温闷棚,提高地温。当地温达到 15℃,秧苗 3 叶 1 心时即可定植。定植时,宜在温暖的晴天上午至下午 3 时进行。用地膜全覆盖栽苗,用壶点浇苗水。栽培床上加盖小拱棚保温。早熟品种株距 35～40 厘米;中晚熟品种 40～45 厘米,不宜过密。

5. 田间管理

(1) 搭架、吊绳　在保护设施内用立架栽培,不仅能充分利用空间,改变叶片受光条件,还可提高种植密度,增加产量。甜瓜吐须后立架,架材一般用竹竿,架高 1.6 米左右。吊绳为塑料绳,每蔓 1 绳。生育期应每 7～10 天人工引蔓 1 次。

(2) 整枝　一般采用单蔓整枝。当母蔓 4～5 片真叶时摘心,促发子蔓,在基部选留 1 条健壮的子蔓,将其余子蔓去掉。主蔓基部 1～10 节上着生的侧芽在萌芽期应全部抹去。在主蔓 14～16 节位留 1 个瓜为宜。也可采用单蔓留双层瓜,即 1 株留 2 瓜,以母蔓为主蔓,主蔓不摘心,在第 11～14 节上留第一层瓜,在主蔓第 20 节以上留第二层瓜,可留 1～2 个。余侧蔓及时除去。该方式成熟采收早,产量不高。适于早熟品种、早熟栽培、密植栽培及搭架栽培。目前,山东早熟栽培中应用较多。我国西北地区进行早熟密植栽培时,常用的单蔓式整枝方式与上述略有不同:是在主蔓不摘心的情况下,选留 4～5 节以上中部的子蔓结果,瓜前留 2～3 片叶摘心,上部的子蔓任其生长,或酌情疏除。

早熟栽培中,前期应抓紧整枝,否则茎蔓生长过旺,致使坐果不及时,后期不仅增加了整枝工作量,而且造成晚熟减产。

整枝应在晴天下午进行。下午气温高,伤口愈合快,可减少病害感染;同时,茎叶较柔软,能避免折断茎蔓等机械损伤。疏除的茎蔓及时带出地外深埋。早晨有露水,及阴雨天后不应整枝。

整枝应陆续进行,一次整枝过狠、过净,易造成损伤太大,植株易早衰,果实长不大,且含糖量降低。

摘心不宜过早,过早会影响其他叶片的功能,并加速老化。摘除侧蔓时,以长度 2～3 厘米时为宜,过短抑制根系生长,浪费养分。

随着果实发育,陆续摘除下部 50 天以上的老叶,以利通风透光,减少病害,并节约养分。

(3)授粉、留瓜　在预留节位的雌花开放时,于上午 8～10 时,用当天开放的雄花给雌花授粉。也可用植物生长调节剂处理雌花。授粉的最低温度为 18℃,适温为 25℃～28℃。

当幼瓜长到鸡蛋大小时,选瓜形端正的留下,其余的摘除。当瓜长到 0.5 千克左右时开始吊瓜。即用塑料绳连接着果柄靠近果实部位,吊到保护地顶部的铁丝上。选留幼瓜的标准是:颜色鲜嫩、匀称、完好、两端稍长、果柄长而粗壮、花脐小、无病虫害的。确定了留的瓜后,其他瓜全部摘除,然后浇膨瓜水。

甜瓜果实生长前期果面幼嫩,应在秧下遮阴,以免日灼。开花后 20～30 天时,应让瓜见光,使果面色泽鲜亮,提高品质。过早晒瓜,影响生长发育;过迟晒瓜,则因果面茸毛脱落也易发生日灼。

(4)追肥浇水　追肥适期以伸蔓期、膨瓜期为主。结合浇水,每公顷每次追施硝酸磷型复合肥 300～450 千克。生长前期,外界温度较低,土壤蒸发量较少,浇水适当要少些。膨瓜期外界气温渐高,浇水要足,达田间持水量的 70%～80%。浇膨瓜水时,大沟小沟一起浇。从第六片叶往后,每隔 7 天喷 1 次 0.3%磷酸二氢钾溶液,直到结束。

果实膨大期尽量不追氮肥,不能施用含氯的化肥,如氯化钾等,以免降低品质。

厚皮甜瓜根系发达,吸收力强,但因叶多叶大,蒸腾量大,生育期仍需大量水分。春早熟栽培生育期短,从定植至收获 60～70天。主要浇 3 次水即可满足需要。一是定植水;二是花前水;三是膨瓜水。定植水是定植时浇 1～2 水。水量不宜过大,及时中耕松土,进行蹲苗。从定植至进入开花期 25～30 天。此期营养生长旺盛,应少浇水进行蹲苗,促进根系向更深、更广的范围发展,防止水分过多,造成茎叶徒长。协调营养生长和生殖生长,使营养生长适当、适时向生殖生长过渡,以利早熟。此期浇水的原则是不旱不浇。花前水是在蕾期、开花前浇水,此水是在营养体已充分生长,花器发育壮实,在及时整枝的同时进行。水量中等。花前水不宜太晚,如盛花期浇水易造成落花,影响坐果。膨瓜水是在果实已经坐住,长至鸡蛋大小,疏果定果后进行。水量应大。此期,果实迅速膨大,生长旺盛。植株需水量很大,要求土壤供水充足。此期缺水,会严重减产。如一水不足,可补浇 1～2 水。原则是土壤见干见湿,以保证果实膨大。果实停止膨大后应控制浇水,早熟栽培不再浇水,以改善品质。否则,水分过多,则茎叶继续生长,影响果实内糖分转化,延迟成熟和降低含糖量;还易造成裂果和病害的发生。晚熟种也应不旱不浇。

在浇水过程中,应注意如下事项:

①浇水时间　宜在早上浇水,忌烈日高温下浇水。因此时叶片蒸腾强烈,需水量大,突浇大水,地温降低,氧气减少,根系吸收功能突降,而导致茎、叶“生理干旱”,发生萎蔫甚至死亡。下午浇水,易增加设施内空气湿度,诱发病害。

②提倡细流灌溉,忌大水浸灌 大水浸灌,特别是淹没高畦,浸泡了植株,不仅造成根系附近土壤板结,而且易带着水上游病害植株的枯萎病病菌,传播到下游,导致病害蔓延。浇水应采用小水浸灌,勿漫高畦。

③浇水与喷药结合进行 厚皮甜瓜的霜霉病、白粉病十分严重,浇水后,湿度加大,更会诱发病害。为防止病害大发生,浇水前,或浇水后应立即喷药防治。

④整个生育期,浇水应力求均匀 防止忽干忽湿、剧烈变化而发生裂瓜现象。

(5)中耕除草 厚皮甜瓜定植后,正值早春地温较低时期,故应及时中耕 2～3 次,以提高地温,保持墒情。中耕由浅到深。封垄后停止中耕。

(6)美化果实外观的管理措施

①套袋 厚皮甜瓜栽培中,在日照过强的条件下,很多白色、黄色品种,其果皮有变绿现象,以致影响商品形象。为防止果皮变绿,可行套袋措施。套袋后,还有使果面干燥、网纹突出、减少农药残留等效果。

一般在果实为核桃大小时,进行第一次套袋,用报纸作材料。果实发育中期,网纹开始形成时,换用白色牛皮纸袋套袋。于收获前 7～10 天去袋。去袋以阴天进行为宜,避免阳光直射造成日灼。

②擦果 擦果有利于网纹的发生,在日本该方法利用较多。在厚皮甜瓜网纹发生初期,用较粗糙的毛巾,浸上代森锌 400～600 倍液,或百菌清 800 倍液,稍用力擦试果实表面。擦果从看得见网纹的轮廓时开始,每 5 天擦 1 次,共擦 3～4 次。

擦果后,可果实表面消毒;并通过弄伤已隆起的网纹,使其产生愈伤组织,从而使网纹的隆起更加良好。擦果用水应清洁、卫生,防止细菌病害传播。次数不能太频繁,否则会使网纹脱落。

6. 采收 厚皮甜瓜产品质量的好坏,主要的衡量指标是含糖量。只有充分成熟后,瓜的含糖量才最高,风味才最好。采收过早,含糖量不够,影响品质,这是目前厚皮甜瓜品质不高的主要原因之一。采收过迟,品质和风味也很快下降,甚至发酵,不耐贮运。凡在当地销售的甜瓜,可在十分成熟时采收。外运远销的甜瓜,应于成熟前 3～4 天,8～9 成熟时采收。此时采收果实硬度高,耐贮运,至销售时也已达十成熟,品质也较好。

为了准确地掌握厚皮甜瓜的成熟度,以便采收,下面列出成熟的鉴别方法。

(1)果实发育时间　不同品种从开花到成熟均有不同,但有固定的时间。如早熟品种的黄蛋子、伊丽莎白需 35～40 天,中熟品种需 45～50 天,晚熟品种需 65～90 天。在植株开花期,在植株上做上日期标志,到成熟日期即采收。此法最可靠,但较费工。

(2)果实外观特征　成熟时,果实外观显现出固有的品种特征。如黄皮品种到果实充分成熟时,才完全变成黄色。有网纹的品种,果面网纹突出硬化时即标志成熟。有棱沟的品种成熟时棱沟明显。

(3)硬度　成熟的果实硬度发生变化,有的品种变软,果皮有一定弹性,特别是果脐部分首先变软。

(4)香气　凡有香气的品种,成熟的瓜才有香气,未熟瓜不散发香气。

(5)离层　有的品种如黄蛋子、白兰瓜等,果实成熟时,果柄处产生离层,自然脱落,俗称"瓜熟蒂落"。未熟瓜不产生离层。很多品种没有这种特性。

(6)植株特征　有的品种果实成熟后,坐果节的卷须干枯;坐果节叶片叶肉失绿(镁被转移)等。

采收应在早上或傍晚气温低,瓜面无露水时进行。瓜柄剪成"T"字形,轻拿轻放,装箱待运。

采收后期,田间喷乙烯利 300～500 毫克/千克液,有催熟的作用。

(三)厚皮甜瓜秋延迟栽培技术

在8月份育苗,9月份定植在保护地设施中,于11～12月份采收,可贮存到元旦或春节上市,这一种方式为厚皮甜瓜秋延迟栽培。该方式的经济效益较高,但难度较大,目前,在华北地区仅有少量面积。

1. 栽培季节 华北地区利用塑料大棚保护地栽培时,于8月中下旬播种,11月下旬至12月份收获。

2. 品种选择 在秋延迟栽培中,苗期正值炎夏,光照强,温度过高,雨量多,病害严重。10～11月份果实正处于膨大期及成熟期,此时气温下降,天气日渐寒冷。而甜瓜在膨大期和成熟期要求较高的温度、较强的光照和较大的昼夜温差。因此,栽培厚皮甜瓜有一定难度,管理不当会造成苗期多病,后期果实畸形,着色不良,导致减产或绝产。根据这种情况,应选用抗病性强、生育期短、成熟快的品种;或选用中熟、抗病性好、后期耐低温兼耐贮性的品种。

目前适宜秋延迟栽培的早熟品种有:伊丽莎白、蜜公主、白雪公主(3个品种的特点是生育期短,易栽培,好管理,易坐果,适应性强,较抗病)。中晚熟品种有:西班牙蜜王(抗枯萎病及白粉病,产量高)、美国特大蜜露(抗蔓枯病及白粉病,低温结果力特强,高产)、火凤凰(生长健旺,易坐果,抗病性好,市场价格高)等。

3. 整地施肥 华北地区7～8月份雨量集中,新建棚应选择地势较高、易排水的沙质壤土。前茬作物收获后,每公顷施腐熟有机肥45 000千克或施用商品有机肥300～400千克,过磷酸钙450～750千克,硫酸钾300千克,或硝酸磷型复合肥450～750千克及5%辛硫磷颗粒剂15千克。前茬为瓜类的旧保护地,每公顷可施50%敌磺钠可湿性粉剂30千克,然后深翻、耙细、整平。单行种植时可做垄,垄高15～20厘米,垄底宽50厘米,垄顶15厘米,垄距 75 厘米;双行种植时,可按 1.5～1.6 米做高畦,畦宽 1 米,沟宽 50 厘米,沟深 20 厘米。以南北向为宜。畦做好后,浇足底水。

土壤墒情适宜时,将畦整成中间高两边低的"龟背形"。用 1.3～1.5 米的银灰色地膜覆盖高畦或垄面,以防蚜、防涝,降低土壤温度。覆膜后以备定植。

保护设施最好在育苗时建好,也可在早霜来临前的 20～30 天建好。保护地只保留顶部薄膜,以便通风挡雨。随着气温的下降,再逐渐增加覆盖物保温。

4. 培育壮苗　育苗可采用直播或育苗移栽 2 种方式。

(1)直播　用 50%多菌灵可湿性粉剂 500 倍液,或 70%甲基硫菌灵可湿性粉剂 600 倍液浸种 15～20 分钟。捞出洗净,再用 55℃温水浸泡 10 分钟,搅拌至水温 30℃左右,再浸泡 6～8 小时。然后用湿布包好,放在 30℃条件下催芽,待种子露白时直接播在垄背上。种子有包衣的不能浸种,宜直接干播。播种株距 40～45 厘米,穴深 2 厘米。先浇足底水,水渗后播种,每穴 1 粒种子,播后覆过筛细土 1 厘米。待全苗后,覆银灰色地膜,并在有苗处开十字破膜引苗出膜,幼苗周围压好土,封膜。

(2)育苗移栽　多采用营养钵育苗。营养土可采用未种过瓜类的菜园土 4 份,腐熟有机肥 6 份,加 50%多菌灵粉剂或敌磺钠可湿性粉剂 25～30 克/米³ 配制而成。

育苗可在保护地内进行,也可搭拱棚遮阴育苗。将苗床建成小高畦,畦长 10～15 米,宽 1.2 米,高 10 厘米。将畦搂平踏实,上面排放营养钵。钵内浇透水,水渗后每钵播 1 粒种子,播后覆细土 1 厘米厚。

(3)苗期管理

①防雨　注意天气变化,雨前及时盖好塑料薄膜,以防雨淋幼苗,引发苗期病害。

②防治病虫　如发现有倒苗、烂根现象,应立即用腐钠合剂 150～200 倍液灌根;或用 130～250 倍液喷洒 3～4 次,以防死苗。苗期还可喷洒 75%百菌清可湿性粉剂 600～800 倍液防病。如发现蚜虫,应及时喷洒 20%甲氰菊酯乳油 2 000 倍液,以防病毒病发生。

③通风　育苗床薄膜只盖拱架顶部,成为天棚,薄膜或遮阳网要与幼苗保持 0.8～1 米的高度,四面大通风。

④遮阴　用遮阳网或麦秸在上午 10 时至下午 3 时阳光强时遮盖。

⑤控制浇水　苗期一般不旱不浇水,需要浇水时少浇勤浇,防止幼苗徒长。

5. 定植　播种后 25～30 天,幼苗 3 叶 1 心时,选择晴天下午或阴天进行定植。定植时可在覆盖银灰色薄膜的垄背或畦面上,按株距 40～45 厘米破膜打孔。畦栽的每畦 2 行,畦上窄行距 50～60 厘米,每公顷栽植 27 000～30 000 株。打孔开穴后先浇水,水渗后将营养钵中的幼苗轻轻栽到穴中,然后封穴浇定植水。幼苗周围压好土,封膜。

6. 田间管理

(1)肥水管理　定植后根据土壤墒情,在蔓长 30 厘米时和坐瓜后、果实膨大期各浇水 1 次,其他时间,土壤不干旱不浇水。大雨后及时排水,防止涝害。幼瓜长到鸡蛋大小时,结合浇水,每公顷施硝酸磷型复合肥 370～450 千克。进入果皮硬化期和网纹形成期,应控制浇水,以防裂果和形成粗劣网纹。成熟前 1 周停止浇水。

(2)整枝打杈　采用单子蔓整枝法,在幼苗 4～5 片叶时摘心,留 1 条健壮的子蔓作主蔓。在 10～15 节上留 1 瓜。此茬生长前期气温高,生长旺盛,容易徒长,应严格整枝。除选留的主蔓和侧蔓外,其他枝应及时摘除。坐果后及时摘心。从果实膨大到成熟期,气温下降,光照强度减弱,植株光合作用下降,为保持较大叶面积,进入果实膨大期,除打顶外,停止整枝,可任其生长。

在密度较小时,也可利用双蔓整枝法,每株留2瓜。

(3)人工授粉　为提高坐果率,可在开花期每天上午7～10时授粉,9～10时为最佳时间。1朵雌花要求授2～3朵雄花。将开放的雄花摘去花冠,在雌花柱头上涂抹几下即可,或用毛笔蘸雄花花粉在雌花柱头上轻轻地涂抹。也可用防落素授粉。方法是在开花前1～2天,或开花当天,用防落素5克加水0.3～0.5升,均匀喷布瓜胎或花序,可提高坐瓜率90%以上。使用时要随配随用,喷布要均匀,以免出现畸形瓜。

(4)留瓜与吊瓜　当幼瓜长到鸡蛋大小时,选留瓜形圆正,符合本品种特性的瓜作商品瓜,早熟小型果品种留2个,晚熟大型果留1个。幼瓜长到250克左右时,要用塑料绳吊在果梗部,固定在支柱的横拉铁丝上,以防瓜蔓折断及果实脱落。利用高架立体栽培时,瓜蔓必须用塑料绳固定,以备来寒流时落蔓。

(5)温湿度及光照调节　9月上旬前,保护地只保留顶部棚膜,日光保护地可将前面一幅薄膜卷起。拱圆棚可将两裙部薄膜卷起,这样便于防雨、通风,同时避免设施内温度偏高。温度控制在白天27℃～32℃,夜间15℃～25℃。9月中旬至10月上旬,果实的膨大和成熟,白天需要25℃～32℃,夜间需要15℃～20℃。若白天温度下降至20℃以下,夜间下降至12℃以下,必须采取保温措施,将棚膜全部盖好,并加盖草苫。进入11月份,时有寒流侵袭,保护地内需设小拱棚。小拱棚高40厘米,宽100厘米。覆膜前先将吊绳剪断,再将瓜蔓轻轻盘绕在小拱棚设施内,将瓜吊在小拱棚的支架上,然后将膜盖好,以防冻害。当保护地温度超过30℃时,可将小拱棚两头或南侧揭膜通风。

为使果实正常膨大,应增强光照,晴天及时揭草苫。经常清扫塑料薄膜,以增强透光度。

连阴天时,只要设施内温度不很低,仍要通气,以降低设施内湿度,减少发病。

7. 适时采收 秋延迟厚皮甜瓜,一般价格较高,可根据市场情况适时采收。因厚皮甜瓜处在温度低、光照弱的条件下,果实成熟慢,要求在九成熟时采收。成熟瓜在瓜蔓上可延迟数天收获,由于此时棚温不高,一般不会影响品质。在果实不受寒流影响的前提下,可适当晚采收。收获后,如不能马上销售,可摆放在比较干燥的贮存室内贮存。只要不受冻害,贮存到元旦、春节销售,不会引起品质变化。

(四)厚皮甜瓜的外部形态与管理

厚皮甜瓜是对外界环境条件反应非常敏感的蔬菜作物之一。任何不良的环境条件、不科学的管理措施,都会导致甜瓜出现不正常的反应,并从外部形态上表现出来。因此,掌握厚皮甜瓜外部形态的变化与环境条件及管理措施的关系,从而为做出正确的管理措施的决策奠定基础,这在生产上有重大意义。

1. 幼苗期的外部形态与管理

(1)幼苗顶壳出土 幼苗出土时,种皮不脱落,夹住子叶,这种现象称为"顶壳"或戴帽。由于子叶不能顺利开展,妨碍了光合作用,使幼苗生长不良,成为弱苗。

幼苗顶壳主要由两个原因造成:一是种子成熟度不足,贮藏过久,或受病虫等危害,使种子的生命力降低,出土时无力脱壳,导致顶壳现象;二是播种时灌水不足或覆土太薄,种子尚未出苗,表土已变干,使种皮干燥发硬,致出苗时不能顺利脱落。播种时覆土太薄或覆土的容重太轻,压力太小,不能固定种皮,幼苗子叶出土时,也会顶壳出土。此外,甜瓜种子播种时,如果种子平放,种子上部经受的土壤压力较大,种皮吸水均匀,出苗时子叶易从种皮里脱出来。如果把种子竖直插入土中,瓜种上部离地表太近,经受的土壤压力很小,加上接近土表面的种皮易干燥,种子吸水不均匀,也易导致出苗顶壳现象。

防止幼苗顶壳现象的措施是:利用良种;播种前灌足底水;瓜种平放;覆土适当;播种后覆地膜保墒;出苗期,在苗床进行第二次覆土,通过覆细土,一方面保墒,一方面增加压力使种子顺利脱壳;发现顶壳出土的幼苗,可人工辅助脱壳。

(2)幼苗徒长 甜瓜幼苗徒长的形态是:茎纤细,节间长,叶薄,色淡绿,组织柔嫩,根系小,茎和叶片之间的夹角小且呈直立状,叶柄和叶之间的夹角大,叶柄变长等。徒长苗吸收力弱,秧苗易失水萎蔫;植株体内含氮量高,含碳水化合物量低。因此,抗性差,易受冻、冷害和发生病虫害。其花芽分化晚,结瓜晚,花数少,畸形花多,易落花,难获早熟和高产。

秧苗发生徒长的主要原因是光照不足和气温过高。光照不足,则光合作用减弱,使细胞分裂速度降低,细胞的加长生长加强,并导致幼苗高向生长以争光照。苗床内温度太高,特别是夜温太高,加强了呼吸作用,影响了营养积累,致使植株柔嫩,含水量增加。秧苗徒长还有 2 个条件:氮肥多和水分充足。在光照不足和夜温高的条件下,加上氮肥过多和水分充足,才会发生徒长。

防止秧苗徒长的措施是:增强苗床光照,保持适宜的温度。苗期适量施氮肥。如发现幼苗徒长,应控制浇水,降低温度,并喷2 000 毫克/千克矮壮素防止。

(3)幼苗僵化 甜瓜幼苗的生长发育受到抑制时,出现僵化。僵化苗的形态是:苗矮小,茎细、叶少、根少,不易发生新根,叶柄和叶之间的角度变小等。幼苗僵化后,花芽分化不正常,易落花落果,定植后缓苗慢。

幼苗僵化的原因主要是苗床温度太低,长期处于 12℃ 以下。此外,苗床缺少肥水,也会造成僵化现象。

防止幼苗僵化的措施是提高苗床温度。有条件时,改冷床育苗为电热温床育苗。苗期适当浇水、追肥。此外,喷 10～30 毫克/千克赤霉素亦有促进幼苗生长之功效。

(4)其他 幼苗的茎、叶都呈直立状,是水分充足而肥料不足的表现,应及时追肥。

2. 瓜蔓伸长期的外部形态与管理 正常生长的植株,最上部开放的雄花距生长点 10～20 厘米。如果开放的雄花在生长点附近时,表明植株生长受抑制。这可能是定植时植株受损伤,或地温低、土壤干旱、夜温低、肥料过多等原因造成的。出现这种现象,可提高地温和夜温,适当浇水、追肥。

正常的植株,卷须粗壮,一直伸长到生长点以上。如果卷须细,卷成数个圆圈状,则表明植株老化,需要适当追肥、浇水,促进生长。如果卷须先端下垂,表明水分不足,应立即浇水。卷须先端变黄,是植株将要发生霜霉病等病害的先兆。

厚皮甜瓜的叶片,6～8 片叶时开始表现出品种特有的叶型,其大小以成人手掌大小为标准。如果叶型大而圆,表示营养生长过旺,应控制肥水供应。

在进行匍匐栽培时,如叶片呈镰刀形,直立,如蛇抬头时的形状,表明营养生长太旺,应控制肥水供应。如植株紧贴地面,表明营养生长太弱,应增加肥水供应。正常的植株长势应是生长点稍稍往上抬起,抬起处有 2～3 片叶展开。

正常生长的植株,叶色深绿,茎和叶柄的夹角呈 45°。叶色淡绿,表明缺少肥料,应及时追肥。

3. 网纹甜瓜的表面形态与管理 网纹甜瓜的网纹很美观,因此栽培中应注意其发生与培育。正常的网纹是:布满整个瓜的表面,无空白处;网纹整齐,灰色,在果面隆起明显,网纹较宽,无重叠,无特别宽大的网纹,也没有因土壤水分太多造成的细小网纹。

网纹的产生是由于表皮细胞分裂滞后于果实膨大,使表皮稍硬化后,出现的细小裂痕。这些裂痕形成木栓化组织,隆起后形成网纹。如果土壤水分过多,裂痕的发生太剧烈,就会形成不可恢复的裂果,或网纹太宽、太深、太少。如水分不足,果皮表面过干,也会减少网纹的发生。

在网纹形成期,适当而均匀地浇水;用叶片给果实遮光,使果实表面附着适当的水分;或用套袋、喷雾法等,均可促进网纹的产生。近年来,日本等地采用人工擦果的方法增加网纹的美观性,对于网纹的产生有良好的效果。

第四节　番　茄

番茄又叫西红柿、洋柿子、番柿等,以成熟多汁的浆果产品供食用。

番茄在世界各国广泛栽培,普遍食用,既是蔬菜,又是水果。在我国各地均大量栽培,并有大量食用习惯。在果菜生产中堪与黄瓜相伯仲,在保护地生产中也屈居第二位。

一、特征特性

番茄为茄科番茄属作物,1年生草本植物。

(一)形态特征

1. 根　为深根性作物,根系发达,支根多,分布深而广。番茄的根由胚根发育成的根系和不定根两部分组成。在 2 片真叶期,主根可长达 50 厘米左右。不经移栽,主根可深达 1.5 米。侧根水平伸展 2.5～3 米。主要根系分布在 30 厘米左右的土层中。番茄茎基部易发生不定根。不定根入土浅,分布广度小。

2. 茎　按生长习性可分为直立型、半直立型和蔓生型 3 种。直立型植株矮小,高度为 0.5～1 米,茎木质化程度高,分枝少,产量低,栽培较少。半直立型株高1～1.5米。蔓生型2～5米,随着叶片增多、增大,花果的出现,柔软的茎难以支撑,便呈匍匐蔓生状态。栽培中应设立支架,并进行整枝。

根据番茄主茎生长的不同,又可分为2种类型:有限生长类型和无限生长类型。有限生长类型植株茎的生长点生长到一定时期形成花芽,在其下部不分化叶芽继续生长,成为自封顶状态。这类品种一般植株较矮,多为早、中熟品种。无限生长类型植株生长点依次不断生长,形成花序和叶片,直至拉秧。这类品种植株高大,长势强,产量较高。当主茎长至7～9片叶后,开始着生第一花序,花序下的侧芽代替顶芽继续向上生长。依此,无限生长下去。这类品种的晚熟种居多,开花结果期长,供应期也较长。

3. 叶 番茄叶为不规则奇数羽状复叶。叶互生,有小叶。番茄叶片大小相差悬殊,长度在15～45厘米间。叶片较大的品种为中晚熟种,直立性较强或小果型品种的叶片较小。此外,苗期的叶片裂片少也较小。

番茄果穗间叶片数,早熟品种为1～2片,中熟品种为2～3片,晚熟品种为3～4片。番茄的叶色多为绿色或深绿色,少数为浅黄绿色。

4. 花 花是完全花。每朵花由雄蕊、柱头与子房、花冠、花萼和花梗等组成。花萼分离生长,不脱落,与果实并存生长,起保护花瓣与幼果的作用。多数番茄花为自花授粉,异交率约为5%。番茄的花序为总状或复总状花序,每花序有5～8朵花,有些品种多达十几朵。播种后55～60天,第一花穗开花。

5. 果实 果实为多汁浆果,有扁圆形、圆形、高圆形、长圆形、梨形、樱桃形等多种果形。果实大小从0.5克至900克不等,单果重在70克以内的为小型果,70～200克为中型果,200克以上的为大型果。果实颜色有红色、粉红色、黄色和橙红色4种。

6. 种子 种子为扁平短卵形或肾形,呈灰褐色或黄褐色,表面覆盖茸毛。种子由种皮、胚乳和胚组成。番茄种子较小,千粒重2.7～4克。种子寿命4～6年,生产上的适用年限为2～3年。

(二)生育周期

番茄在热带是多年生草本植物,在温带有霜地区作为1年生栽培。它从播种发芽至果实采收结束大致可分为下列4个时期:

1. 发芽期　从种子发芽,子叶展开,到第一片真叶开始破心。其生长所需的养分由种子本身来供应,属异养生长过程。子叶出土后经2～3天即可展开并变绿,再经2～3天,幼苗的第一片真叶开始破心。

2. 幼苗期　从第一片真叶破心到现大蕾为幼苗期。在适宜的条件下,幼苗期45～50天。幼苗期以营养生长为主。在正常情况下,平均4～5天长出1片真叶。早熟品种6～7片真叶、中晚熟品种8～9片真叶。6～9片真叶展开时,第一花序开始现蕾,现蕾后幼苗期结束。

3. 开花期　从现蕾到第一个果实坐住为开花期。此期是植株由营养生长过渡到生殖生长和营养生长并存的阶段。植株除了继续进行花芽和叶芽分化及发育外,株高增加,叶片长大,营养生长旺盛。同时,也在开花和形成幼果。

4. 结果期　从第一花序结果到果实采收结束为结果期。这一时期需70～180天。秋延迟栽培时间较短,而冬春茬番茄时间较长。此期茎叶生长与开花坐果同时进行,并逐渐以开花坐果为主。番茄从开花到果实成熟一般需50～60天,夏季需40～50天,冬季需75～100天。在温度高、光照充足的条件下,成熟期相对缩短。

果实成熟过程可分为以下4个时期:

(1)绿熟期　果实已充分膨大,种子发育完成,果实由绿色变白色,经过后熟可着色。此期采收适宜运销和贮藏。

(2)转色期 果实顶部逐渐着色,并扩展到腹部,果实着色50％,采收后在适宜温度下1～2天即可全部着色。此期采收适于近距离运销。

(3)成熟期 果实具有固有的色泽,果肉硬,风味好,适于生食。此期采收适于当天就地供应,不适于运输。

(4)完熟期 果实完全着色,果肉已变软,含糖量最高,种子完全成熟。此期采收适于留种或加工果酱。

(三)对环境条件的要求

1. 温度 番茄属于喜温性蔬菜,较耐低温,不耐炎热,在日平均温度18℃～25℃的季节里生长良好。生长发育的最适温度白天为20℃～25℃,夜间为15℃～18℃。当温度为33℃时,生长发育受抑制,40℃停止生长,45℃发生高温危害。当温度降到10℃以下时,生长缓慢,5℃以下生长停止,－1℃～－2℃时致死。生长发育最适地温为20℃～23℃,28℃以上或12℃以下则发育缓慢,最高限为33℃,最低为8℃。当地温为6℃时,根系停止生长。

番茄种子发芽期要求较高的温度,为25℃～30℃,最适温为28℃。温度低于11℃,则发芽迟缓,易造成烂种。开花期番茄对温度的要求较敏感,白天为20℃～25℃,夜间15℃～20℃为最适宜。在较低的温度条件下,如夜温为15℃～20℃时,花芽分化提前,每一花序着生的花数也多些,第一花序的节位降低;若夜温低于15℃,或高于32℃,则花芽分化延迟,每一花序花数少,每朵花较小。花芽分化及开花结实的适宜温度要求夜温比白天温度低5℃～10℃,否则对花芽分化不利。果实发育期番茄要求的最低温度为5℃,最高温度为35℃,以24℃～26℃为最适宜。夜温以12℃～17℃为宜。番茄果实在15℃～30℃的温度内均可着色,最适着色温度为20℃～25℃,30℃以上着色不良。番茄果实成熟后的颜色是茄红素形成的结果。在气温超过30℃时,茄红素的形成受阻。在 8℃时,茄红素形成的酶控制系统受破坏,则番茄不能着色。

2. 光照 番茄是喜光性作物,生长发育需要充足的光照,光饱和点为 7 万勒。充足的光照有利于番茄光合作用,其花芽分化早,第一花序着生的节位低,不易落花,产量亦高。在冬季保护地栽培中,光照不足,易致植株徒长,营养不良,开花少,落花多,产量亦降低。光照强度过大也是不利的,会诱发病毒病的发生,果实日灼病发病率也提高。

番茄属短日照作物,但经过人工长期选择和栽培,对日照长短反应不敏感。但适当延长光照时数,增加光合作用时间,对花芽形成及植株的生长都是有利的。

3. 水分 番茄植株高大,叶片多,果实多次采收,果实含水量在 90% 以上。因此,对水分需要量很大,要求土壤相对含水量在 65%～85%,一般在湿润的土壤条件下生长良好。

番茄不同的生育期对水分的要求不同。发芽期要求土壤相对湿度在 80% 左右,以供给充足的水分,使种子发芽。出苗后土壤相对湿度应降至 65%～75%,以免植株徒长,发生病害。开花期应勤中耕控制土壤水分,以促进根系生长发育,避免植株徒长造成落花。结果期应保持土壤湿润,土壤相对湿度在 75%～85% 之间,以保证果实正常的膨大。此期干旱,极易造成植株生长迟缓,落花落果,并诱发病毒病流行。结果期土壤湿度应均衡,忌忽干忽湿发生裂果。遇大雨应及时排水,如田间积水 24 小时,则根部窒息死亡。

番茄要求干燥的空气条件,空气相对湿度以 50%～60% 为宜。空气湿度过高,易使植株细弱,生长发育迟滞,影响正常授粉,病害严重。空气过度干旱也是不利的。长期在相对湿度 30% 左右的空气环境中,易致病毒病流行。

总体来看,番茄的根系发达,吸水力强,是较耐旱的作物。

4. 土壤　番茄的根系发达,分布很广,吸收力很强。因此,对土壤的要求不严格,但以肥沃的壤土和沙壤土为最适宜。番茄要求土壤酸碱度为中性偏酸,pH 值以 6～7 为宜。

番茄是需肥较多的作物之一。每 667 米² 产量 5 000 千克番茄,需要吸收氮 17 千克、磷 5 千克、钾 26 千克。此外,还需要吸收大量的微量元素。在施肥中,肥料三要素的搭配应用非常重要。

5. 气体　番茄进行光合作用,二氧化碳是重要的原料之一。自然条件下,空气中的二氧化碳浓度为 300 微升/升。在保护地栽培中,出于保温的需要常常不能及时通风换气,而使二氧化碳浓度低于 100 微升/升以下,造成光合饥饿状态。试验表明,保护地施用二氧化碳,浓度达到 1 000 微升/升时,有显著的增产作用。

二、栽培品种

(一)普通品种

1. 西粉 3 号　西安市蔬菜研究所育成的杂交一代种。植株生长势较强,株高 53～55 厘米,属有限生长类型。第一花序着生在 7～8 节位上。果实较大,圆整,粉红色,绿色果肩,单果重 115～132 克,品质较好。该品种抗烟草花叶病毒病,耐黄瓜花叶病毒病,早熟。适于保护地春早熟栽培。

2. 双抗 1 号　北京蔬菜研究中心育成的杂交一代种。第一花序在 5～6 叶节位上出现,属有限生长类型。幼果有绿色果肩,成熟果粉红色,果实圆形,果形周正,品质优良。该品种早熟,高抗烟草花叶病毒病和叶霉病。适于保护地春早熟栽培。

3. 毛强粉　浙江省农业科学院园艺研究所育成的杂交一代种。株高 60 厘米左右,属有限生长类型。6～7 节位着生第一花序,2 穗果封顶。果实粉红色,桃形,果面光滑美观。50% 的植株茎叶表面密生茸毛。单果重 150 克左右。该品种早熟,避蚜虫,高抗烟草花叶病毒病,中抗黄瓜花叶病毒病,耐早疫病、灰霉病和叶斑病。适于保护地春早熟和秋延迟栽培。

4. TF916　属有限生长类型。株高 70 厘米左右,早熟性好,抗逆性强,抗病性强,抗病毒病,耐青枯病。果大红色,单果重 300克以上,果实均匀,高圆形,品味佳,鲜食性好,耐贮运。适于春早熟、秋延迟栽培。

5. 双抗 2 号　北京蔬菜研究中心育成的杂交一代种。植株生长势较强,叶片碎小,叶色深绿,属无限生长类型。幼果有绿色果肩,成熟果粉红色,果实扁圆形或圆形,果皮较薄,单果重 150～250 克。该品种中熟,高抗烟草花叶病毒病,耐黄瓜花叶病毒病。适于春、秋、冬季保护地栽培及露地栽培。

6. TF919　属无限生长类型,早熟性好。抗逆性好,抗病性强。果实粉红色,单果重 320 克左右。果实均匀,圆形,品味佳,鲜食性好,耐贮运。适于春早熟、秋延迟栽培。

7. 中蔬 6 号　中国农业科学院蔬菜花卉研究所选育。属无限生长类型,节间短,长势强,8～9 叶节位着生第一花序。果实微扁圆形,红色,有绿果肩,单果重 147 克左右。果皮较厚。裂果少,耐贮运,品质上等。中熟。高抗烟草花叶病毒病,中抗黄瓜花叶病毒病。适于我国北方各地春露地或保护地栽培。

8. 中杂 9 号　中国农业科学院蔬菜花卉研究所育成的杂交一代种。属无限生长类型,长势强,叶量中等。单式总状花序,3穗果株高 78 厘米,8～9 叶节位着生第一花序,每一花序结果 4～6个,连续结果能力强。果实高圆形,粉红色,幼果有绿肩,果面光滑,果脐及梗洼小,商品性好,果肉厚。畸形果及裂果少,单果重140～200 克。中早熟。苗期人工接种鉴定,高抗烟草花叶病毒病、抗叶霉病,中抗黄瓜花叶病毒病。适宜保护地及露地栽培,适应性广泛。目前已在北京、天津及华北、东北、西北、西南等全国大部分地区推广。

9. 蒂娜 荷兰引进品种。属无限生长类型,植株长势强健,早熟品种。单果重 280 克左右,硬度极高,耐贮运。果实粉红靓丽,色泽鲜艳,果实圆形,果实大小均匀,耐低温弱光,连续坐果能力强、产量高,高抗 TY 病毒病,抗叶霉病、灰霉病,耐叶斑病等多种病害,高抗根结线虫,抗早晚疫病、青枯病,无青皮无青肩,不裂果不空心。适宜秋延迟,越冬和早春栽培种植。

10. 凯萨 荷兰引进早熟品种。属无限生长类型,超大果型,单果重 300 克左右;果实圆形,硬度高,果实大小均匀一致;耐寒性极好,不裂果不空心,无青皮无青肩;高抗番茄黄化曲叶病毒病,抗褪绿病毒病,耐叶斑病、叶霉病、灰霉病,抗根结线虫,对早疫病、晚疫病、青枯病有很好的抗性。适宜秋延迟、越冬和早春栽培种植。

11. 中杂 109 中国农业科学院蔬菜花卉研究所、北京中蔬园艺良种研究开发中心培育。属无限生长类型,粉红果,耐贮运,抗病性强。

12. 金鹏 M6 西安金鹏种苗有限公司培育。冬、春专用品种。果实粉红色,早熟,抗线虫病,属无限生长类型。

13. 金辉 1 号 北京中农绿亨种子科技公司培育。果实圆形,粉红色,果肉硬度好。单果重 250 克左右。抗芜菁花叶病毒病、叶霉病,耐疫病和枯萎病。设施和露地栽培均可,坐果能力强。越冬性好,中早熟,长势强。

14. 金棚 10 号 西安金鹏种苗有限公司、西安皇冠蔬菜研究所培育。果实粉红色,无限生长类型,抗番茄黄化曲叶病毒病。商品性好,单果重 200～250 克。早熟,长势好。适于保护地栽培。

15. 粉和平 西安市和平蔬菜研究所培育。早熟性好,低温、高温条件下均易坐果。果实深粉红色,高圆形,果脐小,靓丽,畸形果少,硬度大,耐裂耐贮运。高抗烟草花叶病毒病及叶霉病、枯萎病;耐黄瓜花叶病毒病,耐线虫。

16. 荷兰 8 号　荷兰引进品种。高抗番茄黄化曲叶病毒病,中熟,果实粉色,单果重 250 克以上,高产,抗病,耐贮,适合秋延迟、越冬、早春栽培。

17. 302 番茄　天津德瑞特种业有限公司培育。植株长势旺盛,叶片深绿色,节间中等,果实圆形,色泽靓丽,果皮厚,硬度高。单果重 230～260 克,抗病性突出,高抗黄化曲叶病毒病、根结线虫病、叶霉病等多种病害。适合保护地早春、秋延迟、越冬栽培。

18. 红粉冠军　郑州市蔬菜研究所、郑州郑研种苗科技有限公司培育。属无限生长类型,果实粉红色,果个大,果肉硬,耐贮运。耐高温,高抗病,特别适合春秋露地、小棚、高山、冷凉地区越夏种植。

19. 东农 715　东北农业大学培育。属无限生长类型,植株深绿色,长势强,中熟。幼果无绿肩,成熟果粉红色,颜色鲜艳。果实圆形,果脐小,果肉厚,果实光滑圆整,单果重 230～250 克。耐贮运,货架期 15 天以上,不裂果,硬度大,高抗番茄黄化卷叶病毒、叶霉病、枯萎病和黄萎病。耐低温性好,不容易出现畸形果。适合全国保护地栽培。

(二)袖珍品种

袖珍番茄是普通番茄中的一个变种。目前世界上流行袖珍蔬菜,因此袖珍番茄也深受人们青睐。常用的品种介绍如下。

1. 圣女　台湾省育成。植株高大,每穗可结 60 多个果,双干整枝时,每株可结 500 个果以上。果实枣形,果色红亮,单果重 14 克左右,含可溶性固形物 10% 以上。该品种耐热早熟,不易裂果,特耐贮运。由于其果实嫩脆,风味优美,清凉可口,品质优良,被称为樱桃番茄系列的"水果之王"。

2. 樱桃红　由荷兰引进。无限生长类型,第一花序着生在

7～9 节位。每一花序着果 10 个以上,果圆球形,红色,单果重 10～15 克。该种中早熟,较耐热,抗病。

3. 珍珠 由台湾省引入。属无限生长类型,长势旺,结果力强,第一花穗可结果 24～38 个。单果重 6 克,果实圆球形,红色,质硬脆。

4. 朱云 由台湾省引入。果实红色,圆球形,单果重 13～18 克,酸甜适中。该品种极早熟,耐高温,夏季也可栽培。

5. 美味樱桃番茄 中国农业科学院蔬菜花卉研究所从日本樱桃番茄中选育出的新品种。无限生长类型,生长势强。果实圆形,红色,着色均匀,色泽艳丽。坐果能力强,每穗可结 30～60 粒果,单果重 12～15 克,大小整齐均匀,甜酸可口,风味浓郁。该品种抗病毒病,极早熟。

6. CT-1 樱桃番茄 由国外引进,又名葡萄番茄。植株生长强健,属无限生长类型。双干整枝每株可结 400 个以上,单果重 15 克左右。果实椭圆形,果型小巧,果色红亮,果肉多,种子少。该种色泽鲜艳,口味鲜甜,品质好。耐运输。每公顷可产 60 000 千克。

7. 京丹 1 号 北京市蔬菜研究中心育成的中早熟杂交一代种。属无限生长类型,叶色浓绿,生长势强,主茎第一花序着生在 7～9 节位上。每穗花数十个,多者可达 60～70 朵。果实圆球形,或高圆球形,成熟后为红色,单果重 8～12 克。果味甜酸适度。该种高低温条件下坐果性良好。品质好,高抗病毒病,较耐叶霉病。

8. 京丹 2 号 北京市蔬菜研究中心育成的一代杂种。属有限生长类型,叶量稀疏,主蔓 5～6 节位上着生第一花序,4～6 穗果封顶,早熟。每穗果 10 个以上,果形高圆带尖,似桃心形。成熟果红色,美观,单果重 10～15 克,含可溶性固形物 6% 以上。该种在高温、低温条件下坐果良好。高抗病毒病。商品性好。

9. 粉妹 1 号 西安金鹏种苗有限公司培育。樱桃番茄类型。

抗番茄黄化曲叶病毒病。粉红,中早熟,椭圆形,单果重 20 克左右。

此外,还有红洋梨:果实红色,似梨形。黄洋梨:果实橘黄色,似梨形。黄珍珠:果实圆球形,黄色等品种。

三、栽培技术

(一)春早熟栽培技术

番茄春早熟栽培是在冬季播种育苗,冬季或初春定植在保护设施里,在春季或初夏开始采收的一种栽培方式。它比露地栽培可提早 1～2 个月上市,解决了春末和初夏果菜供应的淡季问题,是番茄周年供应重要的一环。

番茄春早熟栽培的育苗期在寒冬,在保护合理的条件下,低温条件有利于花芽的提早分化,花蕾数也增加。定植后,随着外界气温逐渐升高,保护设施内的气温、地温、光照条件越来越适宜,能够较好地满足番茄对环境条件的要求。此期病虫害也较少,所以,植株发育良好,质量优,产量高。因此,番茄春早熟栽培是保护地栽培中最好的一种栽培方式。其经济效益也十分可观,在保护地栽培中发展应用最早,面积也最大。

1. 栽培季节 番茄春早熟栽培播种栽培时间因利用的设施和当地的气候条件不同而异。塑料大棚保护地顶部若不覆盖草苫等保温覆盖物,保温效果较差,在夜间一般比外界高 3℃～5℃,因而播种育苗栽培期应稍迟一些。华北地区一般于 1 月中旬在温室或阳畦播种,3 月中下旬开始定植,5 月上中旬开始收获。有草苫覆盖的可提前 10～15 天播种。在高纬度地区上述栽培期可稍延后,而在温暖地区可稍提前。

2. 品种选择 番茄春早熟栽培中,产品上市越早,价格越高,经济效益越显著。因此,应尽量选用早熟品种。春早熟栽培的生育前期,正值冬、春寒冷季节,保护地设施中温度低,光照弱。因此,选用的品种应具有耐低温、弱光的特性。此外,还要求品种具有第一花序节位低,坐果率高,早期产量高,成熟期集中等特性。番茄的皮色有大红、粉红、黄等颜色,各地食用习惯要求不同。栽培时,一定要根据市场的需要,安排适当颜色的品种。

3. 育 苗

(1)育苗床 番茄春早熟栽培的育苗期正值寒冬低温时期,必须利用保温性能良好的育苗床。一般利用日光温室,或用风障阳畦。在塑料大棚保护地中育苗时,应设小拱棚,小拱棚上加盖草苫方可。有条件时可利用加温床或电热温床育苗。利用电热温床育苗时,功率为 100 瓦/米²。即电热加温线的间距为 10 厘米,这样可保证在外界气温为 -15℃时,番茄秧苗不会受冷、冻之害。提前做好育苗畦,在播种的前 15～20 天盖上塑料薄膜,夜间加盖草苫,尽量提高育苗畦的地温。

育苗床用无病的大田土,按 40%～50% 的比例施入腐熟的有机肥。为了防止苗期染病,育苗床土应进行消毒处理。常用的消毒方法参照黄瓜育苗。

(2)种子处理 种子上往往携带多种病菌,是多种病害的传播途径。因此,播种前应进行种子消毒处理,消灭其携带的病菌。种子消毒的方法有以下几种:

①温汤浸种 把种子放在 50℃ 左右的温水中,不断搅动,并随时补充热水,使水温稳定在 50℃～52℃ 中,浸泡 15～30 分钟后再浸种催芽。此法可消灭种子上携带的多种病菌。

②磷酸三钠浸种 把番茄种子放在 10% 磷酸三钠液中浸泡 20～30 分钟,取出用清水冲洗干净,再浸种催芽。此法可消灭多种种子上携带的病毒。

③甲醛浸种 把种子放在 40% 甲醛 100 倍液中浸泡 15～20

分钟,捞出,用湿布包好闷 2~3 小时,再用清水洗净。可防治早疫病等病害。

④高锰酸钾浸种　在 1%高锰酸钾液中浸种 10~15 分钟,后用清水冲洗干净,再浸种催芽,可防治溃疡病及花叶病毒病等病害。

⑤干热消毒　把干燥的番茄种子,放在恒温箱中,保持 75℃ 的条件,处理 72 小时,可使番茄种子上携带的病毒失去致病能力。

种子经消毒后,还应浸种催芽,以缩短出苗时间,减少烂种、干种等损失,提高出苗率。浸种时间为 2~4 小时。浸后捞出,用纱布包裹,置于 25℃~28℃的温度条件下催芽。催芽期间每天用清水淘洗 1~2 次,并翻动数次,保证种子发芽有充足的水分和空气。经 3~4 天,多数种子破嘴露白,即可播种。

(3)播种　达到定植标准的番茄秧苗叶龄一般是确定不变的。但育成相同叶龄的秧苗所需的日历苗龄则因育苗设施的温度条件不同而异。利用电热温床等温床育苗时,温度条件适宜,秧苗生长发育快,苗龄为 50~60 天。利用温度条件较低的冷床育苗,苗龄为 70 天以上。因此,播种期一定要根据定植期、苗龄,合理地确定。

育苗床整平后,浇大水。待水渗下后,把发芽的种子均匀撒上,上覆细土 1 厘米厚。如苗期病害严重,可在覆土上撒 50%多菌灵粉,每平方米用药 8~10 克。播种量每平方米 10~15 克。如种子数量不足或种子珍贵时,可在苗床上按 4 厘米×4 厘米株行距点播,也可直播在营养钵中。

(4)苗床管理　播种后立即覆盖薄膜,夜间加盖草苫,提高苗床温度。电热温床应立即通电增温。保持育苗床白天 25℃~ 28℃,夜间 20℃以上。在温度适宜的条件下,2~3 天即可出土。

幼苗出土后,白天应掀揭草苫等不透光覆盖物,给予充足的光照。同时,适当降低苗床温度,白天保持 20℃左右,夜间 12℃~

15℃。防止因温度过高引起秧苗徒长。形成"高脚苗"。

秧苗出齐后,可在晴天中午温度较高时进行间苗。间除细、弱、病、残、过密的幼苗。间苗后立即撒盖细干土,一方面保墒,一方面降低畦内湿度。

秧苗 1 片真叶显露,即破心后,苗畦温度可适当提高。白天控制在 20℃~25℃,夜间 13℃~15℃。分苗前 3~4 天,再适当降低温度,白天 20℃左右,夜间 10℃左右,进行低温锻炼。使幼苗提高抗寒力,适应分苗床环境。

在番茄幼苗期温度条件较低,蒸发量很小,如底水充足,一般不需要浇水和追肥。不适宜地浇水,反而降低地温,增加湿度,造成烂种和病害的发生。

在温度适宜的条件下,从播种至分苗为 17~20 天。在低温条件下需 30~35 天。

在番茄苗 2~4 叶期,为了避免秧苗拥挤,把番茄苗移栽的株行距加大一些,这一措施称为分苗或假植。分苗的最佳时间是 2 叶期。因番茄第一花序是在 2~3 叶期进行分化。分苗过晚,分苗伤根等损伤会影响第一穗花芽的正常分化而降低早期产量,而且待秧苗过大时分苗亦有造成小苗徒长的可能。分苗过早,由于秧苗太小,操作不便。

分苗多在初春或春季进行。此时外界气温渐高,所以分苗床一般为冷床。分苗应"暖头寒尾"的晴天上午进行。分苗株行距为 10 厘米×10 厘米。分苗后立即浇水。

分苗后立即严密覆盖塑料薄膜提高苗床温度。如果中午阳光太强,可用草苫遮阴,防止秧苗萎蔫。午后揭草苫见光,夜间加盖草苫保温。在缓苗前保持床温白天为 25℃~28℃,夜间 15℃~18℃。缓苗后,白天控制在 20℃~25℃,夜间 13℃~15℃。定植前 8~10 天,选好天浇水切块,并适当降低苗床温度锻炼秧苗。白天保持 18℃~20℃,夜间 10℃左右。

分苗畦内,秧苗渐大,外界气温渐高,可酌情灌水。浇水量宜小不宜大。如果幼苗有缺肥表现,可结合浇水追施硝酸磷钾肥,每公顷施 150 千克。有条件时,可隔日根外追肥,喷洒 0.2％磷酸二氢钾或尿素溶液。为防病害,定植前 2～3 天,可喷百菌清等农药。

番茄春早熟栽培的成苗期在 2 月份。此期温度很不稳定。晴天苗床内温度很高,应注意通风降温,防止灼伤或徒长。在寒潮侵袭时,又应防止低温造成冷、冻害。

定植前 5～8 天浇水,水渗下后,用 10～15 厘米长的刀,在番茄的株行中间深划至 10 厘米深,使成为秧苗在中间的 10 厘米见方的土坨,以便于定植时,秧苗能带土移植,减少伤根。

(5)壮苗标准　番茄定植前壮苗的形态是:叶龄 8 叶 1 心,苗龄 50～55 天,第一花蕾初现,叶色绿,秧苗顶部平而不突出,高 20 厘米,茎粗 0.5 厘米左右,根系发达,须根多。

(6)工厂化育苗　利用无土基质。基质配方见黄瓜育苗。由于育苗盘面积较小。秧苗一般较小,在 3～4 叶期即可定植。工厂化育苗一般没有土传病害,但是苗龄较小,影响早熟。

4.定　植

(1)定植期　番茄春早熟栽培的定植期从经济效益的角度上看,产品上市期越早,经济效益越高。但是定植期过早,外界气温越低,受冻、冷害损失的风险也越大。适宜的定植期是保护设施内 10 厘米处地温稳定在 8℃～10℃ 及以上,夜间最低气温不低于 12℃ 时。

(2)定植前的准备　定植所用的保护地设施在定植前应行消毒处理。常用的消毒方法有:按每立方米用硫黄 4 克、锯末 8 克的用量,放在保护设施内点燃熏烟,密闭 24 小时;或用 40％甲醛 100 倍液喷洒;或用 50％百菌清烟雾剂每 667 米²250 克熏烟 12 小时。上述方法消毒后,再通风散去药气进行定植。保护设施内的土壤也应进行消毒,方法同育苗床部分。通过消毒,消灭保护地中积存的病虫害,减少病害的发生。

定植所用的保护地,在定植前 10～15 天应严密扣严塑料薄膜,夜间加盖草苫,进行"烤畦",尽量提高地温。

结合深翻,每公顷施腐熟有机肥 75 000～105 000 千克或商品有机肥 300～400 千克。整平,做成 1.5 米宽的平畦或小高畦。小高畦高 10 厘米,畦面宽 60～70 厘米。

(3)定植　为了早熟、丰产和提高保护设施的利用率,番茄春早熟栽培一定要合理密植。早熟品种的株行距为 20 厘米×50 厘米,每公顷 90 000 株左右;中熟种的株行距为 30 厘米×50 厘米,每公顷 60 000 株左右。

定植应选"暖头寒尾"的晴天进行。定植深度以苗坨表面略低于畦表面 1 厘米为度。定植后立即浇小水,并覆盖地膜。

5. 田间管理

(1)温度、光照管理　定植初期外界气温很低,在管理中以保温为主。缓苗期应密闭塑料薄膜,尽量提高设施内温度。以利缓苗。白天可控制设施内温度为 25℃～28℃,夜间 15℃～18℃。5～7 天缓苗后,新叶开始生长,应适当通风,白天保持 25℃左右,夜间 15℃～17℃。防止温度过高造成徒长。随着外界气温逐渐升高,应加大通风量。当白天外界温在 20℃以上时,可将塑料薄膜全部掀开,让植株接受自然光照。当夜间气温超过 15℃时,可撤除所有的覆盖物。

番茄春早熟栽培,前期有强烈的寒潮侵袭,应注意保温防寒,防止冻害和冷害。后期应注意通风降温,特别是在忽阴忽晴的天气,中午短时间的晴天就会使保护地、保护地中的气温升高到 40℃以上,造成番茄的热害。在夜温偏低的情况下,保温覆盖物不宜过早撤除,以免夜温过低,影响果实的生长和成熟。

番茄喜较强的光照,采取一切措施增加光照是非常必要的。在 2 月下旬以后,应尽量早掀、晚盖草苫,延长光照时间。在外界气温白天达到 20℃以上时,及时掀开塑料薄膜,接受较强的自然光照,有利于植株的正常生长发育。

(2)支架、整枝　植株第一花序坐果后,须用塑料扁丝(撕裂膜)吊架。即在设施内支架上吊挂塑料扁丝,让番茄缠绕在上面。

整枝主要采用单干整枝,侧枝一律去掉,留 2～3 穗果打顶。有些矮秧早熟品种,主干上只现 2 个花序就封顶。如果想留 2 穗果,可在植株上留一侧枝,在侧枝上留 1 穗果。

整枝、抹杈宜在晴天早上露水干后进行,伤口易愈合。雨后或有露水时,不宜整枝、抹杈,以免传染病害。主干或留果的侧枝摘心时,应在果穗上部留 2 片叶子,一方面制造养分,供给果实生长发育,一方面给果实遮阴,防止果实日灼病。

植株生长中后期,可将基部的枯黄、衰老病虫叶摘除,减少养分消耗,有利于通风透光。但是每次摘叶不宜过多、过早,1～2 片即可,否则会影响产量。

(3)保果和疏花　温度低于 15℃,番茄开花不良,花药不开裂,影响授粉、受精。为防止落花可用 20～30 毫克/千克防落素液涂花,或在花序有半数开放时向花上喷洒,一般每花序喷 1 次,最多 2 次,注意不要喷在嫩茎上,以免茎叶发育畸形。

多数矮秧早熟品种,每个花序上的花数偏多。若任其坐果,往往因坐果太多,使单果重下降或果实大小不整齐而降低商品质量。为此,应进行疏花。一般每花序留基部 4～5 朵花,将多余的花疏去。

(4)肥水管理　番茄是需肥较多的作物。在春早熟栽培中,因采收期短而集中,故应重视多施腐熟的有机肥作基肥。在第一花序开花坐果后,追施 1 次硝酸磷型复合肥,每公顷用量 225～300千克。第二穗花开花时,再追 1 次肥,每公顷施硝酸磷型复合肥 450 千克左右,此期可结合追施硝酸钾或硝酸铵钙。

番茄春早熟栽培定植较早时,前期因气温低、蒸发量小,浇足定植水后一直到第一穗花序开花坐果,不需浇水,只中耕松土保墒。定植期晚或土壤表现干旱、植株缺水时,可在畦内开沟浇小水。浇水应在晴天上午进行,浇后及时覆土盖沟,以免增加空气湿度,诱发病害流行。番茄第一穗花坐果后,浇第一次大水。浇大水过早,易引起植株徒长,造成落花落果。随着外界气温升高,植株渐大,浇水量和次数应逐渐增加。一般5~6天浇1次水,保持畦面见干见湿。番茄不耐涝,浇水后应及时排除积水,防止涝害。

6. 采收 春早熟栽培中,果实上市越早,价格越高。为了提早果实成熟上市,可在果实绿熟期或转色期采收。收后用2 000~4 000毫克/千克乙烯利液浸果,取出后放在22℃~25℃的条件下催熟。此法可提前5~7天上市。也可在植株上用500毫克/千克液喷果,4天后即可着色。

(二)秋延迟栽培技术

番茄秋延迟栽培技术是夏季播种育苗、秋季定植、初冬开始收获的栽培方式。该方式利用的保护地设施较简单,生产成本低,产品供应弥补了露地番茄拔秧后供应的空白期,是番茄周年供应的一个环节。其经济效益亦很可观,加上栽培技术要求不严格,所以广大菜农乐于采用。近年来生产面积发展迅速。

1. 栽培季节 秋延迟番茄栽培的后期处在秋末冬初季节,外界气温不是很低,所需用的保护地设施无须保温性能良好。塑料保护地进行番茄秋延迟栽培的播种育苗期,在华北地区为7月下旬至8月初,8月底至9月上旬定植,11月上中旬开始采收。高纬度地区的播种育苗期可提早至6月下旬至7月初,10月下旬开始采收。

番茄秋延迟栽培的后期,外界气温逐渐降低,保护地设施的保温性能不能维持番茄生长发育所要求的最低温度下限时,必须及早拔秧。一般情况下,生长发育日期不足。所以,从理论上分析,适当提早播种育苗期,早定植,有延长生长期、采收期、提高产量的作用。但是,我国北方夏季高温、干旱,番茄病毒病发生十分严重。番茄病毒病目前尚无良药可防治,只有预防。一旦发生,只有拔秧烧毁或深埋。因此,在秋延迟栽培中,播种期越提早,感染病毒病的概率越大,失败的风险也越大。为了提高栽培的成功率,躲过高温和病毒的危害,适当晚播种育苗是有利的。在上述原则的指导下,夏季阴凉,病害较轻的地区可适当早播;中晚熟品种应早播。反之,应适当晚播。

2. 品种选择　秋延迟栽培番茄的苗期正值炎热多雨的夏季,结果期处于温度日趋下降的秋季,后期正处于寒冷的初冬。所以,在选用品种时,应选用适应性强,较抗病毒病、叶霉病、疫病等病害,丰产,品质好的早熟品种。在病毒病发生严重的地区,应选用高抗病毒的中熟品种。当然,选用的品种颜色还应符合市场人们的消费习惯。目前常用的品种有:毛粉 802、西粉、双抗 2 号、中杂4 号等。

3. 育　苗

(1) 育苗床　如在保护地或保护地中进行秋延迟栽培,育苗畦应建在保护地中。如在小棚中栽培,育苗畦上应临时设小拱棚。总之,育苗应在有塑料薄膜遮雨、遮阴的条件下进行。

育苗期正值炎夏,雨多易涝,所以苗床应建在地势高燥、排灌方便的地块。为减轻苗期病害,应选择 3 年内未种过茄科类作物的地块。苗畦周围无病毒病发生严重的寄主作物。前茬收后及时拔秧腾地,浅翻整地,结合翻地,每公顷施腐熟的有机肥 45 000 千克。耙平后,在低洼地做成宽 1～1.5 米的半高畦,高燥地做成平畦。

为防止蚜虫危害,及防止蚜虫传播病毒病,苗床上最好设置纱网进行隔离。纱网顶部覆盖银灰色薄膜,以驱避蚜虫。

(2) 种子处理及播种　播种前一定要进行种子处理,消灭种子上携带的病菌,防止种子带菌传播病害。消毒方法同春早熟栽培消毒后浸种,催芽。

种子发芽后,在下午 5～6 时,或阴天时播种,以避免土壤高温,播种后影响种子发芽。播前苗畦灌足大水,待水渗下后撒种,覆土厚 1 厘米。

播种后立即在育苗畦上搭凉棚,用塑料薄膜或草苫遮阴,用银灰色薄膜避蚜,用纱网隔离蚜虫等害虫入侵危害。

(3)苗期管理 苗期应适当浇水,3～5 天浇 1 次水,保持土壤见干见湿。雨涝时应及时排水防涝。苗期杂草很多,应及时拔除,防止草大压苗。

秋延迟栽培番茄育苗应做到五防:防雨淋、防暴晒、防高温、防蚜虫、防拔草伤根。其中防蚜虫传播病毒病发生为最重要。

育苗期分苗,追肥,切块等管理与春早熟栽培相同。

(4)壮苗标准 秋延迟栽培番茄的育苗苗龄为 25～30 天,5～6 片真叶即应定植。苗龄过大,易发生病毒病,且缓苗慢,降低产量。

(5)工厂化育苗 同春早熟栽培。

4.定植 定植前应及早清理前茬作物残枝落叶,集中深埋或烧毁,减少田间病虫源。然后每公顷施腐熟有机肥 75 000 千克、过磷酸钙 750 千克或硝酸铵钙 300 千克,深翻做成平畦。

定植宜选阴天、雨天或下午阴凉时进行,避免日晒、高温,致秧苗失水萎蔫,降低成活率。栽后及时浇水。

定植密度:早熟品种株行距为 30 厘米×40～50 厘米,每公顷73 500 株;中熟品种株行距为 30 厘米×50～60 厘米,每公顷60 000 株左右。

定植后立即覆盖塑料薄膜防雨。

5.田间管理 秋延迟栽培番茄的生育前期外界气温较高,后期气温降低,较寒冷,故管理中应分期对待。

(1)水分管理　定植后,根据土壤情况可适当多浇水,保持土壤见干见湿,每3~5天浇1次水。缓苗期至第一穗花坐果前适当少浇水,5~7天浇1次水,多中耕,防止植株徒长,造成落花落果。第一穗果坐果后,加大浇水量,增加浇水次数,3~4天浇1次水。此时浇水除了满足植株需要外,还有降低地温,促进根系发育,防止病毒病发生的作用。待第一穗果膨大期时已至10月中下旬。此期外界气温渐渐降低,蒸发渐小,但植株需水量较大,故应根据土壤情况适当浇水。在保持土壤见干见湿的前提下,延长浇水期间的间隔时间,5~7天浇1次水。从10月底以后,外界天气转冷,气温日低,棚、室的通风量减少,此期应尽量少浇水,避免设施内湿度增大,造成病害发生,以及降低地温,抑制植株生长发育。

(2)温度调节　秋延迟栽培初期,应将棚、室四周的塑料薄膜全部支起,昼夜通风,防止高温灼伤植株及造成徒长,降低抗寒力。尽量保持白天20℃~25℃,夜间14℃~16℃。待生长中期9月中下旬后,外界气温逐渐下降,当夜温下降至12℃以下时,应把塑料薄膜在傍晚放下,白天再支起通风。仍保持白天25℃左右,夜间15℃左右。当外界气温夜间下降到5℃时,除了中午进行通风外,其他时间应密闭塑料薄膜。当棚、室内夜间气温在8℃左右时,应加设草苫保温。保持白天气温20℃~25℃,夜间10℃~12℃。

(3)施肥　生长初期结合浇水追施化肥1~2次,每次每公顷追施硝酸磷型复合肥225~300千克,以促进植株生长及幼果发育。生长中期果实膨大时,结合浇水可追施1次复合肥,每公顷300千克。生长后期气温渐低,植株生长量很小,一般无须追肥。

(4)整枝　一般采用单干整枝,留2~3穗果,每穗果上方留2~3片叶摘心。余侧枝皆除去。待坐果后,每花穗保留4~5个果实,疏去多余的小果、畸形果。

(5)植物生长调节剂的应用　番茄秋延迟栽培的前期,气温高,湿度大,植株容易徒长,引起落花落果,以及降低抗寒力。为了调节植株营养生长与生殖生长间的关系,可每隔 7 天喷施 0.05% 矮壮素溶液,从苗期 3 叶 1 心时开始,至第一穗花序开放时为止。通过喷施矮壮素可抑制徒长,提高抗性,降低落花落果率。开花期可用防落素蘸花,防止落花。方法同春早熟栽培。

(6)防治病毒病 生育初期应采取一切措施防止病毒病的发生和流行。详见病虫害防治部分。

6.采收与贮藏 秋延迟栽培番茄的采收期越晚,价格越高。因此,尽量延迟采收和拉秧是十分必要的。只要保护设施内的最低气温不低于 8℃,就不必采收拉秧。因为果实处于 8℃ 以下的低温时,即使未发生冻害,果实内控制茄红素形成的酶系统仍受到冻害破坏,即使再给予适宜的温度,果实也不会转色变红。另外,受冷害的果实常发生组织坏死,果面上出现褐色小圆斑,后期渐腐烂。

当设施内夜温降至 8℃ 时,可在植株上架设小拱棚,覆盖草苫,尽量延后拉秧。当气温继续降低时,可把所有果实采下,进行贮藏。已转红的果实放在 2℃~5℃ 条件下贮存,白熟的果实放在 10℃~13℃ 条件下贮存。上市前 3~5 天,将果实放在 2 000~3 000 毫克/千克乙烯利液中浸 1 分钟,后放置在 20℃~25℃ 条件下,经 3~5 天即可转红上市。

(三)越冬栽培技术

番茄越冬栽培在华北地区是中秋播种育苗,初冬定植,春节前开始上市的一种栽培方式。它的供应期为我国北方地区最大的蔬菜淡季——严冬季节,又值果菜需要量最大的春节前后。因此,社会效益和经济效益十分显著。番茄越冬栽培在北方地区是随着高性能的日光温室发展起来的新技术,它同越冬黄瓜栽培一样,同列经济效益较高之列,因此发展很快,栽培面积迅速增加。在日光温室越冬栽培中,面积仅次于黄瓜,居第二位。

1. 栽培设施及时间　番茄属喜温作物,在寒冬栽培必须利用保温性能良好的日光温室。我国北方广大地区,其他保护设施均不能保证越冬的温度条件。

华北地区番茄越冬栽培的育苗播种期为 9 月上旬至 10 月上旬。播种期过早,苗期气温高,感染病毒病的危险越大。植株一旦感染病毒病,目前无法治愈,只有拔除。播种过早还会因苗期温度过高,植株易徒长,降低了抗寒性,冬季易发生冻、冷害。而且播种期提前 10～20 天,与秋延迟栽培的播期相同,上市期也相同。秋延迟栽培番茄的经济效益较低,这样就失去了越冬栽培的意义了。播种期过晚,则上市期延后,如果番茄的上市期延至春节以后,则经济效益大幅度下降。

番茄越冬栽培的定植期在 11 月上旬至 12 月上旬,采收期在翌年 1 月中下旬开始。

近年来,很多地方为了提早上市,提早播种育苗和定植的方法,使采收期大大提前。

2. 品种选择　越冬栽培中,整个生育期大部分时间处于气温低、光照弱的秋、冬、春季。因此,应选用抗寒、耐低温、弱光的品种。为了延长采收时间,提高产量,一般采用中、晚熟品种,无限生长类型。所用品种见品种介绍。

3. 育　苗

(1) 苗床准备　番茄越冬栽培育苗初期外界温度尚高,但仍应在日光温室内进行,以增强秧苗的适应性。为了防止蚜虫传播病毒病,可用纱网扣育苗床。育苗床应选在前茬非茄科作物的地块上。

育苗前苗床每公顷施腐熟有机肥 45 000 千克,结合施肥进行土壤消毒,方法同春早熟栽培。施后浅翻,耙平,做成平畦。畦上扣纱网和塑料薄膜。

(2) 种子处理　播种前应行种子处理,以免种子携带病菌传播病害。灭菌方法同春早熟栽培。消毒后再浸种催芽,待80%芽露白时即可播种。

(3)播种 播种前,苗床浇大水,待水渗下后,撒种。播种量每平方米10～15克。一般2米²苗床可定植667米²地。播种后即覆土,厚0.5～1厘米。为防苗期病害,覆土后撒上一层50%多菌灵粉剂,每平方米8～10克。

播种后扣严纱网,苗床顶部覆塑料薄膜,两侧通风,这样可防止大雨拍苗。

(4)苗期管理 播种后,外界温度尚高,白天掀开塑料薄膜的底部进行大通风,防止温度过高,保持25℃～28℃。夜间根据情况扣严塑料薄膜,保持18℃～20℃。开始出苗至第一片真叶现露至分苗前,苗床温度白天控制在25℃左右,夜间控制在15℃～18℃。定植前5～7天,降低苗床温度,白天15℃～18℃,夜间10℃～13℃。以锻炼秧苗的抗寒能力,提高定植后的成活率。

在秧苗出齐,子叶展平后,进行间苗。间除过密、细、弱、病、残苗。在2叶期应进行分苗。分苗株行距为10厘米×10厘米。

育苗期的气温较高,蒸发量大,可根据情况浇水,一般3～5天浇1次水,保持苗床土壤见干见湿为原则。由于苗床土壤肥沃,一般不需追肥。如秧苗缺肥,可随水冲施复合肥,每公顷施150千克。有条件时,可根外追施0.2%磷酸二氢钾液,每3天1次,共追3～4次。

在定植前5～7天,苗床浇大水,待水渗下后,用长刀以秧苗为中心,顺行间、株间纵横深划,划深10厘米。使畦面呈方形土块。划块后一般不再浇水。待土块半干,起苗带土坨定植。

育苗期应严密注视蚜虫,如有发生,应立即喷药防治,防止传播病毒病。

(5)壮苗标准 番茄苗定植时的标准为:苗龄50～55天,叶龄8叶1心,第一穗花蕾初现,叶色绿,秧苗顶部平而不突出。高20

厘米,茎粗 0.5 厘米。

(6)工厂化育苗　目前很多地方利用工厂化育苗,育苗容器为育苗盘,育苗盘的单苗株行距为 3 厘米×3 厘米。基质为草炭、蛭石和少量的复合肥及杀菌剂。种子不浸种,干籽直播。苗龄 30 天左右,4 叶 1 心。工厂化育苗的优点是省工,幼苗没有土传病害。但是苗龄小,定植后采收期稍延后。

4. 定植　温室前茬作物倒地后,立即清除残株杂草,烧毁或深埋,减少病虫害。结合深翻,每公顷施腐熟有机肥 75 000～105 000 千克或商品有机肥 300～400 千克,混入过磷酸钙 750 千克或硝酸磷型复合肥 450 千克。整地后做成宽 60～70 厘米、高15～20 厘米的小高畦,或按行距做成 20 厘米的小高垄。

目前,温室内翻地多用拖拉机旋耕犁。旋耕犁作业有工作方便、灵巧,适于在狭小的地区翻耕等长处。但是,旋耕犁的翻地深度一般不超过 10 厘米,远远达不到番茄根系生长发育的要求。番茄根系生长发育适宜的土壤深度为 20～30 厘米,耕作层太浅,往往造成根系发育不良、土传病害严重等现象发生,严重制约了产量的提高。为了解决这一问题,在做畦定植前,应进行 25 厘米以上的深翻。

定植密度为早熟品种 30 厘米×50 厘米,每公顷栽植 60 000株左右;中晚熟品种 35 厘米×60 厘米,每公顷栽植 45 000 株左右。移栽后立即浇水,并覆盖地膜。

5. 田间管理

(1)光照调节　越冬栽培番茄定植后正处在 11 月上旬至 12月上旬,光照日弱,光照时间缩短,这与番茄的喜光特性甚不相宜。因此,改善光照条件是关键的技术措施。改善光照条件的措施有如下几种。

温室内墙涂白。用石灰水把温室内北、东、西三侧墙面涂白,把照到墙上的无效光线反射到附近的番茄植株上。此法可使光照条件较差的北侧番茄植株大大改善光照环境。

张挂反光薄膜。在温室的后立柱上和东、西墙上,张挂镀铝反光薄膜,把部分无效光线反射到植株上。当镀铝反光幕高 2～2.5米时,可使反光幕前的光照量增加 40%～44%,10 厘米地温增加1℃～1.5℃,气温也有所增加。增温效果可达 3 米远以上。发达国家有的用反射率达 80%以上的镀铝膜贴在胶合板上,挂在温室的后墙上,并根据阳光的入射角的变化自动调节反光板的角度,把光线反射在作物上。这种方法较有效地改善温室内的光照环境。在利用反光幕时要经常观察,并注意反光幕平整,不可形成凹面,以免引起聚光作用,聚光点烤坏植株,在光照强度较大的 2 月中下旬后,应及时摘除,以免光照强度过大,灼伤植株。

张挂双层薄膜透光保温幕。在温室薄膜下张挂双层透光塑料薄膜,或再设小拱棚。这些措施有利于提高番茄植株的温度环境,能在植株不受冻、冷害的前提下,提早揭草苫或晚盖草苫,从而延长了光照时间。在温度条件许可时,这些透光保温幕应打开,防止降低光照强度。

及时清洗塑料薄膜。经常、及时地清刷温室的塑料薄膜,保持透光面的清洁,可增加温室内的进光量,减少反射损失。利用无滴塑料薄膜,避免薄膜凝结水滴反射光线,可增加温室内的透光率7%～10%。

适时揭、盖草苫等不透光覆盖物。适当早揭、晚盖草苫等不透光保温覆盖物,可有效地延长光照时间。早上揭草苫的时间以温室内的温度条件为准。揭草苫后,室内温度短时间下降1℃左右,随后温度开始上升,此时为揭苫的适宜时间。下午盖草苫的时间应在盖后温度迅速升高 2℃～3℃,20 分钟后开始缓慢下降,至次日早晨室内最低气温在番茄所能忍受的范围之内的情况下为适宜时间。在阴雪天,室外温度较低时,也不能多日不揭草苫。否则,易把番茄的叶片捂黄,甚至落叶。在这种情况下,应把草苫边掀边盖,或隔一揭一的办法,使其见散射光。

利用遮光少的支架材料。支架材料有遮光的副作用。因此,应选用遮光少的支架材料,如尼龙绳、支架网等,尽量不用遮阴较多的竹木架材。

采用地膜覆盖。地膜覆盖可增加近地空间的散射光。一般可使地面 10 厘米高处的光照增加 70%～75%,30 厘米高处增加 30%～100%。近地面的番茄叶片光照条件得到明显的改善。

整枝、打叶。及时摘除失去功能的病、弱、老叶,打去过多的枝杈,也可改善光照条件。

人工补充光照。有条件时,在温室内安设生物效应灯,在光照不足的 12 月份和翌年 1 月份,每天补充光照 2～4 小时,有明显提高产量的作用。

越冬栽培的番茄如果延迟到春季 4～5 月份,此时外界温度适宜,应及时撤除塑料薄膜,让植株接受自然光照,避免塑料薄膜无谓地遮光降低光照强度。

(2)温度调节 定植后,扣严塑料薄膜,夜间加盖草苫,尽量保持较高的温度,以利缓苗。不超过 30℃不放风。缓苗后白天控制在 20℃～25℃,夜间 15℃。此期外界温度略低于上述温度,不十分寒冷。利用保温措施,可以达到上述温度。此期应注意万万不可使室内温度过高,造成植株生长过旺,降低了抗寒性,而影响了正常越冬。应尽量利用通风措施,使温室内的温度在适宜温度范围的下限。

在 12 月份至翌年 1 月份,外界温度极低的情况下,应采取一切措施,如加厚保温覆盖物;适当早盖、晚揭草苫;改善光照条件,提高室内温度;室内加设小拱棚,小拱棚上加盖草苫;临时增设火炉等来尽量提高温室内的温度。保证室内夜间最低温度不低于 8℃。如连续数日夜温在 8℃以下,则待成熟的番茄果实的有关茄红素形成的酶系遭破坏。即使温度条件恢复到适宜状态,番茄的茄红素也不能形成,果实永远不能着色,失去商品价值。

目前,我国北方日光温室的保温性能为 15℃～18℃。即当外界最低气温为－18℃时,温室内的最低气温有可能降低到 0℃,致番茄遭受冻害损失。在华北地区－18℃的寒潮在每年冬天有一定的发生率。因此,每年因冻害致越冬栽培完全失败的现象时有发生。为防止这种偶然、突发性的冻害,可试用的措施如下:

①用豆秸点燃加温　在冻害来临前 1 小时,在温室北侧路上,点燃数堆干豆秸,可增加室内热量,提高 1℃～2℃,防止冻害发生。应用此方法,材料来源多,成本低,应用方便。但应注意豆秸燃烧时间不宜过长,以免灼伤植株,或烟雾过多,熏伤植株。等低温过后,应迅速通风,散去烟气。此法目前应用较多,但毒害副作用甚大,不值得提倡。

②蜡烛加温法　在冻害来临前,点燃蜡烛放在温度最低的南侧行间。每 667 米^2 约 100 根,总计开支不足 50 元。这 100 根蜡烛放出的热量可使温室增温 2℃～3℃,能防止 0℃的冻害发生。

③酒精防冻法　在冻害来临前,把酒精分放在多个盘、碗中,置于温室南侧的番茄行间点燃,可使温室增温 2℃～3℃。

生育后期,进入初春,随着外界气温的升高,逐渐加大通风量。夜间防冻,日间防高温灼伤。其温度管理与春早熟栽培相同。

(3)支架与整枝　支架可用矮支架,或用塑料扁丝吊架。方法同春早熟栽培。

早熟品种的整枝方法同春早熟栽培,每株留 3 穗果。晚熟品种单干可留 3～4 穗果摘心。

夏季冷凉地区,晚熟品种可延迟栽培到 7 月份,甚至到 10 月份。这样,连续栽培采收,产量较高。其整枝法有 2 种:一是二次换头三次结果法;二是多次换头整枝法。

二次换头三次结果法是当植株上满架时,留 8～9 穗果摘心。于 6 月中旬进行第一次换头。将主茎从架上解开,下移 1 米左右盘条,再绑在架上。主茎果实 7 月下旬采收结束。此后选留 1 个较好的侧枝绑在架上,使其代替主枝开花结果。待 8 月上旬第一次侧枝再上满架时,进行第二次换头。此法可采收 3 批果实,产量较高。

多次换头法是主蔓留 3 穗果摘心,促进果实膨大、早熟。同时,选留第二或第三果穗下具有生长优势的 1～2 个侧枝。待侧枝上开花后,在花前留 2 叶摘心,促进坐果。坐果后,在花序下再留 1～2 个侧枝开花结果。这样由单干整枝的一个结果主干变成 3～4 个结果枝,可采收 8～10 穗果。

上述 2 种整枝法的枝叶较多,必须结合多次追肥浇水方能保证产量。枝叶过多时,通风透光不利,应及时摘除下部的枯、老、黄、病叶。

(4)防止落花落果　冬季低温严重地影响番茄的开花、授粉、受精,降低坐果率。为提高坐果率应采用防落素等植物生长调节剂保花保果。还应采取疏花疏果等措施来提高果实的商品价值。方法同春早熟栽培。

(5)肥水管理　番茄越冬栽培时,如果定植期较早,气温较高,土壤干旱时,可在缓苗后浇 1 次催苗水,结合浇水追复合肥每公顷 150 千克。浇水后应立即中耕松土蹲苗。反之,尽量不浇水。待第一穗果坐住后再浇水并追催果肥,每公顷施硝酸磷型复合肥 300～375 千克。在第一穗花序开花坐果前期,水肥过多极易造成徒长而大量落花、落果。12 月份至翌年 1 月份,外界气温很低,温室内蒸发量很小,土壤不易干旱。浇水有大幅度降低地温,增加空气湿度,诱发病害的副作用。故一般尽量不浇水。如十分干旱,也可在地膜下开小沟浇小水。待 2 月中旬外界气温升高,蒸发量大,植株旺盛生长需水量大时,再逐渐增多浇水次数。结合浇水增加追肥次数。方法同春早熟栽培。

(6)二氧化碳施肥　温室栽培中,寒冬出于保温需要,塑料薄膜经常密闭,外界的二氧化碳不能进入温室中。在上午 9~11 时,番茄光合作用旺盛时,常因二氧化碳不足而发生饥饿现象。这就是目前温室中温度、光照等条件都很适宜的情况下,植株生长发育仍十分缓慢的主要原因。为解决此问题,应在寒冬的上午 9~10 时,在温室中施用二氧化碳气体肥料。

防止二氧化碳亏缺问题最简单的措施是通风,引入外界的二氧化碳。但是寒冬,保温问题的需要高于二氧化碳亏缺问题,所以只有在不会发生冷、冻害的前提下进行通风。

最有效地解决二氧化碳亏缺问题的措施是温室内增施二氧化碳肥料。常用的方法有:

①增施有机肥　有机肥办发酵分解过程可释放出大量二氧化碳,此法一举两得,一是起到施肥的效果,二是可增加二氧化碳。据实验,在每公顷施用腐熟有机肥 75 000 千克的情况下,温室内即不会出现二氧化碳亏缺现象,无须再补充二氧化碳肥料。

②施用液化二氧化碳　利用钢瓶盛装酒精厂生产的液化二氧化碳,在温室定量施放。此法效果好,可按需释放,增产明显。缺点是成本高,难以运输。

③化学反应法　利用化学肥料碳酸氢铵与稀硫酸反应,释放出二氧化碳。余液为硫酸铵,可作为化学肥料应用。此法可定时定量释放二氧化碳,增产效果明显,成本较低,无废品产生。其缺点是稀硫酸有腐蚀性,不易运输,操作中应小心谨慎。

④燃油法　发达国家均用电子器械定时定量地燃烧白煤油释放二氧化碳。此法效果好,二氧化碳纯净,无毒副作用。唯器械设备造价太高。

在国外经验的基础上,笔者试用喷灯燃烧白煤油法释放二氧化碳获得成功。喷灯为日常加工食品用品,价格较低,每个不足 100 元。白煤油为航空专用油,价格低于汽油、柴油,凡有飞机场的地方很易买到。利用此法进行二氧化碳施肥可定时定量,效果明显,且有提高温室内温度的效果,成本亦低廉。其缺点是白煤油不易运输。

6. 采收　越冬番茄栽培中,果实的价格呈单峰式。即春节前最高,越往后价格越低。为了取得较高的经济效益,春节前应集中采收一批,利用乙烯利人工催熟。春节后,应适当早采收,经人工催熟后再上市。催熟方法同春早熟栽培。

(四)外部形态与管理

番茄植株的外部形态因环境条件的差异而有不同的表现。根据外部形态的差异可以判断出环境条件的适宜与否,从而作为管理的依据。这在栽培管理中是十分必要的。

番茄出苗时出现"戴帽"现象,表明覆土太薄,覆土的容重太轻;或土壤干燥,种皮干硬;或种子陈旧,生活力太弱,致使子叶无力从种皮中脱出,而顶皮出土。种皮一直包着子叶,影响子叶展开进行光合作用,致使秧苗衰弱。防止幼苗"戴帽"的措施是:播前灌水应充足,保证出苗期土壤湿润;覆土厚度应适当,过薄,压力太小,不能把种皮压住让子叶出土;过厚则延长出苗期,一般以1厘左右为宜;采用新的生活力强的种子等。

播种后出苗不齐,出苗期延长。一般是由于地温太低,幼芽生长发育太慢所致。土壤干湿不均,湿地出苗迅速,干地出苗缓慢,以及种子生命力不强等也可导致出苗不齐,出苗期延长等现象。由于出苗不齐,往往造成秧苗大小差异巨大,管理不便,且影响秧苗的健壮素质。在正常情况下,出苗期为3～5天。防止番茄播种后出苗不齐的措施是:尽量利用温床育苗,提高苗床地温;保证苗床土壤有适宜的湿度;利用新鲜饱满的种子等。

幼苗子叶展开期,子叶大而且宽,叶色绿,表明环境条件适宜,是壮苗的表现。如果苗细高,胚轴超过3厘米以上,子叶小而细长,颜色深绿,这是由于苗床中温度偏高、光照不足等引起的徒长现象。防止徒长的措施是：改善苗床光照条件，控制温度适当，控制氮肥用量，增施磷、钾肥料等。

幼苗生长缓慢，植株低矮，子叶小，叶色黄绿或紫绿、暗绿。这是苗床干旱、缺肥、温度低等原因阻碍了秧苗生长所致，通常称这样的秧苗为老化苗、僵化苗。防止秧苗老化、僵化的措施：苗床适当灌水、施肥；保持适当温度等。

秧苗生长期、花芽分化期，苗床的夜温和湿度过高，加上氮肥过多，光照不足，节间会显著加长，苗茎变细，叶片薄，呈黄绿色。这是成苗的徒长现象。管理中应适当降低温度、湿度，控制氮肥用量，改善光照条件。

成苗期，秧苗的真叶小，叶色暗绿或紫绿，是苗床温度太低的表现，应注意提高地温。秧苗的真叶小，叶色灰黄，是苗床干旱缺肥的表现，应及时追肥浇水。叶片颜色淡黄，叶片直立性强是光照太弱的缘故，应及时改善光照条件。在低温条件下第一花序的节位低，花数增多，但花芽分化不正常，畸形花增多。在高温条件下第一花序的节位高，花数较少。因此，花芽分化期温度应适当。

番茄成株期，在外界环境条件适宜时，整株呈顶端小、基部大的三角形；叶片大，叶脉清晰，叶片尖端较尖；无限生长型植株开花位置距顶芽20厘米左右，开花的花序上还有显蕾的花序；花梗粗，花色鲜黄，花梗节突起。

在肥水过多，日照不足等条件下造成的徒长植株，茎的下部细，上端粗，节间长，叶片大而薄，色淡绿，畸形果、空洞果增多，果实发育慢。出现这种情况，在管理中应控制浇水和氮肥用量，增施磷、钾肥，及时摘心，整枝，打杈，改善光照条件，以纠正徒长现象。

番茄成株开花节位上移，距顶端近，茎细，植株顶端呈水平形。这是夜温低、土壤干旱或土壤溶液浓度过大等因素造成的。管理中应用调节适温，适当浇水，控制施肥量等措施来纠正这一不良现象。

(五)栽培中经常出现的问题及解决方法

1. 日灼病 番茄果实经常受强日光直射,表皮颜色发白,影响了商品价值。其发生原因是果实上无遮阳物,经常受日光直射,引起果皮温度过高造成的表皮细胞死亡现象。

防止番茄日灼病的方法是加强肥水管理,使茎叶茂盛,可遮盖住果实。整枝时,花序上面留2~3片叶子,亦可减少日灼现象。

2. 死秧与跑秧 番茄根系发达,吸收能力较强,需氧量较高,故浇水较少。保护设施中施肥多,大水压盐的机会少,表土层积盐较多,故土壤溶液浓度较大。在保护地栽培中,往往因土壤含盐量过高而致番茄死秧。防止番茄死秧的措施是合理施肥,注意浇水。

跑秧是植株生长旺盛,落花落果现象严重的现象。在第一穗果未坐住前,肥水过多易造成跑秧。防止跑秧的措施是定植时浇足水,缓苗后控制水肥,第一穗果坐果前少浇水,多中耕,促进根系发育,使植株由营养生长为主转向营养与生殖生长并重的阶段。待结果后再开始浇大水。

3. 顶叶黄化、顶端停止生长 在保护地栽培中,番茄的顶叶黄化、顶端停止生长现象严重影响生长发育,降低产量。其产生原因主要是:夜温太低,经常低于5℃,加上土壤湿度过大,使植株对硼、钙的吸收不良造成的;此外,土壤中肥料过多,抑制了植株对铁、钙的吸收也能引起这一现象。栽培中注意提高夜温,合理施肥即可防止。

4. 卷叶现象 番茄的叶片卷成圆筒形,减少了受光面积,影响了光合作用,这称卷叶现象。其发生原因有:

(1)**品种特性** 国外育成的耐旱品种,国内部分早熟品种,在生长后期都有卷叶现象发生。这是正常的特性。

(2)**营养不良** 早熟品种在果实采收后期,营养大量输入果实,基部叶片营养不足而发生卷叶。

(3)整枝打顶过度 中、晚熟品种在生长中后期过度地打顶、打杈,完全抑制了营养生长,大量的营养积聚在叶片里也会引起卷叶。

(4)氮肥过多 当土壤中铵态氮肥过多时,成熟复叶上的小叶中肋隆起,小叶呈反转的船底形。硝态氮肥多时,小叶片卷曲。

(5)灌溉不当 长期干旱后大量灌溉,会导致卷叶。

此外,土壤中缺少锌、锰等微量元素,会使叶脉变紫上卷;喷用防落素等植物生长调节剂浓度不当可引起受害叶卷曲;植株先端有病毒病,抑制了顶芽的继续生长,会引起卷叶。

卷叶一般由基部向上发展,往往影响后期产量。防止的措施是:培育壮苗;合理灌水施肥;增施磷、钾肥;结果期根外追施0.2%～0.3%磷酸二氢钾,保证果实膨大期肥水供应充足;合理使用植物生长调节剂;及时防治病毒病等。

5.空洞果 番茄果实的胎座组织生长不充实,果皮部与胎座组织分离,种子腔成为空洞,因之,果实表面有棱,果肉少,汁味淡,严重影响果实的品质与重量。空洞果发生的原因如下。

(1)花芽分化不良 花芽分化期低温往往导致花芽分化不良,花器有缺陷。这种花结的果,往往空洞果多。

(2)开花期环境条件不良 开花期温度低、光照不足而致授粉不良、种子退化、胎座组织生长不充实而成空洞果。

(3)营养生长与植物生长不均衡 开花结果期氮肥施用过多,营养生长过旺;施用植物生长调节剂后,土壤养分不足,果实膨大期缺少充足的养分供应,均易形成空洞果。

(4)植物生长调节剂应用不当 植物生长调节剂浓度过大易发生空洞果。施用防落素过早,如在开花前5～6天就应用,则易产生空洞果。合理地施用时间是开花的当天或开花前后1～2天。

(5)温度条件不宜 结果期温度条件过高或过低,光照不足,植株内营养积累少时,也易产生空洞果。

　　防止空洞果产生的措施是根据上述发生的原因,采取对应的措施。此外,疏花疏果、叶面追肥等也有一定防治作用。

　　6. 畸形果　保护地栽培中,番茄的果实形状超出了品种特征范围,即为畸形果。畸形果在形态上有 3 个类型:一是变形果。这种畸形果的结构没有很大的变化,但形状不圆正,有的为椭圆形果,即由于心皮增加,其横切面是椭圆形;有的成为尖嘴果,即桃形果,果实的心皮数是正常的,但果脐部特别突起如桃子形状。二是瘤状果。果实近萼片一端有瘤状凸起,形如鼻,所以叫做鼻状瘤。三是脐裂果。在果脐部分的果皮裂开,以致胎座组织以及种子有时向外翻卷、裸露。这种脐裂果往往是由于畸形花的花柱开裂造成的。

　　畸形果的形成是在花芽分化时就开始的。花芽分化时低温,肥水、光照不足,营养不良时,花芽分化不良,易形成少心室的尖顶果等畸形果。花芽分化期如果肥水过多、光照充足、茎叶旺盛,而温度较低时,花芽分化营养过剩,花芽细胞分裂过旺,则易形成多心皮的椭圆形果或瘤状果。此外,植物生长调节剂施用浓度过高,易形成尖顶果;土壤过干或过湿影响花芽发育,也易形成畸形果。

　　防止畸形果的产生必须从育苗期开始。苗期注意温、光、水、肥等环境条件的控制,创造有利于花芽分化的条件,使用植物生长调节剂适当,即可避免或减少畸形果的发生。

　　7. 粒形果　番茄果实坐住后发育极慢,成熟后形小如樱桃粒,此称粒形果或僵果。在番茄越冬栽培和早熟栽培中发生粒形果现象较多。其发生原因是开花期授粉不良、夜温低、光照不足、营养物积累太少,经过植物生长调节剂处理后,抑制了果柄处离层的产生。果实坐住后,光合产物供应太少而不能膨大造成的。防止粒形果产生的措施是开花期改善温度、光照等环境条件,增强光合作用,改善果实的营养供应等。

　　8. 裂果　番茄的果实表皮裂开,直达肉质部这称为裂果。裂果有 2 种情况:一是以果柄为中心的环状开裂;二是以果柄为中心的放射状开裂。裂果现象与品种有关,一般梗洼条、沟数多,梗洼深,大果型的品种裂果多;反之,则少。引起番茄裂果的主要原因是土壤水分供应不均匀。长期土壤干旱,果皮强度增加,伸张性减少,突然浇大水,果实肉质迅速膨大,而使果皮开裂。开裂的果实易腐烂,商品价值大大降低。防止裂果的措施是:土壤水分的供给要均匀;防止果实日灼;果实成熟的前期喷 2 000~4 000 毫克/千克丁酰肼液或 0.2%硝酸铵钙等,均有防止裂果的作用。

9. 果实着色不良　番茄果实着色不良有下列几种情况。

(1)绿肩　果实近萼片的一端为黄绿色,即使完全成熟,仍不转红,这称为绿肩。其发生原因是温度高、阳光直射,抑制了果肩部分茄红素的形成。防止措施是:保证充足的肥水供应,合理密植及整枝,促使植株茎叶生长繁茂,避免果实暴露在阳光下等。

(2)污斑　果皮组织中出现黄色或绿色的斑块,严重影响果实的外观及食用价值。污斑果实的出现与种子的生长密度有关,心室中种子数目少,激素的活性降低,果汁中可溶性固形物含量较低,则易出现污斑。防止污斑产生的措施是加强肥水管理,促进生长旺盛,保证果实有充足的营养供应等。

(3)褐心现象　褐心是果实的维管束褐变,或果实的内部变为灰褐色。褐心一般是病毒引起的,也有生理性褐心现象。在光照弱、空气潮湿及缺少钾肥的条件下易发生。防止褐心的措施是:注意防治病毒,改善光照条件,适当通风排湿及增施钾肥。

10. 落花落果　保护地中番茄落花落果现象十分严重,引起的原因如下:

(1)花芽分化不良　花芽分化时的温度太低、光照不良、干旱、过涝、营养不良、分苗过度、伤根等不良环境,均可导致花芽分化不良,使花器构造有缺陷,或胚株退化,导致开花不正常而落花。

(2)授粉、受精不正常　开花期土壤干旱容易引起离层的产生而落花。开花期低温,特别是夜温低于 15℃,花粉管不能正常生长,易导致受精不正常。开花期高温,特别是夜温高于 22℃,也可引起花粉管伸长不良,造成受精不正常。土壤的过度干旱、空气湿度过大或过小、阴雨天气等,均会影响花粉发芽,造成受精不正常,而引起落花。

(3)营养不良　开花光照不足、营养供应不充分、营养生长过旺、夜温过高、营养消耗太多、蹲苗过度等,凡是导致供给花芽开花营养不充足的因素,均会引起落花。

(4)其他　坐果后,光照不足、温度过高或过低、土壤干旱或过涝、肥料不足、植株营养生长过旺、徒长等因素,均会造成果实营养供给不充足而落果。

防止番茄落花落果应从苗期着手。育苗期控制环境条件适宜,开花结果期应合理地灌水追肥,调节光照,控制温度,只要环境条件适宜,就可大大减轻落花落果现象。开花期用防落素等植物生长调节剂有抑制离层产生发展的开用,可有效地防止落花落果现象。

四、多茬、立体、周年栽培模式

1. 番茄早、晚熟品种高矮秧密植立体栽培模式　参照第四章有关内容。

2. 春番茄间作矮生菜豆立体栽培模式　参照第四章有关内容。

3. 秋番茄间作芹菜立体栽培模式　该模式利用塑料保护地进行。采用 1.2 米宽的平畦,隔畦栽培。番茄用中、晚熟品种,7月下旬育苗,8 月下旬定植,每畦 2 行,株距 25 厘米。每穗留 4～5个果,每株留 2～3 穗。保护地于 9 月下旬扣塑料薄膜,于 12 月初采收上市。芹菜于 7 月上中旬育苗,9 月上旬定植于保护地内,每畦栽 8 行,行距 15 厘米,株距 10～12 厘米。12 月份以后可陆续上市。

4. 春早熟黄瓜间作春早熟甘蓝,秋延迟番茄间作食用菌周年、多茬、立体栽培 参照第四章有关内容。

5. 春早熟黄瓜,夏豆角间作草菇,秋番茄间作芹菜周年、多茬、立体栽培 参照第四章有关内容。

6. 春早熟番茄间作春早熟甘蓝,秋延迟黄瓜间作花椰菜周年多茬、立体栽培 参照第四章有关内容。

7. 早春番茄间作速生叶菜,秋延迟黄瓜间作花椰菜周年、多茬、立体栽培 该模式利用塑料保护地。3 月中下旬定植春早熟番茄,间作白菜、芫荽、茼蒿等速生叶菜。叶菜 4 月份收获。番茄 7 月份拉秧。7 月中下旬至 8 月上旬定植秋黄瓜间作花椰菜。

五、栽培技术日历

(一)保护地春早熟栽培技术日历

该日历适用于华北地区,栽培设施为塑料保护地。

1 月 10 日至 1 月 14 日:番茄浸种催芽。

1 月 15 日:番茄播种在风障阳畦或日光保护地内。

1 月 16 日至 1 月 25 日:育苗畦白天扣严塑料薄膜,夜间加盖草苫,保持 25℃～28℃。

1 月 26 日至 1 月 31 日:育苗畦苗出齐,白天保持 20℃左右,夜间 12℃～15℃。

2 月 1 日至 2 月 10 日:间苗 1 次,保持白天 20℃～25℃,夜间 13℃～15℃。

2 月 11 日至 2 月 14 日:适当通风,白天保持 20℃左右,夜间 10℃左右。14 日浇大水。

2月15日:分苗,苗距10厘米×10厘米。分苗后中午用草苫遮阴。

2月16日至2月20日:提高苗床温度,白天保持25℃～28℃,夜间15℃～18℃。

2月21日至2月28日:适当通风,白天保持20℃～25℃,夜间13℃～15℃。中耕松土1次。

3月1日至3月8日:继续保持白天20℃～25℃,夜间13℃～15℃。浇水1～2次,追肥1次,每公顷施硝酸磷型复合肥300千克。

3月9日至3月15日:适当通风,保持白天18℃～20℃,夜间10℃左右。3月9日浇1水,3月15日浇1次大水。3月15日喷杀虫药或杀菌药防虫、防腐。3月10日切块。

3月16日:定植于塑料保护地。

3月17日至3月23日:提高塑料保护地内的温度,白天保持25℃～28℃,夜间15℃～18℃,浇缓苗水1次。

3月24日至3月31日:中耕1次。适当通风,白天保持20℃～25℃,夜间13℃～15℃。

4月1日至4月10日:深中耕1次。大通风,白天保持20℃～25℃,夜间13℃～15℃。设立支架,引蔓上架,整枝打杈。用植物生长调节剂蘸花保果。

4月11日至4月30日:白天大通风,夜间盖塑料薄膜,保持白天20℃～25℃,夜间13℃～15℃。撤除草苫。每5～7天浇1次水,保持土壤见干见湿。追肥1次,每公顷施硝酸磷型复合肥225～300千克。继续整枝打杈,绑蔓,用植物生长调节剂蘸花。

5月1日至5月15日:陆续撤除塑料薄膜,转入露地栽培。每5天左右浇1次水,保持土壤见干见湿。追肥1次,每公顷施复合肥300千克。继续整枝打杈,绑蔓,注意防治病虫害。

5月16日至5月31日:开始采收,每3～5天采收1次。每5

天 1 水,追肥 1 次,每公顷施硝酸磷型复合肥 300 千克。继续绑蔓,整枝。防治病虫害。

6 月 1 日至 6 月 20 日:每 3～5 天采收 1 次。每 5 天浇 1 次水。

6 月下旬拉秧。

(二)保护地秋延迟栽培技术日历

该日历适于华北地区,栽培设施为塑料保护地。

7 月 26 日:进行浸种催芽。

7 月 30 日:在高畦上播种。育苗畦上设小拱棚,加遮阳网、纱网。

7 月 31 日至 8 月 10 日:每 2～3 天浇 1 次水,保持土壤湿润。追施 1 次硝酸磷肥,每公顷 105 千克。间苗、拔草各 1 次。喷防病虫药各 1 次。

8 月 11 日至 8 月 15 日:每 3～5 天 1 次水。

8 月 16 日:分苗畦同育苗畦,苗距 10 厘米×10 厘米。分苗后 1～2 天内,中午遮阴。苗床上仍需设纱网挡蚜虫。

8 月 17 日至 8 月 20 日:再浇 1 次水后,中耕、除草 1 次。

8 月 21 日至 8 月 31 日:每 3～5 天浇 1 次水,保持土壤见干见湿,每公顷追施三元复合肥 150 千克。

9 月 1 日:定植于塑料保护地内。

9 月 2 日至 9 月 10 日:浇 2 次水,喷防治蚜虫药 1 次。

9 月 11 日至 9 月 20 日:中耕 1 次,开始蹲苗,5～7 天不浇水。插架,绑蔓,用植物生长调节剂蘸花保果。

9 月 21 日至 10 月 10 日:每 5～7 天 1 次水,追 2 次肥,每次每公顷追施硝酸磷型复合肥 225～300 千克。继续绑蔓,用植物生长调节剂蘸花,整枝打杈。注意防治病虫害。

10 月 11 日至 10 月 20 日:塑料保护地扣塑料膜。注意通风,白天保持 20℃～25℃,夜间 10℃～15℃,其他管理同 10 月上旬。

10 月 21 日至 10 月 31 日:注意保持白天 20℃～25℃,夜间 10℃～15℃。追肥 1 次,每公顷追施硝酸磷型复合肥 300 千克,浇水 2 次。

11 月 1 日至 11 月 15 日:注意保温,白天 20℃～25℃,夜间 10℃～15℃。浇水 1～2 次,继续整枝打杈,开始采收。

11 月 16 日至 11 月 30 日:注意保温,停止浇水、追肥,5～7 天采收 1 次。

12 月上旬采收、拉秧。

(三)越冬栽培技术日历

该日历适用于华北地区,栽培设施为日光温室。

9 月 6 日至 9 月 9 日:番茄浸种催芽。

9 月 10 日:播种育苗。育苗床扣纱网,防治蚜虫传毒。

9 月 11 日至 9 月 14 日:育苗床保持白天 25℃～28℃,夜间 15℃～18℃。每 3 天 1 次水,保持土壤湿润。

9 月 15 日至 9 月 20 日:育苗床保持白天 20℃左右,夜间 12℃～15℃。

9 月 21 日至 9 月 30 日:间苗、拔草 1 次。每 5～7 天浇 1 次水,保持土壤见干见湿。保持白天 20℃～25℃,夜间 13℃～15℃。

10 月 1 日至 10 月 6 日:白天保持 15℃～18℃,夜间 10℃左右。每 5～7 天 1 次水,10 月 6 日浇大水。

10 月 7 日:分苗,苗距 10 厘米×10 厘米。

10 月 8 日至 10 月 15 日:利用塑料薄膜覆盖,保持苗床白天 25℃～28℃,夜间 15℃～18℃。

10 月 16 日至 10 月 25 日:适当通风,保持白天 20℃～25℃,夜间 13℃～15℃,中耕松土 1 次。浇水 1 次,每公顷追施硝酸磷型复合肥 105～150 千克。

10月26日至11月1日:浇大水,划土块。适当大通风,白天保持18℃~20℃,夜间10℃左右。喷防病药和防虫药1次。

11月2日:定植于日光温室中。

11月3日至11月10日:利用扣严塑料薄膜,夜间加盖草苫保温,白天保持25℃~28℃,夜间15℃~18℃。中耕1次。

11月11日至11月30日:白天保持20℃~25℃,夜间13℃~15℃。设立支架,引蔓上架。整枝打杈。用植物生长调节剂蘸花。浇水1次深中耕,进行蹲苗。

12月1日至12月25日:白天保持20℃~25℃,夜间10℃~15℃。加强覆盖,防止冻、冷害。土壤不干旱不浇水。如干旱,可浇1水,每公顷追施硝酸磷型复合肥225千克。整枝打杈,绑蔓,用植物生长调节剂蘸花。

12月26日至翌年1月31日:开始采收,每5~7天采收1次。继续整枝打杈,绑蔓,用植物生长调节剂蘸花。采取一切措施保温,白天保持20℃以上,夜间不低于8℃。不干旱不浇水。

2月1日至2月10日:浇1次水,每公顷追施硝酸磷型复合肥225~300千克,继续整枝打杈,绑蔓,用植物生长调节剂蘸花,继续采收,保持白天20℃~25℃,夜间10℃~15℃。

2月11日至2月28日:每7~10天浇1次水,每15~20天追1肥,每次每公顷追施硝酸磷型复合肥225~300千克。每3~5天采收1次。其他管理同2月上旬。

3月1日至3月31日:每5~7天浇1次水,保持土壤见干见湿。每15~20天追1次肥,每次每公顷追施硝酸磷型复合肥225~300千克。注意白天大通风,勿因高温受热害,其他管理同2月上旬。

4月1日至4月30日:白天大通风,注意通风降温。外界白天气温在20℃以上时,揭去塑料薄膜。其他管理同3月份。

5月1日至5月30日:夜间外界气温稳定在8℃以上时,夜间

大通风,并逐渐撤除保温覆盖物,转入露地栽培。其他管理同 4
月份。

6 月上旬:拉秧。

六、病虫害防治

(一)病害防治

1. 番茄病毒病

(1)**症状** 番茄病毒病由多种病毒引起,因而症状不尽相同。
主要表现有 3 种类型:花叶型、条斑型、蕨叶型。

(2)**防治方法** 农业防治技术参照西葫芦病毒病防治方法。
药剂防治方法如下:

①弱毒疫苗 N14 和卫星病毒 S52 的应用 这两种疫苗为失
去致病力的弱病毒。应用后可刺激植株产生抗病力。常用的方法
有:浸根接种法。即将 1～2 叶的小苗起出,洗净泥土,浸入疫苗的
100 倍液中,经 30～60 分钟后取出移植。喷枪接种法。在 100 毫
升 100 倍疫苗液中,加入 0.5 克 400～600 筛目的金刚砂,充分摇
匀后,用 4～5 千克/厘米^2 压力的喷枪,在 1～3 叶幼苗期喷射
接种。

②钝化物质 利用豆浆、牛奶、鱼血等高蛋白物质,用清水稀
释 100 倍,每 10 天 1 次,连喷 3～5 次,可在番茄叶面形成一层膜,
减弱病毒的侵染能力,削减其锐性。此外,还有植物病毒钝化剂
912。使用时,把一袋 75 克药粉加入少量水调成糊状,再加入 1 升
开水,在 100℃条件下浸泡 12 小时,充分搅匀,晾凉后再加水 15
升,分别于定植后、初果期、盛果期早、晚各喷施 1 次。

③保护物质 在发病前叶面喷施高脂膜 200～500 倍液,每
7～10 天 1 次,连喷 3～4 次。该药可在叶表面形成一层薄膜,有

效地防止和减轻病毒的入侵。

④增抗物质　10％混合脂肪酸水剂可提高植株抗病力,防止病毒侵染,降低病毒在植株体内扩散速度,具有明显的抗病增产作用。使用方法:每 667 米^2 用原液 0.5 千克加水 50 升,分别在小苗 2～3 叶期、移栽前 1 周、定植缓苗后 1 周,各喷 1 次。

此外,0.5％菇类蛋白多糖水剂 300～400 倍液,每 7 天 1 次,连喷 2～3 次。

2. 番茄晚疫病

(1)症状　该病主要危害叶片和果实,也可危害茎部。成株中下部叶片先发病,叶片尖端或叶缘病斑初为暗绿色水渍状不规则形,渐变为暗褐色,病斑背面叶脉深褐色。茎受害,病斑初为暗绿色,后变为边缘不清晰、稍凹稍的黑褐色病斑。果实发病,青果在近果柄处形成油渍状、暗绿色病斑,渐变为暗褐色至棕褐色,边缘云纹状,病部质地较硬。

(2)防治方法　参照黄瓜霜霉病。

3. 番茄早疫病　又名轮纹病。在国内发生普遍,危害严重。

(1)症状　一般先从下部叶片发病,逐渐向上扩展。发病初,叶上出现深褐色小点,扩大成圆形至椭圆形病斑,外缘有黄色或黄绿色的晕环,病斑灰褐色,有深褐色的同心轮纹。茎上发病,多在分枝处出现病斑,病斑椭圆形,稍凹陷,也有深褐色的同心轮纹。果实发病,先从果蒂部开始,形成与叶部相似的病斑,病果易开裂,提早变红。

(2)防治方法　参照晚疫病。

4. 蒂腐病

(1)症状　受害初果实顶部,以脐部为中心,呈暗绿色水渍状病斑,后随果实发育,病部呈扁平凹陷状。病部可扩大到半个果实,病果常提前变红。在潮湿条件下,由于腐生菌侵染,病部可生出各种颜色的霉状物。该病主要由于土壤水分过多或不足,或忽多忽少,土壤水分供应失调引起。雨后久旱,结果期缺水,干热风,肥料烧根,土壤黏重,盐碱过重等均可妨碍根系吸水而发病。植株缺钙时,会引起脐部细胞生理功能紊乱,失去控制水的能力,亦会引起发病。一般果皮较薄、果顶较平,以及花痕较大的品种易发病。

(2)防治方法

①土地选择　选用富含有机质、土层厚、保水力强的壤土栽培番茄,沙质土、黏重土等含水量变化较大的土壤应多施有机肥改良。

②育苗　培育壮苗,保证植株有强大的根系,能吸收足量的水分供应植株。

③品种　选用果皮厚、果面光滑、花痕较小、果顶较尖的品种。

④田间管理　合理施肥,避免烧根,增施磷、钾肥,防止植株徒长。浇水应均匀,防止土壤含水量变动太大。

⑤钙素供应　结果期用1%过磷酸钙液,或0.1%氯化钙液,或0.2%硝酸铵钙根外追肥,或定植前施入硝酸铵钙肥,保证植株有充足的钙素供应。

5.番茄枯萎病　番茄枯萎病又叫萎蔫病。

(1)症状　一般在花期或结果期开始发病。发病初,植株下部叶片变黄,以后萎蔫,干枯下垂死亡。有时半边发病干枯,半边正常。病株根部变褐,茎部维管束变黄褐色或褐色。潮湿时,病株茎基部产生粉红色的霉。

(2)防治方法　参照黄瓜枯萎病。

(二)虫害防治

番茄常见的害虫有蚜虫、白粉虱、棉铃虫、红蜘蛛等,可用黄板黏杀、银灰色膜驱避,或药剂防治,可参照黄瓜虫害防治。

第五节 辣 椒

我国辣椒栽培历史较久,各地栽培普遍。辣椒营养价值很高,人们四季需要,目前在北方通过利用保护设施栽培已实现了周年栽培的目标。

一、特征特性

(一)形态特征

辣椒属茄科,在温带地区为 1 年生草本植物,在热带、亚热带为多年生草本植物。

1. 根 为主根系。直播时,主根向下延长,主根粗而侧根少。移栽时,主根被切断,在残留的主根和根茎部发生许多侧根。根系不发达,根量少,根系生长速度慢。茎基部不易发生不定根,根受伤后再生能力也较差。辣椒主要根群分布在植株周围 45 厘米、深度 15~20 厘米的土层中。因此,辣椒既不抗旱又不抗涝,也不耐瘠薄的土壤。

2. 茎 辣椒茎坚韧直立,木质部发达。辣椒腋芽萌发力差,株冠较小。一般品种为双权或 3 权分枝,即主茎长 8~14 片真叶时,主茎顶端形成花芽,下部由 2~3 个侧芽萌发形成 2~3 叶后,再形成花芽和分枝。如此无限生长下去。由于顶端优势,其他腋芽的萌发力较弱。植株上的第一个果实俗称为门椒,第二层称为耳椒,后依次为四母斗、八面风、满天星。

辣椒主茎上各叶腋在整枝后均可能萌生侧枝,但开花结果较晚。

3. 叶 叶为单叶,互生,呈卵圆形或长圆形。叶片的大小与果实的大小有一定正相关性,甜椒的叶片较大,而辣椒的叶片较小。

4. 花、果实、种子　花白色,雌雄同花,自花授粉,天然杂交率为 10% 左右,为常异交作物。辣椒有单性结实现象,在低温,特别是低夜温的条件易出现单性结实,果较小,果内没有种子。辣椒果实为黄绿色、深绿色,成熟果为大红色、粉红色、黄红色等颜色。果形有灯笼形、牛角形、羊角形、方形、小圆锥形等。

辣椒种子扁平状,微皱,似肾形,淡黄色或乳白色。果实含种子 100~300 粒。种子寿命 5~7 年,使用年限为 2~3 年。

(二)生育周期

辣椒的生育周期包括发芽期、幼苗期、开花结果期。

1. 发芽期　从种子萌动到子叶展开,真叶现露。约需 23 天。

2. 幼苗期　从真叶现露到第一花蕾现蕾。此期第二片真叶展开时,苗端已分化 8~11 片真叶,生长点开始分为第一花蕾。幼苗期的长短因管理水平而异,温度适宜时为 40~50 天。

3. 开花结果期　从第一花现蕾到第一果坐果为始花期,以后为结果期。始花期为 20~30 天。结果期是开花和结果交替进行,一般为 60~80 天。如加强管理,可延长至 120 天以上。

(三)对环境条件的要求

1. 温度　辣椒原产热带地区,属喜温性蔬菜,0℃的霜冻足以致死。种子发芽的温度范围是 15℃~30℃,最适温度 25℃~26℃,适温条件下 5~7 天即可发芽。低于 15℃,高于 35℃于种子发芽不利。

苗期要求较高的温度,白天的适温为 25℃~30℃,夜间 15℃~18℃,适宜的昼夜温差为 6℃~10℃。此期温度高,则分枝多,花芽分化多,发育早。但温度适当低些,特别是夜温低,其第一穗花芽的节位有降低的趋势。苗期温度太低,则生长缓慢,有僵化趋势。开花结果期白天的适温为 20℃～25℃,夜间 15℃～20℃。温度过高则落花落蕾现象严重,当白天 38℃,夜间 32℃时,几乎不能结实。白天为 27℃,夜间为 21℃时,结实率不足 50%。温度低至白天 16℃,夜间 10℃时结实不良。当进入开花结果盛期,适当降低夜温有利于结果,甚至夜温在 8℃～10℃时仍能较好地生长发育。辣椒很怕炎热,长期在 35℃ 以上的高温,加上空气相对湿度在 80% 以上,不但会造成大量落花落果,还会引起严重的落叶。

辣椒根系生长发育的适温为 23℃～28℃。地温过高,影响根系发育,且易诱发病毒病。

2. 光照 辣椒对光照时间要求不严格,属中光性作物。育苗期要求较强的光照,开花结果期要求中等的光照强度,光饱和点为 3 万勒,比一般蔬菜要低。光补偿点为 1 500 勒。光照强度过强,则茎叶矮小,生长迟缓,也易发生病毒病和日灼病。较耐弱光,但光照过弱,会影响花的素质。

辣椒对光照时间的要求不如对温度条件严格,只要温度适宜,光照时间长短影响不大。以 10～12 小时的日照时间下开花结果较快,较长的日照时间也能适应。

3. 水分 辣椒对水分要求严格,既不抗旱,又不抗涝。适宜较干燥的空气条件。单株需水量不大,但由于根系不发达,不经常浇水,则严重影响生长发育。土壤稍干旱,易发生病毒病。土壤积水数小时,则植株萎蔫,严重时死亡。适宜的土壤相对含水量为 80% 左右,空气相对湿度为 60%～80%。

4. 土壤 辣椒适于中性或微酸性的土壤,以土层深厚肥沃、富含有机质和通透良好的壤土或沙壤土为佳。不耐瘠薄,需肥量较大。栽培中除了用氮肥外,还应增施磷、钾肥料。

二、栽培品种

(一)中椒 7 号甜椒

中国农业科学院蔬菜花卉研究所育成的杂交一代种。植株生长势强。果实灯笼形、绿色,纵径 9.3 厘米,横径 6.9 厘米,果面光滑,肉厚 0.48 厘米,单果重 100 克左右。味甜、品质好。该种早熟,耐病,耐贮运。适于保护地栽培。

(二)农　乐

中国农业大学园艺学院蔬菜系成的杂交一代种。植株长势强,连续结果性能好。果实长灯笼形,纵径 10.5 厘米,横径 6 厘米,肉厚 4.6 毫米,3~4 心室,平均单果重 89 克。果实绿色,果面光滑而有光泽,肉质脆甜,品质优良,商品性状好。早熟,适应性广。抗烟草花叶病毒病、中抗黄瓜花叶病毒病。适宜保护地和露地早熟栽培,也可作保护地秋延迟栽培。

(三)中椒 10 号

中国农业科学院蔬菜花卉研究所育成的杂交一代种。生长势强,单株结果率高。叶面平展,株高 76 厘米左右、开展度 69 厘米左右,始花节位 9~10 节,花冠白色,果柄下弯。果实羊角形,色绿,果面光滑。果实纵径 16 厘米左右、横径 3 厘米左右、肉厚 0.3 厘米左右,2~3 心室,胎座中等大小,品质优良,商品性好,味微辣、脆甜,口感佳。平均单果重 30 克。抗逆性强,适应性广,耐寒、耐热。苗期抗病性鉴定表现抗烟草花叶病毒病、中抗黄瓜花叶病毒病,田间表现抗病毒病,耐疫病。早熟,定植至始收 30 天左右。适宜华北各地保护地早熟栽培,也可作广东、广西、海南等南菜北运基地冬季栽培。

(四)京椒 7 号

北京市蔬菜研究中心育成的杂交一代。早熟,植株生长势强,株高 80 厘米左右,嫩果淡绿色,老熟果鲜红色。果实羊角形,平均单果重 65 克。辣味适中,品质佳,果面光滑顺直,肉厚腔小,耐运输。连续结果性强。适于保护地栽培。

(五)甜杂 3 号

北京市农林科学院蔬菜研究中心育成的杂交一代种。植株长势强,连续结果率高,株高 84 厘米。果实灯笼形,3～4 心室,纵径 11 厘米,横径 7 厘米,单果重 100 克以上,果肉厚 4～5 毫米。果实深绿色,味甜质脆。早熟,主茎 12～13 叶节着生第一花。抗烟草花叶病毒病、中抗黄瓜花叶病毒病。适宜保护地栽培,目前已在北京、河北、山东、江苏等地推广。

(六)桔 西 亚

由荷兰引进的杂交一代种。植株生长旺盛,果实近正方形,长、宽均为 11 厘米,4 心室。嫩果为明亮的绿色,老熟果为鲜艳的橘红色。

(七)白 公 主

由荷兰引进的杂交一代种。果实近方形,长、宽均 10 厘米,表面光滑,平均单果重 150 克,嫩果蜡白色,老熟果亮黄白色,色彩鲜艳,引人注目。

(八)红 将 军

由荷兰引进的杂交一代种。植株生长势强,果实肉质厚,表皮光滑,方形,长、宽均 10 厘米,平均单果重 170 克。嫩果绿色,老熟果深红色。该种抗病毒力强,产量高,收获时间较集中。

(九)紫 贵 人

由荷兰引进的杂交一代种。果实长 10 厘米,宽 8 厘米,平均单果重 140 克,果实紫色,果肉厚。该种品质好,口味佳,是凉拌调色最佳材料。

(十)柠檬黄、金辉、荷兰、黄玉

以上 4 种均为以色列引入的杂交一代种。果实方灯笼形,3～4 个心室,单果重 50～60 克。嫩果象牙白色,老熟果为橙黄色或橘红色。该 4 种耐贮性好,味甜,品质极佳。

(十一)世 纪 红

国外引进杂交一代种,属无限生长类型早熟品种。植株生长健壮,节间较短,果实 4 或 3 心室,10 厘米×9 厘米方形甜椒,单果重 200 克以上,大果可达 900 克,果肉厚,高温下易坐果,连续坐果能力强,成熟时果实由绿转鲜红色,果皮光滑,无纹痕,转色快,抗烟草花叶病毒,耐辣椒中型斑驳病毒。每 667 米^2 栽培 1 800～2 000 株,适合早春、越夏、秋延迟、越冬保护地栽培。

(十二)雷　姿

国外引进品种。属无限生长类型,早熟,丰产,抗病性强,植株健壮,易坐果,且连续坐果能力强,果实膨大速度快,成熟果可长达 35 厘米,径粗 5 厘米,单果重 150 克左右,口味微辣,果肉厚,硬度好,耐贮运,果皮淡黄微绿色,成熟果为红色。外形美观,表面光滑,商品性好。适合于秋冬和早春季节保护地栽培。

(十三)维 纳 斯

国外引进方形果杂交种。植株生长旺盛,中型果,果肉厚,四心室率高,长、宽为 8.8 厘米×8.8 厘米,单果重 200～220 克。果实成熟后由绿色转亮黄色,颜色漂亮;品质好,商品性极佳,抗病性强,产量高,耐贮运。抗热性好,可做北方大棚越夏及温室早秋栽培。

(十四)美国甜椒王

美国引进杂交一代种。中熟品种。生长势旺,株型较矮,连续坐果力强。果实鲜绿富光泽,果肉肥厚,单果重 150 克以上,产量丰高,品质优良。适于大棚或露地栽培。

此外,还有从日本引进的大型黑(果实墨绿色)、大型黄(果实黄色)、大型紫(果实紫色)、大型橙(果实橙黄色)等彩色品种。

三、栽培技术

(一)春早熟栽培技术

辣椒的春早熟栽培为冬季播种育苗,春季或初夏上市的一种栽培方式。这种栽培方式大大提前了辣椒的上市期,解决了春季缺少果菜的淡季供应问题。有较高的经济效益和社会效益。在辣椒保护地栽培中面积较大。

1. 栽培季节 辣椒春早熟栽培的播种育苗时间因利用的设施和地区而不同。华北地区利用塑料保护地栽培时,12月上旬在日光温室或阳畦内育苗,苗龄 90～100 天。翌年 3 月中下旬定植在塑料保护地内。有草苫覆盖条件下,播种育苗期可适当提早;无草苫覆盖时,则稍延后。高纬度的东北地区,栽培期可适当延后。

2. 品种选择　辣椒春早熟栽培的苗期和生长前期温度低、光照弱,生长后期是光照强、温度高的夏季,气候变化剧烈。因此,应用抗寒、耐热、适应性强、早熟、抗病、植株整齐、结果期长、高产的品种。目前常用品种有:农乐、湘研 1 号、苏椒 5 号、沈椒 1 号、苏椒 2 号、中椒 6 号、中椒 10 号等。

3. 育　苗

(1)苗床准备　尽量利用电热温床、酿热温床、保温性能好的日光温室育苗床。营养土用无病大田土加入 40% 的腐熟有机肥,每立方米营养土中加入过磷酸钙或硝酸磷型复合肥 1 千克,草木灰 10 千克,混匀后整平待播。

(2)种子处理　利用温汤浸种,浸种 4～6 小时,捞出置于 25℃～30℃ 的条件下催芽。催芽期间每天用温水冲洗和翻动,以利空气通透。经 5～6 天种子露白,即可播种。

(3)播种　选暖头寒尾的晴天上午播种。播种前先浇水,水要渗入土下 10 厘米左右。水量过大,降低苗畦地温;水量过小,苗期易出现旱情。水渗下后撒种,每平方米用种 7～8 克。播后覆土 1 厘米厚。播种完毕,立即覆盖塑料薄膜,将苗床封严,夜间加盖草苫,以保持苗床温度,促进出苗。

(4)温度调节　出苗前苗床内保持 25℃～30℃,促进迅速出苗。苗出齐后适当降温,防止秧苗徒长,白天 25℃ 左右,夜间 15℃～18℃。秧苗第一片真叶显露后可控制较高的温度,白天 23℃～28℃,夜间 16℃～20℃。分苗前 3～4 天,降低温度,白天 20℃～25℃,夜间 15℃ 左右,以锻炼幼苗,提高分苗成活率。辣椒小苗期主要以保温为主。此期外界温度很低,很易出现冻害。应采取加厚覆盖等措施,保证苗床有适宜的温度。

(5)湿度调节　辣椒小苗期外界气温低,植株小,蒸发量很小,可尽量不浇水,以防降低地温。出苗前后可选晴暖天气上午,在畦内撒一层细干土,以保墒和弥补土壤裂缝。如土壤干旱必须浇水,可在晴天上午浇小水,并及时通风排湿,防止苗期病害发生。

(6)分苗 在小苗 3～4 叶期应进行分苗,以免因秧苗拥挤、营养面积不足而影响生长发育。辣椒的第一穗花芽分化在 3～4 叶期开始,可在 3～4 叶期稍前进行分苗。

分苗畦可用普通阳畦或日光保护地内的冷床。在寒冷季节分苗时,应用温床分苗。分苗可用双株苗并在一起移栽,也可单株分苗。分苗后的密度为 10 厘米×10 厘米。分苗后及时灌水,并把塑料薄膜扣严。

(7)分苗畦管理 分苗后尽量提高苗床温度,白天控制 25℃～28℃,夜间 20℃ 左右,以促进缓苗。缓苗后,保持白天 20℃～25℃,夜间 15℃～18℃。移栽前 7～10 天进行低温炼苗,白天 20℃ 左右,夜间 13℃～15℃。分苗畦内根据土壤情况可适当浇水,保持土壤湿润状态。结合浇水可追施复合肥 2～3 次,每次每公顷施 150 千克。有条件时可隔日喷施 0.25% 磷酸二氢钾叶面肥料。

定植前 5～7 天,苗床内浇大水,水渗下后用长刀把土切成方块,苗在土块中央。定植时可带土坨定植。

(8)壮苗标准 辣椒苗定植时的壮苗形态是:苗龄 70 天左右;叶龄 10～12 片真叶;茎粗 0.4～0.5 厘米;第一花蕾初现;叶片大而厚,叶色深绿。

苗龄 70 天是在适温条件下长成 10～12 片真叶所需的时间。苗龄再缩短,则表明育苗温度过高,有徒长之虞。苗龄过长,如达 90～120 天,则是苗床温度过低,秧苗生长缓慢的表现。这样的秧苗有僵化、老化症状。其根系活性差,吸收能力弱,定植后缓苗慢。

叶龄为 10～12 片真叶时,叶子的叶绿素含量最高,根系最发达,吸收面积最大。真叶数超过此数,则苗体过大,在相同的密度条件下,因叶片互相遮阴,根系交叉,其叶片的叶绿素含量较小,根系吸收面积也减少。叶龄较小时,定植到田间开花结果较晚,影响早期产量。

在利用营养钵育苗时,由于不存在移植断根问题,叶龄适当大些也无妨碍。

(9)工厂化育苗　目前很多地方利用工厂化育苗。方法同番茄。

4. 定植　辣椒春早熟栽培的定植期越早越有利于早熟、早上市,经济效益也越高。但受冻害的威胁也越大。一般在棚、室内10厘米地温稳定在10℃～12℃时方可定植。

定植前20～30天应扣棚,夜间加盖草苫保温,尽量提高地温。结合整地,每公顷施腐熟有机肥75 000～105 000千克或商品有机肥300～400千克,硝酸磷型复合肥300千克。深翻后做成平畦或高畦。

定植密度:甜椒双株同穴栽植时株行距为30厘米×50厘米;辣椒双株同穴栽植时为30厘米×35厘米;单株栽植时株行距为25厘米×40厘米。

5. 田间管理

(1)温度调节　定植后应严密覆盖塑料薄膜,夜间加盖草苫。缓苗期不通风,尽量提高温度,白天控制25℃～30℃,夜间18℃～20℃。经5～7天缓苗后,适当通风,白天控制23℃～28℃,夜间15℃～18℃。开花结果期夜温不低于15℃,以免因低温而受精不良。

春早熟栽培前期外界温度很低,保护设施内易出现冷害或冻害。因此,应通过加强覆盖措施,尽量保持设施内适宜的温度条件。春季随着外界温度提高,可逐渐加大通风量,降低温度,防止高温灼伤植株。当外界白天气温稳定在25℃左右,夜温在15℃以上时,可昼夜通风,并把棚周围的薄膜拆除,只保留顶膜。

(2)浇水和中耕　定植缓苗后,根据土壤墒度可再浇1次水,即开始蹲苗。蹲苗期间应中耕3次,第一次宜浅,第二次宜深,第三次宜浅。结合中耕进行培土。辣椒根系较弱,蹲苗不宜过度,如土壤干旱还可浇 1 次小水。一直到第一个果实坐住后,浇水量才开始增加。在开花结果期应保持土壤湿润,一般 5～6 天浇 1 次水。早春气温低时,浇水在晴天上午进行。夏季气温较高时,可在傍晚浇水,以降低地温。

(3)追肥 辣椒生育期很长,为了保证生育期有充足的养分,除了施足基肥外,还必须注意追肥。定植后,开花前,如土壤缺肥,可追 1 次肥。每公顷施硝酸磷型复合肥或硝酸磷钾肥 150 千克。第一果坐住后,追施第二次肥,每公顷施复合肥 300 千克,或随水冲施腐熟的人粪尿 7 500 千克。此后每隔 15～20 天追肥 1 次,每次每公顷追施硝酸磷型复合肥 300 千克。追肥后立即浇水。

(4)整枝 第一个果坐住后,及时把分杈以下的侧枝全部摘除,以免夺取主枝营养,影响果实发育。枝叶过密时,可及时摘除下部的枯、黄、老叶,以利通风透光。

夏季 7 月份,如不拔秧,在植株生长衰弱或落叶时,可在四母斗果实的结果部位下端,缩剪侧枝。剪后及时追肥浇水,促发新枝。待 8 月份发出新枝可继续结果。

(5)使用植物生长调节剂 为防止落花,提高坐果率,门椒开花后,可用 20～30 毫克/千克防落素涂抹花柄。

6. 采收 辣椒春早熟栽培以采收嫩果为主。只要果实的果肉肥厚、颜色浓绿、皮色发光,达到品种的果型大小即应采收。一般第一个果从开花到采收需 30 天左右,第二层果实需 20 天左右,第三层果实需 18 天左右。第一个果实应适当早收,这不仅可早上市、提高经济效益,还可防止坠秧,影响植株生长发育。

总之,春早熟栽培中辣椒上市越早,价格越高,经济效益也越高。因此,应适期早采收,勿等果实变红再采收。待到夏季露地栽培的辣椒也上市,价格低廉时,方可待变红后再采摘。

(二)秋延迟栽培技术

辣椒秋延迟栽培是夏季播种育苗,晚秋和初冬供应市场的一种栽培方式。这种方式可在初霜冻露地辣椒拉秧停止供应后,再延长供应期1~2个月,解决了初冬缺少果菜的淡季供应问题。栽培方法较简单,有一定的经济效益,有一定发展面积。

1. 栽培季节 秋延迟栽培一般在6月中下旬至7月初育苗。苗龄35~40天,7月底至8月中旬定植。在华北地区可采收到11月下旬。有草苫覆盖的塑料保护地,可采收到12月上中旬。

春早熟栽培或露地栽培的辣椒越夏后,如果植株长势好,无病毒病,可于7月下旬至8月中旬整枝,重新发出新枝。于早霜来临前,扣上塑料棚,亦可延迟采收至11~12月份。

2. 品种选择 秋延迟栽培辣椒前期环境条件适宜,而后期温度渐低,日照渐短,环境条件不大适宜。所以,应选用耐低温、弱光、抗逆性强的品种。目前常用的品种有:湘研4号、保加利亚辣椒、牛角椒、湘研6号、中椒3号、中椒8号等。

3. 育苗 育苗地应选高燥、排灌方便的地块。育苗畦最好建在保护地内,亦可在露地育苗。露地育苗时,在畦上架小拱,上覆塑料薄膜,以遮雨、遮阴。通过遮雨、遮阴,以降低光照强度和气温,减少病害的发生。为防蚜虫危害传播病毒病,可在畦的四周严密围上纱网,阻挡害虫进入。有条件时,利用银灰色薄膜或遮阳网驱避蚜虫。

可浸种催芽后播种,也可干籽直播。为减少病害,播前应进行消毒处理。消毒处理方法有:

(1)温汤浸种 用50℃~55℃温水,浸种15~30分钟。

(2)药粉拌种 用50%多菌灵按种子量的0.1%~0.5%拌种。

(3)药水拌种浸种 用甲醛300倍液浸泡15分钟,后用清水洗净;或用 50％琥胶肥酸铜可湿性粉剂 500 倍液浸泡 20 分钟;或用 1％高锰酸钾液浸泡 30 分钟,捞出后反复清洗。

育苗床一定选用无病的大田土,或选 3 年内未种过茄科蔬菜的地块建床。播种前先浇大水,待水渗下后,撒种,覆 1 厘米厚的土,并及时扣严纱网。

苗期应及时浇水,保持畦面见干见湿。如缺肥,可在苗出齐后 2～3 叶期结合浇水追施硝酸磷肥或硝酸磷钾肥,每公顷用量 105～150 千克。苗期及时拔草。在 2 片真叶期间苗定苗,苗距 5～8 厘米。发生蚜虫等危害,应及时喷药防治。

辣椒秋延迟栽培育苗的苗龄一般为 35～40 天,叶龄 6～8 片叶时即可定植。叶龄过大,定植后缓苗期过长,易患病害。

目前很多地方利用工厂化育苗,方法同番茄。

4. 定植　定植前,每公顷施腐熟有机肥 75 000 千克或商品有机肥 300～400 千克,加硝酸磷型复合肥 300 千克。畦宽与定植密度与春早熟栽培相同。定植应选在下午或阴天进行,以防阳光直射,温度太高,造成秧苗萎蔫。

5. 田间管理　定植时浇透定植水,3～4 天后再灌 1 次缓苗水。以后的浇水、追肥要点与春早熟栽培相同。由于定植初期在初秋季节,外界气温较高,土壤蒸发量很大,故应增加浇水次数,防止高温、干旱引起病毒病的发生。蹲苗期不可控水过度,以多中耕松土为宜。大雨后应及时排水防涝。

越夏栽培的辣椒,在整枝后,即进行大水大肥促进生长管理。中秋,天气转凉后,应逐渐减少浇水次数,每 7～10 天浇 1 次水,以保持土壤湿润为度。进入 11 月份,为保持地温,防止浇水降低地温、增大湿度,可不浇水,亦不追肥。

在早霜来临前,及时把保护地的塑料薄膜扣好。前期白天通风,夜间扣严;后期白天减少通风,或不通风,夜间加盖草苫保温。保持白天为 25℃～30℃,夜间 15℃以上,尽量延长辣椒的生长期。

由于辣椒在 10℃～15℃ 条件下不能开花,在 10℃ 以下则对果实生长不利,故当设施内的最低温度低于 10℃ 时,应及时拉秧采收。

利用越夏的辣椒进行延迟栽培时,在 7 月下旬至 8 月上中旬,把"四母斗"椒以上的枝条全部剪去,促发植株基部和下层的侧枝。待 9 月份又可开花结果。

秋季定植的辣椒整枝方法与春早熟栽培相同。

辣椒秋延迟栽培中,上市越晚,价格越高,经济效益越好。故应适当晚采收,但是采收过晚,会影响植株生长及上面的果实的生长发育。同时,果实由青变红后,会影响产量的提高。为此,应在达到商品标准后及时采收,通过贮藏保鲜来延长上市期。

(三)越冬栽培技术

辣椒越冬栽培是在中秋季节前播种育苗,10 月下旬定植,于元旦和春节前上市,供应整个冬季,以解决寒冬果菜缺乏的大淡季问题的一种栽培方式,这对于辣椒周年生产、四季均衡供应有巨大的社会意义,同时也有显著的经济效益。近年来,随着日光温室等保护地栽培生产的迅速发展。辣椒越冬栽培面积也有较大的增长。

1. 栽培设施及时间　辣椒为喜温性蔬菜,越冬栽培又值气温最低的寒冬,所以需要保温性能良好的日光温室。

越冬栽培的育苗播种时间,华北地区为 8 月中旬至 9 月上中旬。播种过早,处界气温过高,易生病毒病。如果播期再提前,其结果盛期与秋延迟栽培相重叠,而在春节价格最高的时期反而进入结果衰弱期,这会严重影响经济效益。播期过晚,难以在严冬前光照、温度都好的秋季长成丰产的骨架,致使盛果期落在春节之后,这也会影响经济效益。

越冬栽培一般在 10 月下旬定植,迟不过 11 月上旬。元旦前开始采收,如管理得当,可以一直采收到翌年晚秋。一般是 6～7

月份拉秧结束。

2. 品种选择 辣椒越冬栽培中,苗期温度、光照条件适宜,结果期正值低温、弱光的冬季,而翌年又在高温、多雨的春、夏季,所以要求品种具有耐低温、抗热、适应性强、丰产的特性。目前国内尚未育出这样的专用品种来,群众也没有成熟的经验。所以,没有统一的主栽品种供使用,可根据品种介绍选用。

3. 育 苗

(1)苗床建立 建立育苗床一定选 3 年内未种植茄果蔬菜的地块。如用老苗床,应换用无病的大田土,防止秧苗发生土传病害。建床时,每 667 米^2 施腐熟的有机肥 3 000 千克,浅翻,做成 1.2～1.5 米宽的平畦。

(2)播种 播种前,应进行消毒处理,方法同秋延迟栽培。消毒后,即浸种催芽。催芽温度为 25℃～30℃,待大部分种子出芽露白后,即可播种。

播前苗床灌大水,待水渗下后,撒种。撒种后立即覆土 1 厘米厚。

(3)苗床管理 为防蚜虫传播病害,苗床上架设小拱,上覆塑料薄膜,周围安设纱网。

出苗前苗床保持 28℃～30℃,高于 30℃ 则遮阴降温,低于 16℃ 可加盖草苫保温。出苗后白天保持 25℃～27℃,夜间保持 16℃～20℃。分苗前 5～7 天,降温锻炼秧苗,提高秧苗的适应能力,白天保持 20℃～25℃,夜间 15℃～18℃。小苗期一般不用浇水,如土壤干旱,可在上午喷灌。幼苗出齐至 2 片真叶时,可结合除草进行间苗,拔除细、弱、密、并生的苗,保持苗距 2～3 厘米。

待幼苗 3～4 片真叶时,应及时分苗。分苗床应建在日光温室内,以利保持温度和运苗方便。分苗畦的要求与育小苗床相同。分苗的密度为 10 厘米×10 厘米一穴,每穴放一苗或双苗。放双苗时,两苗的间距为 2 厘米。分苗后立即浇水、覆土,并扣严塑料薄膜保温。

分苗初,苗床内保持较高的温度,白天保持 25℃～30℃,夜间 20℃～23℃,以利迅速缓苗。3 天后,适当降低温度,白天保持 25℃～29℃,夜间 15℃～18℃。定植前 5～7 天降温以锻炼秧苗,白天 20℃～25℃,夜间 14℃～16℃。在分苗床内的时间为 10 月份,此期外界温度略低于上述要求的温度,而苗床内的温度略高于上述要求温度,适当通过通风和扣薄膜可以完全满足辣椒幼苗所需的温度条件。

定植前 7～10 天,苗床浇透水。待水渗下后,用长刀在秧苗的株、行中间切块,入土深 10 厘米,使秧苗在土块中间。切块后不再浇水,如土壤过干,可覆细土。使土块变硬,以利定植时带土坨起苗。

定植前,苗床喷药,防治病虫害,防止病虫害传入大田。

定植前适宜的秧苗形态是:苗龄 45～50 天,8～10 片真叶,花蕾初现。

目前很多地方用工厂化育苗,方法见番茄工厂化育苗。

4. 定　植

(1)整地与施肥　辣椒越冬栽培时间很长,必须施足基肥。一般每 667 米^2 施腐熟有机肥 5 000～7 000 千克或商品有机肥 300～400 千克、硝酸铵钙 70～100 千克、硝酸磷型复合肥 15 千克。

施肥后,深翻、耙平,做成高 10～15 厘米、宽 40～50 厘米的小高畦。

(2)定植密度　若用单株栽培,用双行法定植:小行距 30～40 厘米,大行距 50～60 厘米,株距 20 厘米,每 667 米^2 栽植 7 000～8 000 株;如用双株栽培,行距不变,株距改为 30～35 厘米,每 667 米^2 栽植 10 000 株左右。

(3)定植方法　定植起苗时,尽量带土坨,少伤根系。定植时应浅栽,不可埋过根茎,以免影响根系发育。定植后即浇水、覆土、覆盖地膜。

5. 田间管理

(1)温度管理 定植后立即扣严塑料薄膜,在缓苗期白天保持25℃～30℃,夜间保持18℃～20℃。进入12月份至翌年1月份,随着光照时间缩短,光照强度变弱,温度可适当下降。由于辣椒要求的温度条件比黄瓜、番茄高,对低温的反应敏感,温度低于13℃就易形成僵果。所以,在寒冬应利用一切措施保持温室的温度条件。

辣椒要求的适宜地温是23℃～28℃,低于18℃产量即受影响,低于13℃则产量大幅度下降。所以,在越冬栽培中除了及时揭盖草苫保持适宜的气温外,还要覆盖地膜提高地温。

(2)肥水管理 辣椒根系较浅,吸收力较弱,在肥水管理上应特别仔细。定植后浇足缓苗水,然后细致中耕,提高地温。缓苗后时值初冬,外界气温较低,保护设施内蒸发量不大,应尽量少浇水。如土壤干旱,可浇小水。宜在晴天上午在地膜下开沟浇暗水。浇水后扣严塑料薄膜,提高地温。下午通风,排出湿气,降低室内空气湿度。一般条件下,12月份至翌年1月份不必浇水。特别是第一果坐住前,尽量不浇水,以免植株徒长,造成落花落果。

待到翌年春2月份,外界渐暖,室内温度渐高时,应逐渐加大浇水量,每7～10天1水,保持地面见干见湿。在3月份以后,进入结果盛期,应再加大浇水量和次数,每5～10天1水,保持土壤湿润。以后的管理与春早熟栽培相同。

辣椒生长期应进行追肥。追肥与浇水需结合在一起。在第一果坐住前不追肥。第一果坐住后,结合浇水追施硝酸磷型复合肥,每667米² 施10～15千克。12月份至翌年1月份寒冷时期,不浇水也不必追肥。翌年春2月份以后结合浇水,每10～15天追1次肥,每次每667米² 追施硝酸磷型复合肥10～15千克。

寒冬不浇水、不能追肥时,可进行根外追肥。根外追肥每5～7天1次,每次用0.2％～0.3％磷酸二氢钾,或0.1％丰产素,或0.4％尿素等液喷洒叶面。

(3)植株调整　辣椒一般不用支架。但是越冬栽培时间长,植株高大,适当利用支架有利于调节生长,改善通风透光条件。常用的支架是在每行上方沿行向拉2～3道细铁丝。把辣椒的主、侧枝均匀地摆布在空间并用塑料线固定在铁丝上。在固定主、侧枝时,除了注意均匀,通风透光外,还应调节各枝之间的生长势。生长旺的枝压低些,抑制其生长;生长弱的枝抬高些,促进其生长。

在第一分枝下各叶的叶腋间发生的腋芽应及早抹去。植株下部的病、老、黄叶可及时分批摘除。生长中后期,把重叠枝、拥挤枝、徒长枝剪除一部分,使枝条间疏密得当。如植株密度过大时,在四母斗椒上面发出的二权枝中,可留一权去一权,控制其生长。

(4)保花保果　在低温时期,辣椒落花落果严重,应用药剂进行保花保果。开花期可用25～30毫克/千克防落素液喷花或涂抹花柄。喷花可在上午8～11时进行,避免在上午高温时发生药害。

(5)二氧化碳施肥　方法参考番茄二氧化碳施用的方法。

(6)采收　在越冬栽培中,市场价格最高的时间是春节前。为此,应尽量在春节前加大采收量。但是辣椒采收过晚,果实由青变红,不仅产量不增加,而且影响植株的生长发育,抑制以后的花果生长。所以,还是应适时采收,利用贮藏保鲜的办法来调节上市期,采收注意事项同春早熟栽培。

(四)辣椒的外部形态与管理

辣椒植株的外部形态因环境条件的差异而有不同的表现。根据外部形态的差异可以判断出环境条件的适宜与否,从而作为管理的依据,这在栽培管理中是十分必要的。

发育正常的辣椒叶片平展,叶柄中等长。氮、磷肥适当时,叶片呈尖端长的三角形,钾肥充足时,叶片呈现幅宽带圆形。

如果幼龄叶出现凹凸不平,叶片皱缩;中部功能叶片中肋突出,形成覆船形;下部叶片出现扭曲,叶片大、叶柄长,这是氮肥过多的表现。

叶柄长,是高温的表现;叶柄短,叶片下垂是低温的表现;叶柄弯曲、叶片下垂是土壤水分不足,空气干燥的表现;叶柄撑开,整个叶片下垂,是根系吸收能力弱的表现,根系吸收能力弱多是由于土壤湿度过大、施肥过多或根系病害造成的。植株下部叶片黄化,多是由于氮肥不足引起的。

正常的植株,果实的采收位置大体距顶端 25 厘米左右。开花的位置距植株顶端 10 厘米左右。开花和采收果实之间有 3 片展开的叶片,节间长 4~5 厘米。开花位置距顶端超过 15 厘米,花小、质量差,是日照太弱、夜温过高、氮肥和水分过多而引起植株徒长的表现。开花节位上升,靠近顶端开花,是营养生长受抑制的表现。这多是由于夜温、地温均低、缺水、缺肥、结果多、根系发育不良造成的。

果实小,内含种子少,是夜温太低、日照不足、干燥、植株过密等因素造成植株营养不良引起的。如果环境条件继续恶化,则会形成没有种子的僵果。

(五)栽培中经常出现的问题及解决方法

1. 夏季落叶　夏季高温干旱,或高温多雨造成涝害,均可阻碍根系的吸水能力,加上辣椒不耐热的生理特征,很易造成整株落叶。伴随落叶的同时,大量落花落果。

植株落叶后,通过精心管理、整枝,在外界条件适宜时还可重新发出枝叶来。防止落叶的措施是:夏季适当浇水,降低地温;大雨后及时排水防涝;利用间作套种,进行遮阴降温;选用生长健旺的品种;合理追肥,促进生长健壮等。

2. 落花、落果 保护地中辣椒落花落果现象十分严重,引起的原因如下。

(1)花芽分化不良 花芽分化时的温度太低、光照不良、干旱、过涝、营养不良、分苗过度、伤根等不良环境,均可导致花芽分化不良,使花器构造有缺陷,或胚株退化,导致开花不正常而落花。

(2)授粉、受精不正常 开花期土壤干旱容易引起离层的产生而落花。开花期低温,特别是夜温低于 15℃,花粉管不能正常生长,易导致受精不正常。开花期高温,特别是夜温高于 22℃,也可引起花粉管伸长不良,造成受精不正常。土壤过度干旱、空气湿度过大或过小、阴雨天气等,均会影响花粉发芽,造成受精不正常而引起落花。

(3)营养不良 开花光照不足、营养供应不充分、营养生长过旺、夜温过高、营养消耗太多、蹲苗过度等,凡是导致供给花芽开花营养不充足的因素,均会引起落花。

(4)其他 坐果后,光照不足、温度过高或过低、土壤干旱或过涝、肥料不足、植株营养生长过旺、徒长等因素,均会造成果实营养供给不充足而落果。此外,夏季高温干旱、高温雨涝、日照过强等,均会造成营养生长不良而引起落花落果。

防止辣椒落花落果应从苗期着手。育苗期控制环境条件适宜,开花结果期应合理地灌水追肥,调节光照,控制温度,只要环境条件适宜,就可大大减轻落花落果现象。开花期用防落素等植物生长调节剂有抑制离层产生发展的作用,可有效地防止落花落果现象。此外,防止夏季落叶也可防止落花落果。

3. 畸形果 辣椒畸形果有如下几种:

(1)僵果、小果 其发生原因及防止措施见外部形态与管理部分内容。

(2)尖形果 果实变短,顶端改变了原来的特点而变尖。这种现象的发生是由于果实发育时水分供应不足,或土壤干旱,或土壤溶液浓度过大等原因,加上夜温太低形成的。尖形果的产量低,商品性状不良。

(3)无光泽果 果实表面乌暗而无光泽,商品价值降低。这是高温季节已经肥大的果实,遇到干旱造成的。

(4)紫色果 果实发育过程,温度较低,日光照射部分叶绿素变成花青素,而使果实颜色变紫,降低了商品价值。

(5)日灼果 果皮被日光直射的部分变白,果皮变薄,失去食用价值。这是由于果实横向生长,或上部枝叶太少,果实外露,太阳直射果面,果面温度增高灼伤所致。

此外,畸形果中还有一类,果实内部可发生另一个较小的果实,即在一个子房内部产生另一个较小的子房。这是花芽分化不正常造成的。

防止辣椒畸形果产生的措施,主要是针对上述发生的原因采取相应的措施。

4.脐腐果

(1)症状 受害初果实顶部,以脐部为中心,呈暗绿色水渍状病斑,后随果实发育,病部呈扁平凹陷状。病部可扩大到半个果实,病果常提前变红。在潮湿条件下,由于腐生菌侵染,病部可生出各种颜色的霉状物。

(2)发病条件 主要由于土壤水分过多或不足,或忽多忽少,土壤水分供应失调引起。当植株吸收功能障碍,或缺水时,叶片大量夺取果实的水分,离根最远的果蒂部由于水分不足而首先坏死。因此,雨后久旱,结果期缺水,干热风,肥料烧根,土壤黏重,盐碱过重等均可妨碍根系吸水而发病。植株缺钙时,会引起脐部细胞生理功能紊乱,失去控制水的能力,亦会引起发病。因此,土壤中缺钙、缺磷、钾肥时,影响根系的钙素吸收等因素,均会造成病害流行。不同品种发病程序不一样。一般果皮较薄、果顶较平,以及花痕较大的品种易发病。

(3)防治方法

①土地选择　选用富含有机质、土层厚、保水力强的壤土栽培辣椒。沙质土、黏重土等含水量变化较大的土壤应多施有机肥改良。

②育苗　培育壮苗,保证植株有强大的根系,能吸收足量的水分供应地上部。

③品种　选用果皮厚、果面光滑、花痕较小、果顶较尖的品种。

④田间管理　合理施肥,避免烧根,增施磷、钾肥,防止植株徒长。浇水应均匀,防止土壤含水量变动太大。

⑤钙素供应　结果期用1%过磷酸钙液;或0.1%氯化钙液或0.2%硝酸铵钙根外追肥,或定植前施入硝酸铵钙肥,保证植株有充足的钙素供应。

四、多茬、立体、周年栽培模式

目前常用的模式如下。

第一,甜椒高矮秧密植立体栽培,参见第四章相关内容。

第二,春莴苣间作辣椒,收莴苣后种夏豆角,形成豆角、辣椒高矮秧间作,具体参见第四章相关内容。

第三,春早熟黄瓜间作春早熟辣椒,利用塑料保护地进行春早熟黄瓜栽培时,同时间套作春早熟辣椒。这种模式对黄瓜生育基本不受影响,又创造了适宜辣椒生育的环境条件,可有效地防止高温、日灼造成的落叶、落花、落果和日灼病,提高了产量,延长了采收期,提高了保护设施和土地的利用率。

黄瓜采用春早熟栽培的适宜品种,辣椒采用湘研1号、早丰等早熟品种。两者同时定植,50厘米行距,隔行定植,黄瓜株距20厘米,每公顷保苗49 500株,辣椒穴距25厘米,每穴2株,每公顷保苗99 000株。管理方法同黄瓜春早熟栽培,7月上中旬黄瓜拉秧。辣椒继续管理,可一直采收到霜冻前。

五、栽培技术日历

(一)保护地春早熟栽培技术日历

该日历适用于华北地区,栽培设施为塑料保护地。

12 月 13 日:辣椒种浸种催芽。

12 月 20 日:在日光保护地或风障阳畦内播种育苗。

12 月 21 日至 12 月 31 日:保持育苗床白天 25℃～30℃,夜间 20℃以上。

翌年 1 月 1 日至 1 月 10 日:保持白天 25℃,夜间 15℃～18℃。

1 月 11 日至 1 月 26 日:间苗 1 次,保持白天 23℃～28℃,夜间 16℃～20℃。

1 月 27 日至 1 月 31 日:适当降低苗床温度,白天 20℃～25℃,夜间 1℃左右。1 月 31 日浇小水 1 次。

2 月 1 日:分苗,分苗畦为风障阳畦或日光保护地畦。

2 月 2 日至 2 月 9 日:白天保持 25℃～28℃,夜间 20℃。

2 月 10 日至 2 月 20 日:中耕松土 1 次。白天保持 20℃～25℃,夜间 15℃～18℃。

2 月 21 日至 2 月 28 日:浇水 1 次,追施硝酸磷型复合肥 1 次,每公顷 105～150 千克。保持温度同 2 月中旬。

3 月 1 日至 3 月 14 日:每 7 天浇 1 次水,追施硝酸磷肥 1 次,每公顷 105～150 千克,中耕 1 次。保持温度同 2 月中旬,注意通风。

3 月 15 日至 3 月 19 日:浇大水,切块。保持白天 20℃左右,夜间 13℃～15℃。

　　3月20日:定植于塑料保护地中。

　　3月21日至3月25日:保持保护地内白天25℃～30℃,夜间18℃～20℃。

　　3月26日至3月31日:保持白天23℃～28℃,夜间15℃～18℃。注意通风,防止高温灼伤植株。浇缓苗水,后中耕。

　　4月1日至4月10日:蹲苗。注意通风,保持白天23℃～28℃,夜间15℃～18℃。

　　4月11日至4月30日:每5～7天浇1次水,每15～20天追1次肥,11日追1次肥,25日追1次肥,每次每公顷追施硝酸磷型复合肥225千克。保持白天23℃～28℃,夜间15℃～18℃。白天气温在25℃以上时,进行大通风。用防落素等蘸花防落花落果。

　　5月1日至5月10日:每5天浇1次水,保持土壤见干见湿。当夜间气温稳定在15℃以上时,昼夜大通风。用植物生长调节剂蘸花。开始采收。

　　5月11日至5月31日:陆续撤除保温覆盖物,转入露地栽培。每3～5天浇1次水,追肥2次,每次每公顷追施硝酸磷型复合肥300千克。整枝打杈,防治病虫害。每3～5天采收1次。

　　6月1日至6月30日:每3天浇1次水,追肥2次,每次每公顷追施硝酸磷型复合肥300千克。每3天采收1次。

　　7月1日至7月20日:每3天浇1次水,每3～5天采收1次。

　　7月下旬拉秧。

(二)保护地秋延迟栽培技术日历

　　该日历适用于华北地区,栽培设施为塑料保护地。

　　6月15日:催芽。

　　6月20日:播种育苗,育苗畦设小拱、遮阳网、纱网等设施。

　　6月21日至6月30日:每2～3天浇1次水,保持土壤湿润,保证出全苗。

7月1日至7月10日:拔草、间苗1次,苗距2~3厘米见方。每3~5天浇1次水。

7月11日至7月25日:每3~5天浇1次水,15日追肥1次,每公顷追施硝酸磷肥105~150千克。15日定苗,苗距5~8厘米。拔草1次。

7月26日至7月30日:浇2次水,喷杀虫、杀菌药各1次。

7月31日:定植。

8月1日至8月5日:浇缓苗水1次。

8月6日至8月15日:浇1次水后,中耕,蹲苗5~7天不浇水。

8月16日至8月31日:每3~5天浇1次水,追肥1次,每公顷追施硝酸磷型复合肥225千克。

9月1日至9月20日:每5~7天浇1次水,保持土壤见干见湿,追肥2次,每公顷追施硝酸磷型复合肥300千克。整枝打杈1次。

9月21日至10月5日:开始采收,每3~5天1次。每5~7天浇1次水,追肥1次,每公顷追施硝酸磷型复合肥300千克。

10月6日至10月20日:陆续采收。每7~10天1水,追肥1次,每公顷追施硝酸磷型复合肥300千克。塑料保护地扣薄膜。白天通风,保持20℃~25℃,夜间15℃~18℃。

10月21日至11月10日:每10天1水,保持白天20℃~25℃,夜间15℃~18℃。

11月11日至11月30日:根据土壤状况可浇1水。保持温度同10月中上旬。

12月上旬拉秧。

(三)越冬栽培技术日历

该日历适用于华北地区,栽培设施为日光温室。

8月25日:浸种催芽。

9月1日:在日光温室育苗畦上播种育苗。育苗畦周围安设纱网。

9月2日至9月10日:苗床保持28℃～30℃,高于30℃应遮阴降温。每2～3天1水,保持土壤湿润。

9月11日至9月20日:间苗、拔草1次。每4～5天1小水,保持土壤见干见湿。白天保持25℃～27℃,夜间16℃～20℃。

9月21日至9月25日:白天保持20℃～25℃,夜间15℃～18℃,9月25日浇1大水。

9月26日:分苗。分苗畦建在日光温室内,株行距10厘米×10厘米,每穴双株。

9月27日至9月29日:保持分苗床白天25℃～30℃,夜间20℃～23℃。

9月30日至10月8日:保持白天苗床25℃～28℃,夜间15℃～18℃。中耕松土1次。

10月9日至10月14日:浇水1次,每公顷追施硝酸磷型复合肥105千克。保持白天25℃～28℃,夜间15℃～18℃。

10月15日至10月19日:浇水、切块。适当降温,白天保持20℃～25℃,夜间14℃～16℃。

10月20日:定植于日光温室内。

10月21日至10月25日:扣严塑料薄膜,白天保持25℃～30℃,夜间18℃～20℃。

10月26日至10月31日:中耕松土1次。白天保持25℃,夜间15℃～18℃。浇水1次。

11月1日至11月10日:深中耕1次,蹲苗10天。白天保持25℃左右,夜间15℃～18℃。

11月11日至11月30日:酌情浇1次水,保持温度同11月上旬。

12月1日至12月25日:整枝打杈,保持白天20℃～25℃,夜间15℃左右。用植物生长调节剂蘸花保果。

12月26日至翌年1月31日:陆续采收,每5～7天1次。用植物生长调节剂蘸花。保持白天20℃～25℃,夜间15℃左右。不浇水追肥,有条件时施二氧化碳肥料。

2月1日至2月10日:浇1次水,追施复合肥300千克/公顷。保持白天25℃左右,夜间15℃～18℃。

2月11日至2月28日:每15～20天追1次肥,每公顷追施硝酸磷型复合肥300千克,每7～10天1水,保持土壤见干见湿。每3～5天采收1次。

3月1日至3月31日:每5～7天浇1次水,每15～20天追1次肥,每次每公顷追施硝酸磷型复合肥300千克。每3～5天采收1次。

4月1日至4月20日:注意通风降温,每3天采收1次。其他管理同3月份。

4月21日至4月30日:在外界气温稳定在25℃以上时,白天大通风,夜间覆盖防止低温霜冻。及时喷药治蚜虫。其他管理同4月上中旬。

5月1日至5月31日:在夜间露地气温稳定在15℃以上时,昼夜大通风,转入露地栽培。每3～5天浇1次水。其他管理同4月份。

6月1日至6月30日:同5月份。

7月份:拉秧。

六、病虫害防治

(一)病害防治

1. 炭疽病

(1)症状　该病主要危害果实,由 3 种真菌侵染,症状各有差异。病菌在病株残体或种子上越冬。温暖、湿润有利于发病。发病适温为 27℃,空气相对湿度高于 70％时发病严重。

①黑色炭疽病　果实上出现圆形或不规则形病斑,病斑凹陷,水渍状,有同心轮纹,后期病斑上密生小黑点。病斑周围有褪色晕圈。

②黑点炭疽病　成熟果实病斑上的小黑点较大,潮湿时小黑点能溢出黏状物。

③红色炭疽病　病斑上有橙色小点,潮湿时溢出淡红色黏质物。

(2)防治方法　参照黄瓜霜霉病。

2. 辣椒疮痂病　又名细菌性斑点病。

(1)症状　该病为细菌性病害。病菌在种子或随病株残体在田间越冬,翌年随风雨或昆虫传播,高温、高湿下发病严重。叶片发病,初呈水渍状黄绿色小斑点,后呈不规则形,边缘暗绿色,稍凹陷,表皮层呈粗糙的疮痂状病斑。严重时,叶片变褐脱落。果实发病,初为褐色隆起小黑点,后扩大为稍隆起的圆形或长形的黑色疮痂病斑,潮湿时有菌脓溢出。

(2)防治方法　实行 2 年以上的轮作;种子进行消毒处理;发病初期喷施 200～250 毫克/千克硫酸链霉素或 200 毫克/千克新植霉素等药剂,每 7～8 天喷 1 次,连喷 2～3 次。

3. 病毒病　症状及防治方法参考番茄。

（二）虫害防治

参考番茄。

第六节　茄　子

一、特征特性

（一）形态特征

　　茄子根系发达，为主根系。主根粗而壮，垂直生长旺盛，深度达 1.5 米以上，水平分布在 1 米以上。主要根群在地表下 30 厘米的土层中。茄子根系木质化较早，再生能力差，不宜多次移植。

　　茄子的茎直立，较粗壮，木质化程度高，是假双杈分枝。主茎生长到一定节位时，顶芽变为花芽，花芽下的 2 个侧芽生成第一次分枝。这 2 个分枝在长出第 2～3 叶后，顶端又形成花芽。其下位 2 个腋芽又以同样方式形成侧枝。如此反复生长。茄子虽然茎叶繁茂，但枝条生长速度不快，营养生长和生殖生长易保持平衡。

　　茄子叶为单叶、互生，卵圆形或椭圆形。株型高大的叶片狭长，枝条开张；株型矮小的叶片较宽。茎叶的颜色与果色有相关性，紫茄品种的嫩枝和叶柄带紫色；白茄和青茄品种的嫩枝和叶柄呈绿色。茄子叶的光合作用最强的时间是叶龄 15～35 天。叶龄超过 35 天则光合作用下降。

　　茄子花为两性花，单生。有的品种为簇生，总状花序。一般为自花授粉，少有自然杂交。花白色或紫色，花萼宿存。根据花柱的长短，可分为长柱花、中柱花、短柱花。长柱花的柱头高出花粉，花大色深，为健全花；短柱花的柱头低于花粉，为不健全花，其花粉不易落在柱头上,不能正常结实。中柱花和长柱花有结实能力。茄子的分枝与结果习性很有规律,每一次分枝结1次果实。第一个果实叫门茄,第二层果实叫对茄,第三层叫四母斗,第四层叫八面风,第五层叫满天星。

茄子的果实为浆果。有圆形、扁圆形、牛角形等。果色有深紫、鲜紫、白色、绿色等。

茄子种子发育较晚,果实成熟时,种子才成熟。种子扁平、圆形或卵形。种皮褐色,有光泽,千粒重4～5克。寿命为5年,使用年限为2～3年。

(二)生育周期

茄子的生育期可分为发芽期、幼苗期和开花结果期。

1. 发芽期　从种子吸水萌动到第一片真叶显露为发芽期。需10～12天。

2. 幼苗期　第一片真叶显露到显蕾为幼苗期。幼苗期3～4叶前以营养生长为主,但生长量很小。3～4叶期即已开始花芽分化。一般1个花序只生1朵花。如1个花序能着生多个花序时,最早开放的1朵是正常的长柱花。在适宜的条件下,幼苗期50～60天。

3. 开花结果期　门茄显蕾后进入结果期。在结果初期,茄子的营养生长和生殖生长都很旺盛。在四母斗结果后进入结果后期,此时,营养生长渐弱。进入八面风结果期,果实虽多,但单果重下降,产量也开始大幅度下降。

茄子果实发育要经过显蕾期、露瓣期、开花期、凋瓣期、瞪眼期、商品成熟期和生理成熟期。一般从开花到瞪眼期8～12天,从瞪眼期至商品成熟期13～14天,从商品成熟至生理成熟期约30天。茄子瞪眼前,果实以细胞分裂,增加细胞数为主,果实生长缓慢;瞪眼后果实以果肉细胞膨大为主,果实迅速生长。茄子表面着色的程度与光照强度及曝光时间的长短有密切关系。果实基部近萼片处生长较快。近萼片处的果实表面开始因萼片遮光未见光照是白色的,等长出萼片外面曝光2～3天后才变成紫色、红色或青色。由于茄子每天生长的快慢及见光时间的长短不同,可以形成3～4层不同深浅颜色的层次,其白色部分越宽,表示果实生长越快。这一部分俗称茄眼睛。在开始出现白色部分时,即为瞪眼期开始。当白色部分很少时,表明果实生长缓慢,已达商品成熟期了。

(三)对环境条件的要求

茄子喜高温,是果菜中特别耐高温的蔬菜。最适生育温度22℃～30℃,气温在20℃生长停止。气温高于35℃,则茄子花器发育易生障碍,特别是夜温高的情况下,长柱花减少,中、短花柱增加,落花现象严重。

茄子属短日照作物,对日照时间要求不严格。但对日照强度的要求较高。一般要求较长的日照时间,较强的光照强度。光饱和点为4万勒,光补偿点为2000勒。光照强度不足,紫色茄子的着色不良,长花柱减少,落花严重。

茄子叶子大,枝叶繁茂,蒸腾作用旺盛,需要充足的水分。土壤相对含水量达到70%～80%为宜。生长前期需水量少,开花期需水量大,在对茄采收前后需水达到最高峰。缺水时植株生长量小,落花现象严重。茄子又怕涝,水过多,植株易徒长和发病。

茄子生育期适宜的空气相对湿度为70%～80%。

茄子适于中性到微碱性土壤,能耐受较高的土壤溶液浓度。宜在富含有机质及保肥力强的土壤栽培。

茄子生育期长,需要充足的肥料。生育期以氮肥为主,但应配合磷、钾肥料。

二、栽培品种

(一)北京六叶茄

北京地方品种,植株生长势强。6节着生第一果,果实扁圆形,横径10～12厘米,纵径8～10厘米,单果重400～500克。果皮黑紫色,有光泽,萼片及果柄呈深紫色,果肉浅绿白色,肉质致密、细嫩、品质佳。该品种早熟,耐低温,适于春早熟栽培。

(二)鲁茄1号

济南市农业科学研究所育成的杂交一代种。生长势稍弱,株型较矮,株高70～80厘米。6～7片叶着生第一果,坐果力强。果实长卵形,果皮黑紫色,油亮美观,果肉嫩软,种子较少,品种质优良,单果重200～250克。该品种早熟,适于春早熟栽培。

(三)早小长茄

济南市农业科学研究所育成品种。生长势中等,株高70厘米左右。6～7节着生第一果。果实长灯泡形,果皮油黑美观,肉质细嫩,种子较少,单果重250～350克。该品种早熟,耐寒,适于春早熟或越冬栽培。

(四)济杂长茄

济南市农业科学研究所育成的杂交一代种。植株长势较强,直立性好。8～9叶着生第一果,坐果力强。果实长椭圆形,果长24～26厘米,果实横径7厘米,单果重400～500克。果皮黑紫色,有光泽,果肉厚嫩,种子少,质地细密,品质较好。该种中熟,抗病力强,耐低温、弱光,适于越冬栽培和春早熟栽培。

(五)94-1早长茄

济南市农业科学研究所育成的杂交一代种。植株长势较强，株型较开展。6~7片叶着生第一果。果实长卵圆形，果长18~22厘米，果实横径6~8厘米，单果重300~400克。果皮黑紫色，有光泽，无青头顶，果肉种子少，果肉嫩软，品质极佳。该种早熟，耐低温弱光。适于春早熟或越冬栽培。

(六)辽茄7号紫长茄

辽宁省农业科学院蔬菜研究所育成的杂交一代种。果实长形，长20厘米，粗5厘米，单果重120~150克。果皮紫黑色，有光泽，商品性好。果肉紧密。耐贮运。植株直立，叶片上冲，适于密植。在低温弱光下果实着色良好。适于春早熟栽培。

(七)京茄20号

北京市蔬菜研究中心、北京京研益农科技发展中心育成。生长势强，耐贮运。主茎生长快，茎高2.5米以上。叶片大，叶青绿色。果实黑紫色，果皮光滑优良，光泽度极佳。果柄及萼片呈鲜绿色，无刺。果实棒状，果长25~30厘米，果实横径5~7厘米，单果重200~250克。果皮厚，不易失水，货架期长。该品种耐低温弱光，抗逆性强。适于保护地栽培。

(八)布利塔长茄

荷兰瑞克斯旺公司培育的品种。植株开展度大，无限生长型，花萼小，叶片中等大小，无刺，早熟，丰产性好，生长速度快，采收期长。果实长形，长25~35厘米、直径6~8厘米，单果重400~450克，紫黑色，质地光滑油亮，绿萼，绿把，比重大。味道鲜美。耐贮存。适用于日光温室、大棚多层覆盖越冬及春早熟栽培。

(九)紫黑大长茄

日本引进品种。长茄类,早熟,高产,初期产量尤佳。半直立生长,中叶,茎稍细,分枝旺盛,耐暑性强。果长 30 厘米左右,最长达 40 厘米。表皮为深紫色,有光泽,肉质软,品质佳。

(十)万利 3 号黑紫长茄

美国引进品种。极早熟,生长势强,株型半开展,分枝旺花穗多,前期产量高。连续坐果性良好,采收期长。果长 30～40 厘米,肉质细嫩肉软,口感极佳。抗病性强,耐热耐湿。果型端直无畸形,皮色深紫黑色富有光泽,适合保护地早熟栽培。

(十一)农友长茄

台湾地区引进品种。植株直立,株高 1.3 米左右,茎绿紫色,具白色茸毛。叶绿色,叶脉紫色,叶浅缺刻波浪状。全生育期 270 天左右,从移栽到开始采收约 60 天。第一花着生于 9～10 节位,花紫红色,单花或多花序。果实长棒状,皮紫红色,果长 30～45 厘米,果径 3.5～5.0 厘米,单果重 200～300 克,果肉乳白色。适宜冬季大棚种植。

三、栽培技术

(一)春早熟栽培技术

茄子春早熟栽培技术是利用温室育苗,定植在保护地里,进行一段保护栽培,待天气转暖后撤除保护地设施,转为露地栽培的冬、春季栽培方式。这种方式成本较低,易于获得早熟、丰产,经济效益较高,有效地解决了春末夏初蔬菜淡季问题。该方式在我国北方极为普遍,发展很迅速。

1. 栽培季节 利用塑料保护地栽培,华北地区在日光温室或阳畦育苗时,播种期为 12 月上中旬,苗龄 110 天左右,翌年 3 月中下旬定植,5 月上旬开始采收。利用温床育苗时,播种期为 1 月上中旬,苗龄 70 天左右,3 月中下旬定植。

2. 品种选择 茄子春早熟栽培育苗和结果前期,均在寒冬和早春,气温低、日照弱。因此,应选用耐弱光、生长势中等,适应低温,门茄节位低,易于坐果,果实生长速度较快的早熟品种。此外,还应注意当地或远销处消费者的食用习惯,来确定果型、果色和品种。目前,华北地区应用较多的有:北京六叶茄、济南早小长茄、济杂长茄 1 号等品种。

3. 育 苗

(1)育苗床 茄子苗期很长,春早熟栽培育苗期又值寒冬,外界气温较低,为保证秧苗正常发育,最好利用电热温床。利用冷床育苗时,一定要加强保温措施。

(2)种子处理 播种前 5～7 天,种子应进行处理。一般用 50℃～55℃温汤浸种,或用 40%甲醛 100 倍液浸种 15～20 分钟,再用清水洗净。用上述方法消灭种子本身携带的病原菌。消毒后再浸种 4～6 小时。浸后捞出,晾干表面水分,用纱布包好、置于恒温箱内,白天保持 30℃,夜间 18℃,利用变温催芽法催芽。经 5～7 天即可出芽。茄子种子表面有一层黏液,在潮湿时,互相粘连影响空气通透,致使内层的种子很难发芽。这是茄子种子不易催芽的主要原因。为解决这一问题,可用变温催芽法,白天 30℃,夜间 16℃～18℃。也可用干爽催芽法,即浸种后,把种子晾至表皮干爽互不粘连,再用纱布包裹,外层用湿润的毛巾包起来。每天把外层的毛巾浸湿,保证空气湿度饱和,防止种子干燥。只要种子不过分干燥,即不用浸水,防止种子浸水而粘连。如此保证空气通透,即可整齐地发芽。种子大部分露白,即可播种。

(3)播种　播种应选"暖头寒尾"的日子于上午进行。尽量争取播种后有数天温暖的日子。播前灌水不宜过大,以浸透 10～12 厘米土层为度。水渗下后播种,每平方米 7～10 克种子。定植每 667 米² 需 30～40 克种子。播后覆土 1～1.5 厘米厚。并扣严塑料薄膜,夜间加盖草苫。

(4)苗期管理　出苗期白天保持 25℃～30℃,夜间 16℃～20℃,经 5～7 天即可出苗。利用冷床育苗温度条件较低,达不到上述标准,出苗期较长,可达 15～20 天。如 1 个月内不出苗,应检查是否烂种,可重新播种。

幼苗出土后,适当降低温度,防止幼苗徒长。保持白天 25℃,夜间 15℃左右。此时,冷床育苗的温度很低,长期处于 12℃以下的低温,会导致苗期病害的大发生。

幼苗期尽量少浇水,以免降低地温和造成湿度过大而发生病害。为防止干旱,可在晴天温度较高时,苗床上撒干土,以弥补地表裂缝和保墒。如土壤十分干旱,可在上午浇小水,中午及时放风排湿。

待幼苗 1～2 片真叶时,应进行分苗。分苗前 3～4 天,加大通风量,降低苗床温度,白天保持 20℃,夜间 15℃,以锻炼秧苗的抗寒能力,提高定植后适应性。

从播种至分苗的时间,冷床育苗为 60～80 天,温床育苗为 30 天左右。此期最大的问题是气温低,冻、冷害严重。采取一切措施保证适宜的温度是成败的关键。

分苗畦可用保温性能良好的日光温室或阳畦。选晴暖天气上午分苗。株行距为 10 厘米×10 厘米。分苗后及时浇水,扣严塑料薄膜,夜间加盖草苫保温。白天保持 25℃～28℃,夜间 20℃。等 5～7 天缓苗后,白天保持 25℃,夜间 15℃～18℃。分苗初期,外界温度仍然很低,应采取措施提高苗床温度,防止冻冷害发生。

定植前 5～7 天,应加强通风降温,白天保持 20℃～25℃,夜间 15℃左右,以锻炼秧苗的抗低温能力,提高定植后的适应性和成活率。

分苗后,以保持土壤湿润为度,每 7～10 天浇 1 水,浇水后及时松土。结合浇水,每 7～10 天追施复合肥 1 次,每次 667 米² 用量 10 千克,共追 2～3 次。有条件时,可根外追施 0.2％磷酸二氢钾液 3～4 次。

定植前 7～10 天,浇大水,切块。

(5)壮苗形态 定植时的壮苗形态是:生长健壮,6～7 片真叶,高 12～15 厘米,茎粗 0.3～0.4 厘米,全干重 1.5 克以上,叶大而厚,颜色深绿,根系发达,总吸收面积在 0.7 米² 以上,初显花蕾。日历苗龄以 70 天为佳。

(6)工厂化育苗 育苗方法及苗龄参考番茄。

4. 定植 茄子春早熟栽培定植越早,上市期越早,经济效益越高。但因外界温度低,受冷冻害的风险也越大。反之,冷、冻害风险小了,但经济效益也下降了。适宜的定植期是当保持设施内 10 厘米地温稳定在 12℃以上时方可定植。定植前 15～20 天,保护设施应覆盖塑料薄膜,夜间加盖草苫保温,尽量提高地温。

定植前畦内每 667 米² 施腐熟有机肥 5 000 千克或商品有机肥 300～400 千克,加硝酸磷型复合肥 300 千克,施后深翻耙平。一般做成平畦,也可做成行距 50 厘米,高 10～15 厘米的小高垄。

定植时,选晴暖天气的上午进行,起苗务必带土坨,以减少伤根。定植密度早熟品种以每 667 米² 3 300～4 000 株为宜,株行距为 40 厘米×50 厘米;中晚熟品种每 667 米² 1 800 株,株行距 60 厘米×60 厘米。栽植深度以比原来苗床深度略深一点为度,即埋土在原土坨之上。栽后立即浇水,把苗坨埋好。

定植后,立即扣严塑料薄膜,夜间加盖草苫保温,尽量提高设施内的温度。

5. 田间管理

(1) 缓苗期管理　春早熟栽培的缓苗期正值冬末春初,外界寒冷时期。因此,应采取一切保温措施提高保护设施内的温度。通过清洁薄膜,改善光照,及时揭盖草苫保温,保持白天 25℃～30℃,夜间 15℃～20℃,以促进缓苗。缓苗后,适当降温,白天保持 25℃ 以上,夜间 15℃ 以上。定植水略干后应选晴暖天气中耕松土。

(2) 开花结果期管理　茄子缓苗后,门茄花陆续开放,进入开花结果期。此期,利用覆盖和通风,保持保护地内的气温在适温范围内,白天为 25℃～30℃,夜间 15℃～18℃。保温不透光覆盖物应早揭晚盖,尽量延长见光时间。晴暖天气可全部掀开塑料薄膜,让植株接受 5～6 小时的自然光照。

定植缓苗后直到门茄坐果前为蹲苗期,一般不浇水。通过中耕松土来保墒,促进根系发育。门茄坐果后,应及时追肥浇水,每667 米^2 撒施 200～500 千克腐熟有机肥或硝酸磷钾肥 15 千克,中耕翻入地下。追肥后立即浇水。随着天气转暖,应增加浇水次数,每 7～10 天 1 水,保持土壤见干见湿。

门茄开花期气温较低,易落花,可用植物生长调节剂蘸花,防止落花落果,促进早熟。蘸花时应选晴暖天气进行,每花只蘸 1次,不能重复。

(3) 盛果期管理　结果期应加强光照管理,尽量延长光照时间。白天在外界温度高于 20℃ 时,可揭开塑料薄膜,让植株接受自然光照。待夜间外界温度稳定在 15℃ 以上时,可撤除全部覆盖物。

此期外界温度高,蒸发量大,应大量浇水。每 5～7 天浇 1 次水,保持土壤湿润。每 15～20 天追施硝酸磷型复合肥 1 次,每次667 米^2 用量 15～20 千克。为利于通风,应把门茄以下的侧枝和老叶及时打掉。

6. 采收 为了提早上市,提高经济效益,采收一定要适时早收,勿待老熟再采收,以免降低果实食用品质,影响以后果实的坐果和生长,以及植株的生长。茄子的采收适期为"茄眼睛"关闭前,即萼片与果实连接的地方,果皮的白色部分很少时,表明果实生长缓慢,转入种子发育期。此时采收为适期,过早影响产量,过晚影响质量。春早熟栽培中,门茄、对茄的采收可比此期再提早一些。

采收时间以早晨或傍晚为宜。中午日照强,茄子表皮颜色深,温度高易萎蔫,不耐贮存,故不宜采收。

到6~7月份,春早熟茄子拔秧前20天,每株保留1~2个已开放的花,在花上部留1~2片叶打顶,抑制植株生长,促进结果。

(二)秋延迟栽培技术

茄子秋延迟栽培有2种方式:一是利用夏秋露地栽培的茄子,在早霜来临前,选生长旺盛、无病虫害的地块就地扣上塑料棚等保护设施,一直延迟采收到12月份;二是在6月下旬至7月上旬育苗,8~9月份定植,在保护设施内延迟到初冬采收。这一种栽培方式解决了晚秋和初冬蔬菜供应淡季问题,丰富了初冬蔬菜的花色品种,是茄子周年供应的一环。其经济效益较高,目前已有一定发展面积。

1. 栽培季节 华北地区秋延迟栽培茄子的播种育苗期为6月下旬至7月上中旬,8月份定植,10月上旬开始采收。秋、冬季利用塑料保护地栽培可延迟到12月中旬。

2. 品种选择 茄子秋延迟栽培时,苗期处于炎热多雨的夏季,结果期处于温度日趋下降的秋季,后期则处于寒冬。因此,选用的品种应具有抗病、矮秧、生长势强、适应性强的早熟品种。目前常用的有北京六叶茄、济南早小长茄等。

3. 育苗 秋延迟茄子育苗正值炎热多雨的夏季,因此苗床一定要选地势高燥、易灌能排的高燥地块。苗床宜建在3年内未种过茄科作物的地块,以防土传病害。整地时一定先喷药消灭病虫害,苗床每 667 米^2 施有机肥 1 000～2 000 千克,加硝酸磷型复合肥 15 千克,浅翻,耙平。苗床宜做成小高畦,宽 1.2～1.5 米。有条件时架小拱棚,覆塑料薄膜,以遮雨、降温。

育苗播种期不宜过早,否则会因苗期温度太高,病害严重,秧苗徒长而入冬后生长受抑制;播种期过晚,病害虽轻,但定植后至寒冷季节时间太近,生长期不足,产量不高。因此,应适期播种。在病害轻、夏季凉爽的地区可适当早播,反之宜晚播。

苗期应注意防止大雨浸涝,及时防虫、防病,及时拔草。

夏季气温高,秧苗生长迅速,苗龄需 50～60 天,分苗前后各 25～30 天。

工厂化育苗同番茄。

4. 定植　可直接定植在保护地内。亦可定植在露地上,待早霜来临前再扣上保护设施。定植方法和密度与春早熟栽培相同。

定植应选阴天或下午进行,以防中午日照过强造成秧苗萎蔫,降低成活率。定植后立即浇水。

5. 田间管理　定植后,外界气温高,蒸发量大,在浇缓苗水后适当蹲苗 5～7 天。蹲苗不可过度,否则会因土壤干旱而致门茄落花。以土壤见干见湿为原则。每次浇水后应立即中耕松土。蹲苗期间,病虫害严重,应及时防治。

门茄坐住后,蹲苗期结束,应追 1 次肥,并浇大水。在保护设施覆盖塑料薄膜前,应追施硝酸磷型复合肥 1 次,每 667 米^2 用量 15～20 千克。

在加盖覆盖物前,应不断抹除门茄以下多余的侧枝和萌芽,并摘除基部发黄的老、病、残叶,以利通风。秋季夜温偏低,不利于茄子授粉,应用植物生长调节剂蘸花。

华北地区在加盖塑薄膜前,门茄可达商品成熟期,应及早摘除,防止影响对茄的发育。

早霜来临前应加盖塑料薄膜。随着外界气温降低可在夜间加盖草苫，并逐渐缩小通风口。尽量保持白天 25℃～30℃，夜间 15℃～18℃。10 月下旬，保留已开放的花朵，在花上留 1～2 片叶摘除顶芽，让植株停止生长，全部养分用于结果。覆盖塑料薄膜后，以保持温度为主，减少浇水，一般 10～15 天 1 水。追施硝酸磷型复合肥 1 次，每次每 667 米² 15 千克。浇水后立即通风排出湿气。

利用夏秋露地栽培的茄子，加以覆盖作为秋延迟栽培的植株，应在 10 月上中旬抹去不结果的多余侧枝，保留 2～3 个已开放的花朵，在花的上方留 1～2 片叶摘心。让植株停止生长、致力于结果。其余管理措施同上。

在设施内气温降至 5℃前，全部采收上市。

(三)越冬栽培技术

茄子越冬栽培是秋季育苗，冬季上市的一种栽培方式。这一栽培方式需用保温性能良好的设施，在环境条件最不适宜的季节进行生产，所以成本高，技术性强，风险大。但由于它能在最大的蔬菜淡菜——冬季供应喜温的果菜，是茄子周年供应重要的一环，所以经济效益和社会效益很高。近年来生产面积增长迅速。

1. 栽培设施及时间 茄子属喜温蔬菜，生育期需要的温度条件很高，越冬栽培的大部分时间处于寒冬低温季节。因此，栽培设施必须是保温性能良好的日光温室。

茄子越冬栽培的播种育苗期为 8 月底至 9 月上中旬。在温暖、光照充足的秋季育出壮苗，在 10 月底至 11 月初定植在温室内，12 月中旬前后开始采收，直至翌年秋季。

2. 品种选择 茄子越冬栽培的生长期在寒冷的季节，温度很低，光照不足，生长发育缓慢。因此，应选用耐低温、弱光，在弱光下亦能着色良好的品种。同时，选用的品种在低温条件下能有较高的坐果性能、生长势偏弱的特性。详见栽培品种。

3. 育苗　越冬茄子栽培的苗期,后期值秋末冬初,初霜来临季节。所以,育苗床宜建在风障阳畦、小拱棚内,有条件时,直接建在日光温室内最好。育苗前期温度高、雨多,所以苗床应选在地势高、易灌能排的高燥地块。

育苗畦应建在 3 年内未种植过茄科蔬菜的地块上。带菌的老苗床应进行土壤消毒。方法同番茄育苗。

播前,育苗畦每 667 米^2 施腐熟有机肥 2 000 千克,加硝酸磷型复合肥 30 千克,浅翻,耙平,做成宽 1.2～1.5 米的平畦或半高畦。畦上设小拱,覆塑料薄膜,初用以遮雨,后期用于保温。

播前种子处理方法同春早熟栽培。播种方法参照春早熟栽培。

出苗后应及时浇水,可用喷壶喷水,勿使种苗干死。苗出齐后,应及时间苗,并及时除草,拔草注意不要伤苗。茄子小苗易沤根,遇大雨应及时排水防涝。发现红蜘蛛、蚜虫等危害,应及时喷药防治。

待 1～2 片真叶时,即应分苗。分苗畦的建造与育苗畦相同。分苗应选阴天或下午进行,防止烈日暴晒,致秧苗萎蔫,降低成活率。分苗的株行距为 10 厘米×10 厘米。分苗后及时浇水,分苗后的头 1～2 天中午,从 10 时至午后 2 时,可在育苗畦上搭凉棚遮阴,防止秧苗萎蔫。

分苗缓苗后,应适时浇水,每 5～7 天 1 水,保持畦内土壤见干见湿。并及时松土 2～3 次。如土壤缺肥,可每 10～15 天追施硝酸磷钾肥 1 次,每 667 米^2 用量 7～10 千克。

越冬栽培茄子的苗期,前期外界温度较高,如管理不善,很易造成秧苗徒长,定植后抗寒力降低而影响成活率。所以,应采用大通风或遮阴的措施,降低苗床温度。育苗后期外界温度渐渐降低,应通过覆盖薄膜保持温度,勿让秧苗受冷冻害。总体来看,苗期外界温度比茄子需要的稍低,通过保温措施可以充分满足茄子的需求。温度条件是比较适宜的。

定植前 5～7 天,应通风降温。控制的温度条件与春早熟栽培相同。

定植前 5～7 天浇大水切块,以便定植时带土坨移栽。

国外为防止土传病害有利用嫁接育苗技术栽培的。国内正在试验推广阶段。河南省有少数菜农利用番茄毛粉 802 作为砧木,嫁接茄子后,由于番茄的根系更适应冬季温室内的低温环境,因而茄子的生长发育良好。

秋季育苗,秧苗生长迅速,苗龄 50～60 天即可。壮苗的标准是 8～9 片叶,20 厘米高,茎粗 0.3～0.4 厘米。

4. 定植 茄子生长量大,产量高,栽培时间长,所以栽培地应施足大量有机基肥。茄子除需要大量的氮、钾肥外,还需要大量的磷肥。磷肥充足对花芽分化、果实膨大、果实着色有很大作用。结合深翻,每 667 米^2 施腐熟有机肥 5 000～7 000 千克或商品有机肥 300～400 千克,另外加入过磷酸钙 50 千克或硝酸磷型复合肥 50 千克。翻后,耙平,做成高 13 厘米、畦面宽 50 厘米、畦沟宽 60 厘米的小高畦。

定植时,在高畦上栽 2 行,株距 38 厘米。栽后覆地膜,浇水浸畦。

5. 田间管理

(1)光照调节 冬季光照时间短,光照强度弱,应加强光照管理。在日光能射到棚面情况下,尽量早揭晚盖草苫;及时清洁塑料薄膜,保持良好的透光率。

在连续阴、雨、雪天气,也要揭开草苫,使植株见光。切忌 1～2 天不揭苫,造成植株黄化。气温太低时,可晚揭早盖,或边揭边盖,以防冷害和冻害。

(2)温度管理 华北地区进入 10 月份,夜间气温逐渐下降,待降至13℃以下时,就应扣严塑料薄膜。白天温度升高后再掀膜通风。随着外界气温下降,通风口应越来越小,夜间加盖草苫。白天保持25℃～30℃,夜间保持15℃以上。

深冬,除了棚膜和草苫保温外,还可在畦上加小拱棚保温。如夜温降至5℃以下时,应安设火炉等临时加温设施增温,严防冷、冻害发生。

除了一般的防寒保温措施外,还可喷0.2%磷酸二氢钾或0.5%蔗糖液,或抗冻剂,每3～5天1次,提高植株的抗寒力。

翌年春天气转暖,中午棚内气温超过30℃以上时,可通风排湿、降温。随着外界气温升高,应逐渐加大通风量。当外界夜温在15℃以上时,可撤除草苫,昼夜掀开塑料薄膜大通风。夏季应打开所有通风口降温,并利用顶膜遮阴,降低室内温度。

(3)肥水管理 茄子越冬栽培的肥水管理可分以下6个阶段:

开花现蕾期:在11月份定植后,外界气温不很低,缓苗很快。此期应勤中耕松土,少浇水,只要土壤不干旱就不用浇水,不追肥,防止棚温过高、浇水过多而徒长,并注意防治蚜虫。

深冬期:12月中旬至翌年2月上旬.此期气温最低,光照最短,棚内应注意保温,尽量改善光照条件。因植株生长缓慢,以及防止降低地温,可不追肥浇水。

早春采收期:2～3月份外界气温逐渐升高。植株生长增速,采收量加大,应追肥2～3次。在畦沟中每次每667米² 施腐熟豆饼50～100千克或硝酸磷型复合肥15～20千克。结合追肥浇小水,保持土壤见干见湿,一般7～10天浇1次水。

采收盛期:3月底至5月份,此期外界环境条件适宜,茄子进入盛果期。这时应大量追肥。每10天1次,每次每667米² 追施硝酸磷型复合肥20～25千克。有条件时,结合喷药可根外追施0.2%～0.3%磷酸二氢钾或尿素液,或5%草木灰浸出液等,一般10天1次。结合追肥,及时浇水,一般5～7天1水。

采收后期:6～7月份,天气炎热,加上市场价格下降,采收量下降。如在7月份拔秧,可不追肥。如在10月下旬下霜后拔秧者,仍应每10天追施1次硝酸磷钾肥,以氮肥为主,结合浇水冲施。

秋季采收高峰期:8月份至10月上中旬,外界气候适宜,茄子又出现第二次采收高峰。8月上旬应中耕除草,并于畦两侧开沟追施饼肥,每667米² 施100千克,再冲施硝酸磷型复合肥2次,每次每667米²20千克。结合施肥及时浇水,保持土壤见干见湿,一般5～7天1水。

(4)施用植物生长调节剂 在开花期用50毫克/千克防落素蘸花及花柄,防止冬季15℃以下的低温落果;或防止夏季35℃以上的高温造成的落花落果,提高坐果率。

在苗期或生长期,如出现徒长现象,可用50%矮壮素水剂1000倍液喷雾,促进茎秆粗壮,叶片浓绿,叶片增厚,并促进花芽分化。

(5)整枝 为适应密植,防止枝权过多影响通风透光,应行双干整枝法。在对茄下各留一侧枝并行生长,余权皆去掉。每花序只留1果,余果早疏去。为防倒伏,可用尼龙绳吊架。

6.采收 坠根茄、对茄应早采收,以免耗费营养过多,影响植株营养生长,以及影响后面的花、果坐果。

四、栽培技术日历

(一)春早熟栽培技术日历

该日历适用于华北地区,栽培设施为塑料大棚。

12月13日:浸种催芽。

12月20日:在日光温室或风障阳畦内播种育苗。

12月21日至12月31日:保持苗床白天25℃～30℃,夜间20℃以上,促进出苗。

翌年1月1日至1月10日:保持白天25℃,夜间15℃～18℃。防止幼苗徒长。

1月11日至1月26日:间苗1次。保持白天23℃～28℃,夜间16℃～20℃。

1月27日至1月31日:适当降低苗床温度,白天20℃～25℃,夜间15℃左右。1月31日浇小水1次。

2月1日:分苗。分苗畦为风障阳畦或日光温室育苗畦。

2月2日至2月9日:白天保持25℃～28℃,夜间20℃。促进缓苗。

2月10日至2月20日:中耕松土1次。白天保持20℃～25℃,夜间15℃～18℃。

2月21日至2月28日:浇水1次,追施硝酸磷肥或硝酸磷钾肥1次,每667米^{2}用量7～10千克。保持温度同2月中旬。

3月1日至3月14日:每7天浇1次水,追施硝酸磷肥或硝酸磷钾肥1次,每667米^{2}用量7～10千克。中耕1次,保持温度同2月中旬,注意通风。

3月15日至3月19日:浇大水,切块。保持白天20℃左右,夜间13℃～15℃。

3月20日:定植于塑料大棚中。

3月21日至3月25日:保持大棚内白天25℃～30℃,夜间18℃～20℃。

3月26日至3月31日:保持白天23℃～28℃,夜间15℃～18℃。注意通风,防止高温灼伤植株。浇缓苗水后中耕。

4月1日至4月10日:蹲苗。注意通风,保持白天23℃～28℃,夜间15℃～18℃。

4月11日至4月30日:每5～7天浇1次水,每15～20天追

1次肥,即11日追1次肥,25日追1次肥,每次每667米^{2}追施硝酸磷型复合肥15千克。保持白天23℃～28℃,夜间15℃～18℃。白天气温在25℃以上时,进行大通风。用防落素等植物生长调节剂蘸花保果。

5月1日至5月10日:每5天浇1次水,保持土壤见干见湿。当夜间气温稳定在15℃以上时,昼夜大通风。用植物生长调节剂蘸花。开始采收。

5月11日至5月31日:陆续撤除保温覆盖物,转为露地栽培。每3～5天浇1次水,追肥2次,每次每667米^{2}追施硝酸磷型复合肥20千克。整枝,防治病虫害,每3～5天采收1次。

6月1日至6月30日:每3天浇1次水,追肥2次,每次每667米^{2}追施硝酸磷型复合肥20千克,每3天采收1次。

7月1日至7月20日:每3天浇1次水,每3～5天采收1次。

7月下旬:拉秧

(二)秋延迟栽培技术日历

该日历适用于华北地区,栽培设施为塑料大棚。

6月25日:浸种催芽。

7月1日:播种。育苗畦应设小拱,上覆遮阳网。

7月2日至7月10日:每2～3天浇1次水,保持土壤湿润,促进出苗。

7月11日至7月20日:每3～5天浇1次水,追施尿素1次,每667米^{2}用量7千克。拔草、间苗1次。

7月21日至7月31日:每3～5天浇1次水,拔草1次。

8月1日:分苗。

8月2日至8月10日:浇水2次,中耕1次。

8月11日至8月20日:浇水2次,每667米^{2}追施硝酸磷型复合肥7千克。中耕1次。

8月21日至8月25日:8月21日浇水切块。

8月26日:定植于塑料大棚内。

8月27日至8月31日:浇缓苗水1次。

9月1日至9月10日:中耕蹲苗7天。

9月11日至9月20日:浇水2次,每667米^{2}追施硝酸磷型复合肥15千克。土壤干后中耕。

9月21日至10月5日:每5～7天浇1次水。整枝、打杈。

10月6日至10月10日:开始采收。采收后,每5～7天浇1次水,每667米^{2}追施三元复合肥20千克。扣塑料薄膜。

10月11日至10月31日:扣塑料薄膜后,白天保持25℃～30℃,夜间15℃～18℃,每7～10天浇1次水,追施硝酸磷型复合肥1次,每667米^{2}用量20千克。每5～7天采收1次。

11月1日至11月30日:酌情浇1水,白天保持25℃～30℃,夜间15℃～18℃。每7～10天采收1次。

12月上旬:拉秧。

(三)越冬栽培技术日历

该日历适于华北地区,栽培设施为日光温室。

8月25日:浸种催芽。

9月1日:播种育苗。

9月2日至9月10日:每2～3天育苗床浇1次水,保持土壤湿润,促进出苗。

9月11日至9月20日:每5～7天浇1次水,保持土壤见干见湿。间苗、拔草1次。

9月21日至9月25日:每5～7天浇1次水,每667米^{2}追施硝酸磷型复合肥7千克。

9月25日至9月30日:浇水2次。

10月1日:分苗。分苗畦建在日光温室中。

10 月 2 日至 10 月 5 日:育苗畦扣塑料薄膜,保持 25℃～30℃,夜间 18℃～20℃。浇缓苗水。

10 月 6 日至 10 月 10 日:中耕 1 次。保持白天 25℃,夜间 15℃～18℃。

10 月 11 日至 10 月 19 日:浇水 2 次,追施三元复合肥 1 次,每 667 米² 用量 7 千克。

10 月 20 日:浇大水,切块。白天保持 20℃～25℃,夜间 15℃。

10 月 26 日:定植于日光温室中。

10 月 27 日至 10 月 31 日:温室内保持白天 25℃～30℃,夜间 18℃～20℃。浇 1 次缓苗水。

11 月 1 日至 11 月 10 日:中耕 1 次,进行蹲苗。保持白天 20℃～30℃,夜间 15℃。

11 月 11 日至 11 月 30 日:保持白天 25℃～30℃,夜间 15℃。土壤干旱时浇 1 次水,并每 667 米² 追施硝酸磷型复合肥 15 千克。整枝 1 次。

12 月 1 日至 12 月 15 日:保持白天 25℃～30℃,夜间 15℃,用植物生长调节剂蘸花保果,整枝。

12 月 16 日至 12 月 20 日:第一次采收,以后每 7～10 天采收 1 次,保持温度同 12 月上旬。

12 月 21 日至翌年 1 月 31 日:保持白天 25℃～30℃,夜间 15℃。用植物生长调节剂蘸花,整枝,施用二氧化碳肥。每 7～10 天采收 1 次。

2 月 1 日至 2 月 10 日:浇水 1 次,每 667 米² 追施三元复合肥 15 千克。保持温度,白天 25℃～30℃,夜间 15℃。

2 月 11 日至 2 月 28 日:每 7～10 天浇 1 次水,每 667 米² 追施硝酸磷型复合肥 20 千克。保持温度同 2 月上旬。每 5～7 天采收 1 次。

3月1日至3月31日：每5～7天浇1次水，每15～20天追1次肥，每次每667米²追施硝酸磷型复合肥20千克。保持白天25℃～30℃，夜间15℃。通意通风防止高温灼伤。每5～7天采收1次。

4月1日至4月30日：每5～7天浇1次水，每15～20天追1次肥，每次每667米²追施20千克三元复合肥。保持白天25℃～30℃，夜间15℃。白天外界气温稳定在25℃以上时大通风。每5天采收1次。

5月1日至5月31日：每3～5天浇1次水，每15～20天追1次肥，每次每667米²追施硝酸磷型复合肥20千克。当夜间气温稳定在15℃以上时，夜间也大通风，逐渐撤除保温覆盖物，转为露地栽培，每3～5天采收1次。及时防治害虫。

6月1日至6月30日：管理同5月份。

7月份：拉秧。

五、病虫害防治

（一）病害防治

1. 茄子绵疫病

（1）症状　该病主要危害果实。植株下部果实易发病。病斑初呈水渍状小圆斑，后扩大呈稍凹陷的黄褐色或暗褐色大斑，最后蔓延到全果实。果实收缩、变软，表面有皱纹。湿度大时病斑上生白色棉絮状菌丝。叶片发病，多从叶尖或叶缘开始，病斑初呈暗绿色至淡褐色的水渍状斑点，圆形或不规则形，有明显的轮纹。该病为真菌病害。夏季高温、高湿季节病害严重。

（2）防治方法　圆茄品种抗病。实行与非茄科作物3～4年及以上的轮作。及时清理田间病株残叶，深埋或烧毁。选地势高燥地栽培,注意排水降低田间湿度。增施磷、钾肥。覆盖地膜。发病可用:64％噁霜•锰锌可湿性粉剂 400 倍液;72.2％霜霉威水剂 700 倍液;14％络氨铜水剂 300 倍液,上述药之一,每 7～10 天 1 次,连喷 3～4 次。

2. 茄子黄萎病

(1)**症状** 该病在结果初期开始发病,盛果期严重。发病初多从半边植株下部叶开始,叶子叶脉间变黄,后变褐。逐渐向上部发展。初期半边枝叶中午萎蔫,早、晚恢复,最后全叶枯黄下垂,造成半边枯。也有的全株枯死。病茎横剖可见维管束变褐色。该病为真菌病害。重茬地、地势低洼、土壤黏重、阴雨过多、地温低等因素,均会加剧病害发生。

(2)**防治方法** 同黄瓜枯萎病。

(二)虫害防治

同番茄。

第七节 芹 菜

芹菜别名芹、旱芹、药芹菜、野芫荽等。在华北地区,春、夏、秋可露地种植,寒冬稍加保护即可正常生长越冬。芹菜是最早实现四季生产、周年均衡供应的蔬菜之一。芹菜不仅满足了人们四季有鲜菜吃的需要,而且以产量高、栽培容易、经济效益高而深受菜农的欢迎。特别是芹菜保护地等保护地栽培,是目前菜农致富的项目之一。

一、特征特性

(一)形态特征

芹菜为 1~2 年生伞形花科草本植物。

1. 根 根系分布较浅,范围较小。密集根群分布在地表下 7~10 厘米处。主根入土 20 厘米以上,肥大,可储藏养分,利于移植。侧根可大量发生,横向分布 30 厘米左右。

2. 茎 芹菜在营养生长阶段,茎短缩,横切面呈圆形或近圆形。叶片着生于短缩茎上。通过春化阶段后,短缩茎伸长,茎端抽生花薹并发生分枝。分枝上着生小叶片及花蕾。

3. 叶 为二回奇数羽状复叶,每片叶有 2~3 对小叶,小叶 3 裂,叶面积较小。直立叶的叶柄发达狭长,长者达 80 厘米,为主要的食用部分。因品种不同,叶柄有实心、中空 2 种。颜色有黄绿、绿、深绿等。叶柄上有纵向维管束构成条纹,各维管束间充满着贮藏营养物质的薄壁细胞,形成薄壁组织。薄壁组织里含有大量养分和水分,使叶柄肥嫩、质脆。在维管束附近的薄壁细胞中分布着油腺,可分泌出挥发油,使芹菜具有特殊的香味。

4. 花 为复伞形花序。花小,白色,离瓣由 5 个萼片、5 个花瓣、5 个雄蕊及 2 个结合在一起的雌蕊组成。有蜜腺,虫媒花。通常为异花传粉,但自花授粉也能结实。

5. 果实 果实为双悬果。果实成熟时,沿中缝破开形成 2 个扁球形果子,内各含 1 粒种子。复果三层心皮,果实很小,千粒重为 0.47 克。果皮黑褐色,上有白色果棱。果棱的基部种皮下面都排列着油腺。果实外皮革质,透水性差,故发芽慢。种子的发芽力能保持 7~8 年,适用年限为 2~3 年。

(二)生育周期

1. 营养生长阶段

(1)发芽期 从种子萌发到出现第一片真叶为发芽期。在15℃～20℃条件下,需10～15天。

(2)幼苗期 从第一片真叶现露到长出4～5片真叶为幼苗期。在20℃条件下,需45～60天。芹菜幼苗弱小,同化能力弱,生长缓慢,幼苗期时间较长。

(3)叶丛生长初期 4～5片真叶至8～9片真叶;株高达30～40厘米,此期为幼苗期末到旺盛生长期前的缓慢生长期。此期间,植株大量分化新叶和发生新根,短缩茎增粗,叶色加深。在18℃～24℃的适温下需30～40天。

(4)叶丛生长盛期 从8～9片真叶到11～12片真叶,此期为形成产品的叶大部展开到产品叶充分长大的时期。在生长盛期叶柄迅速增长肥大,生长量占植株总生长量的70%～80%,是产量形成的主要时期。在12℃～22℃条件下,需30～60天。

(5)休眠期 采种株在低温条件下越冬或冬藏,被迫休眠。

2. 生殖生长时期 采种株在低温条件2℃～5℃下,通过春化阶段,开始转化为生殖阶段。春季在15℃～20℃和长日照条件下抽薹,形成花蕾,开花结籽。

(三)对环境条件的要求

1. 温度 芹菜为耐寒性蔬菜,种子发芽最低温度为4℃,最适温度为15℃～20℃,7～10天发芽。低于15℃,或高于25℃,会降低发芽率和延迟发芽的时间。30℃以上几乎不发芽。幼苗可耐-4℃～-5℃的低温,成株可耐-7℃～-10℃的低温。营养生长阶段以15℃～20℃为最适宜。20℃以上生长不良,易发病,品质下降。芹菜不耐热,在26℃以上生长受抑制,出现衰老,品质变劣,且易生病害。这是秋芹菜高产、质优,夏芹菜品质低劣的主要原因。

芹菜幼苗期在 10℃ 以下的低温,经 10~15 天就能通过春化阶段,在长日照条件下即抽薹开花。

2. 光照　芹菜为长日照作物,光对促进芹菜发育有明显作用。芹菜种子发芽需要光,在有光的条件下比在黑暗处发芽迅速。

在长日照条件下,可促进芹菜苗端分化为花芽,促进抽薹开花;短日照条件下可延迟成花进程,而促进营养生长。

日照时间对芹菜的形态有很大影响,日照时间加长,植株有直立性。日照时间短于 8 小时使芹菜立心期推迟,且减产;日照时间在 13 小时以上,则明显地影响生长。适宜的光照时间为 8~10 小时。

芹菜在营养生长期需要中等强度的光照,光饱和点为 45 000 勒,光补偿点为 2 000 勒。以 10 000~40 000 勒为最适宜。芹菜生长初期需要有充分的光照,可使植株开展,充分发育。光照强些可使植株横展性加强。而弱光可促进芹菜纵向生长,即直立发展。因此,在叶丛生长初期应给予适当的强光,以促进叶片扩张。而后期应通过遮阳、密植等措施,降低光照强度,以利于心叶肥大,提高产量。

3. 水分　芹菜为浅根性蔬菜,吸水能力弱,对土壤水分要求严格。芹菜属于消耗水分很多的蔬菜,虽然叶面积不大,但因植株密度大,总的蒸腾面积大,所以要求较高的土壤湿度和空气湿度。特别是营养生长旺盛期,地表布满了白色的根,更需要充足的湿度,才能保证优良的品质和高的产量。否则,生长停滞,叶柄中机械组织发达,纤维增多,品质变劣,产量降低。栽培中,注意充足的水分供应是丰产的关键。

4. 土壤及营养　芹菜的吸收能力弱,因此,适于有机质丰富,保水保肥力强的壤土或黏壤土。缺少有机质,易漏水肥的沙土、沙壤土,栽培芹菜易产生空心现象。

芹菜对氮、磷、钾肥的需要量均大。芹菜生育初期和后期对氮肥的需要量均很大,初期需要磷较多,后期需要钾较多。生育期缺氮肥易使细胞产生老化现象,老化细胞的果胶质减少,致使大的薄壁细胞形成空心,最终导致叶柄产生空心现象。缺磷时,幼苗瘦弱,叶柄不易伸长。缺钾时,叶柄干老,叶片无光泽。在生产中,每生产 50 千克芹菜产品,氮、磷、钾的吸收量分别为 20 克、7 克和 30 克。芹菜对硼的需要较强。土壤缺硼,植株易生心腐病,叶柄易劈裂。在土壤干旱、氮肥多、钾肥多时,植株吸硼困难。钙过多或不足时也影响硼的吸收。钙肥不足时,会使植株发生黑心病而停止发育。当土壤中氮、钾过多,或地温过高、过低、过旱等条件,均会影响根系吸收钙肥。生产上要注意有机肥和氮、磷、钾肥的配合施用。

芹菜对土壤 pH 值的要求范围为 6～7.6。微酸或微碱性土壤均宜。

5. 气体 芹菜发芽过程中对氧的需要量比其他种子高,氧气浓度达不到 10% 以上,就发芽不好。芹菜根系的需氧量也很高,故根系多集中在土表层中。

芹菜生育过程中需要浓度稍大的二氧化碳气。在保护地中,如果为保持温度而密闭塑料薄膜,会使保护设施中二氧化氧碳含量不足,影响光合作用进行而减产。因此,应注意施用二氧化碳气体肥料。

二、栽培品种

(一)本芹品种

1. 天津黄苗芹菜 天津郊区地方品种。植株生长势强。叶柄长而肥厚,叶色黄绿或绿,实秸或半实秸。单株重 500～600 克,生长期 90～100 天。纤维少,品质好。该品种耐热、耐寒、耐贮藏、冬性强,易抽薹。适于四季栽培。

2. 玻璃脆芹菜　河南省开封市地方品种,为从西芹和开封实秆青芹自然杂交后代中选育而成的。生长势强,株高大,1 米左右。最大叶柄长达 60 厘米以上。叶柄粗,实心,纤维少,肉质脆嫩,品质佳。不易老,色如玉,透明发亮,故名之。该品种耐热、耐寒、耐贮运,不易抽薹开花。生育期 110 天左右,单株重 500 克左右。适于秋、冬季保护地栽培。

(二)西芹品种

1. 雪白实芹　新选育出的品种。植株高 70 厘米。叶片嫩绿肥大。叶柄宽厚,实心,腹沟深,雪白晶莹,口感脆嫩,香味浓。耐热抗寒。生长快,长势强,适于四季栽培。

2. 津南实芹 1 号　天津市津南区双港镇农科站选育而成的品种。植株生长势强,株高 80～100 厘米,生长速度快。叶柄长而实心,黄绿色,叶柄宽而厚。叶柄基部白绿色,纤维少,质脆嫩香;口感好,含葡萄糖、维生素 C 较高,品质优良。该品种耐低温、抗寒、抗盐碱、早熟、分枝少、抽薹晚,产量高。单株重 0.25～1.5 千克。适于保护地栽培。

3. 佛罗里达 683　中国农业科学院蔬菜花卉研究所于 1981 年由美国引进的品种。植株生长势强,株高 60 厘米。叶柄及叶片均为深绿色,叶柄实心,质地柔嫩,纤维少,药味淡,品质优,净菜率高。平均单株重 0.4 千克。每公顷产量 90 000 千克以上。该品种为洋芹,适于保护地栽培。

4. 柔嫩芹菜　中国农业科学院蔬菜花卉研究所于 1981 年从美国引进的品种。植株生长势强,株高 65 厘米左右。叶绿色,叶柄黄绿色,宽大且肥厚,光滑无棱,有光泽、实心,组织柔软,纤维少,脆嫩无渣,微带甜味,品质优良。生食、熟食俱佳。该品种为西芹,耐热、耐湿、耐贮藏。平均单株重 0.5 千克,最大株重 1 千克。适于春、秋季栽培。一般每公顷产 90 000 千克以上。

5. 美白西芹菜 深圳市由国外引进的品种。生长势旺盛,株高 52 厘米,最大叶柄长 33 厘米,直径 1.3 厘米。叶柄浅绿色,空心,纤维含量中等。叶片浅绿色,气味浓厚。单株重 600 克左右,生育期 95 天。适合秋季栽培或越冬栽培。

6. 美国芹菜 中国农业科学院蔬菜花卉研究所从美国引进的品种。植株生长势强,植株高大,株高 70~89 厘米。最大叶柄长 46 厘米,宽 2 厘米,厚 1.5 厘米。叶柄肉质厚,脆嫩、绿色、实心,纤维含量少。叶片绿色,风味淡。单株重 600 克以上。该品种生长较慢,生育期 130 天,耐寒、耐藏,品质好,适于生食或熟食。一般每公顷产量 90 000~105 000 千克。适于春、秋、冬保护地栽培。

7. 高金 中国农业科学院蔬菜花卉研究所从美国引进的品种。株高 68 厘米左右。叶柄浅绿色,实心。最大叶柄长 32 厘米,宽 1.5 厘米,厚 1.1 厘米。纤维含量少,品质好。叶片浅绿色,味道浓。单株重 750 克左右,生育期 150 天左右。适于春、夏、秋栽培。

8. 近年来研发的新品种 近年来国内各研究单位培育了很多品种,也从国外引进了很多品种,特性各异,有很多老品种不具备的特性,值得农民朋友试用。但是,很多品种没有经过全国性的区域试验,在引种应用过程中,应该谨慎少量引种试验后,再据情况大量栽培应用。

(1)皇后芹菜 法国最新培育的早熟西芹品种。定植后 70~75 天收获,株高 80~90 厘米,叶柄长 30~35 厘米,单株重 1.5 千克,淡黄色,有光泽,纤维少,商品性好;株型紧凑,耐低温,不易抽薹,抗病性强,产量高,适于露地和保护地栽培。大棵栽培每 667

米²定植 3 000～5 000 株,株行距 35 厘米×45 厘米;小棵栽培每
667 米²定植 35 000～40 000 株,株行距 12 厘米×15 厘米。

(2)红芹菜 引进荷兰品种。极早熟,生长速度快,耐热性比
普通西芹强,30℃以上能正常生长,冷凉地区夏季可栽培,定植后
20 天左右开始采收,植株高 70 厘米左右,单株重 300 克左右。叶
柄红色至紫红色,叶片绿色,随植株生长叶柄颜色由里向外逐渐变
淡,内叶柄红色,外叶柄淡红色或近白色。颜色独特,风味浓郁。
纤维少,不空心,抗病性强。口感鲜嫩清脆,营养价值比普通西芹
高,含铁量是普通芹菜的 2～3 倍。生长快,同期播种比普通芹菜
提前收获 20～30 天。本品种可以密植,以小芹菜食用为主,四季
均可栽培。

(3)圣洁白芹 植株较直立,株高 70～80 厘米,叶片浅绿色,
叶柄纯白色有光泽,腹沟浅,植株生长速度快,品质脆嫩,纤维少。
水分大,抗病性强,耐贮存,从定植到收获需 60 天。单株重 0.75
千克左右。利用大棚,改良阳畦,温室等不同栽培设施,从 6 月中
下旬开始至 9 月中上旬均可播种,苗龄 50～55 天,株行距 20 厘米
见方。适宜温度 18℃～25℃。

(4)皇妃芹菜 美芹和法芹杂交选育而成的优良品种。生长
速度快,长势旺盛、株型紧凑,株高 80 厘米左右,叶色绿黄,叶柄肥
大宽厚、腹沟较浅,基部宽 4～5 厘米,第一节间长约 35 厘米,叶柄
包合紧凑,品质脆嫩,纤维极少、色泽黄亮、耐寒耐热性强。适宜冬
春保护地及春秋露地栽培。抗枯萎病,对缺硼症抗性较强。定植
后 70～75 天可收获,单株重可达 1.5～2 千克,每 667 米²产量可
达 10 000 千克。

(5)西雅图西芹 引进美国西芹品种。叶柄亮黄绿色,有光
泽,不空心,纤维少,商品性极好,株型紧凑,株高 70～80 厘米,单
株重 1～1.5 千克,中晚熟,定植后 80～100 天收获。耐低温,抗抽
薹,抗病性强,产量高,适于保护地及露地栽培。高温季节播种,应

低温催芽处理:晒种 4～6 小时,浸泡 12～16 小时后,置于 20°以下,有 30%露白时,即可播种。长江中下游可从 6 月上旬至 7 月上旬播种,或 10 月下旬至翌年 1 月份播种。

(6)四季小香芹 属于文图拉变种,实心,植株生长速度快,且整齐一致,叶簇直立紧凑,分蘖少,茎秆粗壮,实心,株高 35 厘米左右,叶柄浅黄绿色,纤维少,质地嫩脆爽口,香味浓郁,商品性好。适应性广。作小棵芹菜栽培可以密植,也可育苗移栽作中棵型芹菜栽培,播种育苗定植后 35～50 天可陆续采收商品菜上市。本品种四季可播。

(7)大叶芹菜 植株稍直立,株高 50～70 厘米,开展度 35 厘米。单株重 150～300 克,叶片绿色有特殊香味。育苗移栽,一般在 4～5 片叶时进行移栽,定植株行距 10 厘米×12 厘米。性喜冷凉,不耐炎热。

(8)白秆小香芹 植株直立,高 70 厘米左右。生长势强,较抗寒,耐热。叶绿色,叶柄白色,实心,纤维少,组织柔嫩,品质极佳,口感好,香味浓,单株重 0.3 千克左右。一般每 667 米^{2}产量 7 000 千克左右。耐低温弱光,适合北方保护地春秋冬栽培,也适合南方露地和保护地春秋冬栽培。

(9)紫秆一号芹菜 该品种为紫秆芹菜,株高 35～40 厘米,平均单株重 0.3 千克。耐低温弱光。该品种适合水培和高密度芹菜栽培,也适合农业园观赏栽培。全国各地适合芹菜栽培的地区均可种植。定植行株距 15 厘米×20 厘米。

(10)速生四季西芹 最新育成速生西芹品种,生长速度快,长势旺,低温条件下种植抽薹稳定,耐高温,叶柄黄绿色,肉质脆嫩,纤维少,口感清香,适宜作小芹菜栽培;株高 40～45 厘米即可采收上市,每 667 米^{2}产 7 000 千克以上;对芹菜病毒、叶斑病和缺硼有较强的抗性。本品种适应性广,适合四季栽培,露地、保护地均可栽培。

(11)早熟浓绿色西芹 新培育杂交一代西芹种。长势紧凑，株高 80 厘米左右，生长速度快，商品菜上市早，从定植到收获约 75 天。单株重 1.5 千克左右，叶色浓绿，叶柄翠绿，品质脆嫩，纤维少，商品性好。适合于试种成功的地区春秋栽培。

(12)早熟淡黄绿色西芹 新育成早熟西芹杂交一代种。植株生长旺盛，抱合紧凑，叶色翠绿，叶柄长 35 厘米左右，叶柄浅黄绿色，光泽度好。该品种发苗迅速，纤维极少，质地脆嫩，商品性好，育苗定植至采收 75 天左右，植株整齐度高，单株重 1.5 千克左右。适合于试种成功的地区春秋栽培。

(13)法国埃菲尔芹菜 新近选育的早熟芹菜新品种，法皇类型。定植后 70 天左右收获，生长速度快，株型紧凑，株高 80～90 厘米，叶柄长 35 厘米以上，颜色淡黄，光亮，脆嫩，纤维少，商品性状极佳；单株重 1 千克左右。1 年可多季栽培。

三、栽培技术

(一)春早熟栽培技术

芹菜春早熟栽培是在冬季利用保护地育苗，定植于保护地中，于春季或初夏上市供应的一种栽培方式。这种方式所需的成本不高，设备不复杂，可改善初夏的蔬菜供应状况，生产者亦能获得较高的经济效益，也是芹菜全年生产供应的一个环节。

1. 栽培季节 利用塑料保护地栽培时，1 月上中旬育苗，3 月上中旬定植，5～6 月份上市。

2. 品种 春早熟栽培中，芹菜的苗期在寒冷的冬季，而后期在温度较高、日照较长的春季。苗期在低温环境中极易通过春化阶段，开春在长日照条件下，易抽薹开花。所以，选用的品种，应具有抗寒性强、抽薹开花晚等特性。春末夏初各种绿叶蔬菜上市较多,人们对绿色蔬菜的要求不强烈。此时芹菜的色泽以黄绿或白绿为佳,这些色泽使芹菜更显脆嫩。目前常用的品种有:玻璃脆芹菜、津南实芹 1 号、美国芹菜等。

3. 育苗 春早熟栽培育苗一般在风障阳畦或日光温室中进行。播种期一定按照当地的气候条件和所利用的保护设施适当确定。播种过早,如保护设施中温度条件不够,亦不能定植。如强行定植,易受冻害,或发生先期抽薹现象。播种过晚,则定植期拖后,上市期亦延迟,经济效益下降。

(1)浸种催芽 芹菜种子透水性差,发芽慢且不整齐,故播前应先行浸种催芽。浸种一般用 30℃ 的水浸 24 小时。为防止种子带菌,可用 48℃～49℃ 的温水浸种 30 分钟。由于温汤浸种会降低种子的发芽率,所以一般不采用此项技术。浸种后用手轻轻揉搓,尽量使种子表皮散落。浸后摊开晾种,待种子半干时,用纱布包裹,置于 18℃～20℃ 的条件下催芽。此期间外界温度较低,应注意保温,可把种子放在温暖的室内,有条件时可放在恒温箱内。催芽期间,每天在见光处翻动 2～3 次。如种子表皮干了,可用温水浸淋一下,保持种子潮湿。经 5～7 天即可发芽。

(2)播种 育苗畦建好后,施足腐熟的有机肥,每公顷需30 000～45 000 千克,加硝酸磷型复合肥 300 千克浅翻后耙平。于播前 15～20 天进行烤畦。白天覆盖塑料薄膜,吸收阳光提高苗床 10 厘米地温达到 10℃ 以上时方可播种。

播种要选"寒尾暖头",即寒潮刚过,刚开始回暖的天气。这时间播种,可以争取较长时间的晴暖天气,有利于出苗。播种应在晴天的上午进行。播种前,苗床内浇透水。待水渗下后,再撒种覆土。每公顷播种量 15～22.5 千克,覆盖细土 0.5 厘米厚。

(3)苗期管理 播种后及时加盖塑料薄膜,提高畦内温度。夜间加盖草苫保温。出苗前,尽量保持畦内昼夜温度 20℃～25℃ 促进迅速出苗。待 50% 的幼芽出土后,应降低苗床的温度。白天控制床温为 15℃～20℃,夜间 8℃～10℃。此期间温度过高,易徒长成"高脚苗"。这种"高脚苗"一不抗寒,二不高产。但是苗期外界温度很低,管理的关键是保温防寒。应采取一切措施保持苗床白天不低于 15℃,夜间不低于 8℃。这样有利于培育壮苗,延缓先期抽薹现象。在寒潮侵袭时,应采取增加覆盖物的措施,防止－3℃以下的低温冻伤幼苗。冬季经常发生连续阴冷的天气,在这种天气的中午,也应短时间揭开草苫,使芹菜苗有短暂的见光时间。如果一味地保持床温而不揭开草苫见光,往往会造成芹菜幼苗见光太少而黄化。这种黄化苗细弱,生长缓慢,如突然遇强光,很易卷叶致死。

在寒冷的 1 月份,土壤蒸发量少,无须浇水。在 2 月份,天气转暖,如土壤干旱,可浇小水。结合浇水,追施 1 次化肥,每公顷施硝酸磷肥或硝酸磷钾肥 150 千克。

定植前 7～10 天,苗床通风降温,进行秧苗锻炼。白天保持10℃～15℃,夜间 8℃。通过低温锻炼,提高秧苗的抗寒力和适应性,保证定植的成活率,加快缓苗速度。但是,在进行秧苗低温锻炼时,夜间温度还应保持在 8℃以上,尽量避免芹菜通过春化阶段时所需的低温条件。

移栽前,应浇 1 次透水,以利起苗。起苗时,应尽量带土,以提高成活率。

4. 整地　芹菜春早熟栽培所用的塑料保护地必须在定植前15～20 天建好,并进行烤畦,提高地温。在定植前 15～20 天,白天扣严塑料薄膜,夜间加盖草苫保温,尽量提高设施内的地温。在10 厘米深处地温达到 10℃以上时,设施内夜间气温不低于 8℃时方可定植。

定植前,栽培田每公顷施腐熟有机肥 75 000 千克,混入硝酸磷型复合肥 300 千克或商品有机肥 300～400 千克,深翻,做成1.2～1.5 米宽的平畦。

5. 移植 春早熟栽培的芹菜苗苗龄本芹一般为 50～60 天，5～6 片真叶，苗高 15 厘米时定植。起苗时，尽量带土坨，以减少伤根，提高成活率。单株较大的西芹品种，如美国芹菜等的苗龄可为 70～80 天，7～9 片叶。

定植时应选"暖头寒尾"的晴天上午进行。开沟或挖穴移植，植株较小的本芹株行距 12～13 厘米，西芹品种的株行距应稍大，为 16 厘米×25 厘米。栽植深度宜浅不宜深，以不埋住心叶为度。栽后立即浇水，扣严塑料薄膜，夜间加盖草苫保温。

6. 田间管理

(1) 温度调节 定植后利用保温设施和通风的方法调节温度。定植初，缓苗期间应保持较高的温度，白天保持 20℃ 左右，夜间 10℃～15℃。待 5～7 天缓苗后适当降低温度，白天保持 15℃～20℃，夜间 8℃ 以上。

芹菜生长前期正值早春寒冷季节，外界气温很低，管理中应以保温为主。切勿使芹菜经常处于 8℃ 以下的低温中，以防通过春化阶段而先期抽薹。生长后期，外界温度逐渐升高，应加强通风。白天超过 20℃ 要及时放风。当白天外界气温保持在 15℃ 以上时，完全揭开塑料薄膜，使芹菜接受自然光照。当夜间最低气温稳定在 8℃ 以上时，可全部撤除塑料薄膜等覆盖物。这一时期应注意勿使保护设施内的温度过高，以免植株徒长，降低产量和品质。

(2) 肥水管理 芹菜春早熟栽培中一般不进行蹲苗。定植后用肥水猛攻，促进生长，以免营养生长受抑制而加速了抽薹开花。定植后及时浇定植水，缓苗后根据土壤情况再浇 1 次缓苗水。如果定植期较早，气温低，土壤蒸发量小，土壤湿润，则不必浇缓苗水。缓苗后进行 1 次中耕除草，提高地温，促进根系发育。生长前期浇水次数应少些，以免过度降低地温，影响生长，但要保持土壤湿润。随着外界气温升高，逐渐增加浇水次数，特别是进入芹菜迅速生长期后，芹菜的需水量加大，应及时浇水，保持土壤处于湿润状态。一般 3～4 天浇 1 次大水。

　　缓苗后结合浇水追第一次肥。每公顷施硝酸磷肥或硝酸磷钾肥 225 千克。以后结合浇水每 10～15 天追施硝酸磷肥或硝酸磷钾肥 1 次，每公顷用量 225～300 千克，共追施 2～3 次。

　　芹菜春早熟栽培中，生育前期外界气温很低，管理中很难保证不经受春化阶段的低温环境。因此，大多数植株已通过了春化阶段，只要条件适宜即会抽薹开花。为了防止先期抽薹影响品质，在肥水管理中应以大水、大肥充足供应为原则。促使营养旺盛生长，抑制抽薹速度，防止干旱、缺肥影响营养生长而促进早期抽薹。

　　7. 收获　芹菜收获期可根据生长情况和市场价格而定。本芹一般定植 50～60 天，叶柄长达 40 厘米，新抽嫩薹在 10 厘米以下时即可收获。西芹收获期稍晚一些。由于春早熟栽培易发生先期抽薹现象，如收获过晚，薹高老化，品质下降，故宜适当早收。春季芹菜市场价格是越早越高，适期早收，有利于经济效益的提高。

　　芹菜收获前应灌水，在地稍干时，早晨植株含水量大、脆嫩时连根挖起上市。在价格较高，或是有先期抽薹现象时，也可擗收。每次擗取外叶 5～6 片。擗后勿立即浇水，以免水浸入伤口诱发病害。待新发出 3～4 片叶时，再浇水、追肥，促进新叶生长。等 15～20 天就可擗收第二次。

(二)秋延迟栽培技术

　　芹菜保护地秋延迟栽培是 7 月下旬至 8 月上旬露地育苗，9 月上中旬定植在保护地等保护设施中，冬季上市。秋延迟栽培的设施较简单，环境条件适于芹菜的生长发育，芹菜的产量高、品质好，因而经济效益很高。上市期正值冬季绿叶菜缺乏季节，是芹菜周年供应重要的环节，其栽培面积巨大。

　　1. 栽培季节　秋延迟栽培利用简易塑料保护地时，于 7 月下旬至 8 月上旬播种育苗，9 月上旬定植在上述保护设施中，初冬或深冬陆续收获。

2. 品种选择 秋延迟栽培的后期处于秋末冬初的低温季节，所以要选用耐寒性强、叶柄充实、不易老化、纤维少、品质好、株型大、抗病、适应性强的品种。由于收获期较长，且采收越晚，价格越高，所以无须速生品种，宜选用生长缓慢、耐贮藏的品种。由于冬季缺乏绿色蔬菜，人们对绿色菜有所偏爱，而黄绿、白绿色蔬菜有贮藏、不鲜之嫌，所以选用的品种以绿色、深绿色为佳。目前常用的品种有：美国芹菜、津南实芹1号、玻璃脆、意大利冬芹等。

3. 育苗 秋延迟栽培芹菜的播种育苗期应适当，如播种过早，则收获期提前，不便于冬季贮藏；播期过晚，在寒冬来临前芹菜尚未完全长足，则产量不高。

(1)建育苗床 育苗床应选择地势高、易灌能排、土质疏松肥沃的地块。苗期正值雨季，做畦时一定设排水沟防涝。畦内每公顷施腐熟有机肥45 000～75 000千克，然后浅翻、耙平，做成宽1.2～1.5米的平畦或高畦。在蚯蚓危害严重的地块，可在整地前，每公顷灌氨水300千克左右。

芹菜苗期较长，加上天热多雨，杂草危害十分严重。有条件时可施用除草剂防治杂草。一般用48％氟乐灵乳油，每公顷1 500克；或48％甲草胺乳油，每公顷3 000克。上述药液之一加水520升，喷洒于畦面。然后浅中耕，使药与土均匀混合1～3厘米深，即可防止多种杂草发生。

(2)种子处理 芹菜种子发芽缓慢，必须催芽后才能播种。如果用干籽播种，在漫长的出芽期需经常浇水和拔草，耗费大量人工。先用凉水浸泡种子24小时，后用清水冲洗，揉搓3～4次，将种子表皮搓破，以利发芽。种子捞出后用纱布包好，放在15℃～20℃的冷凉处催芽。催芽期正值炎夏高温期，温度过高，不利于种子发芽。因此，应把种子放在井中、地下室等阴凉的地方。每天用凉水冲洗1～2次，并经常翻动和见光。经6～10天即可发芽。待

80％的种子出芽时,即可播种。育苗期易发生斑枯病、叶枯病等病害,为防治种子带菌,可用 48℃～49℃ 的温水浸种 30 分钟,以消灭种子上携带的病菌。

很多品种的芹菜种子收后有 1～2 个月的休眠期。如果用的是当年采收的新种子,尚处在休眠期中,可用 1％硫脲溶液浸种 10～12 小时,以打破休眠,促进发芽。

(3) 播种　播种应选在阴天或傍晚凉爽的时间,切忌夏日中午播种,以防烈日灼伤幼芽。播前畦内浇足底水,渗下后,将出芽的种子掺少量细沙或细土,拌匀,均匀撒在畦内。然后覆土 0.5～1 厘米厚。每公顷用种量 15～22.5 千克。

为了防治苗期杂草,播后可用 50％扑草净悬浮剂,每公顷用量 1 500 克,掺细沙 300 千克,撒于畦面。

(4) 苗期管理　秋延迟栽培芹菜苗期正值炎热多雨季节,为了降低地温,防止烈日灼伤幼苗和大雨冲淋,播种后应采取各种方法在苗床上遮阴。常用的遮阴方法有:用玉米秸、苇箔草帘搭在畦埂上遮阴;或用竹竿等做小拱,上覆塑料薄膜遮阴;有条件时,用遮阳网遮阴最佳。在幼苗出土后,2～3 片真叶期陆续撤去遮阳物。幼苗出土前应经常浇小水,一般是 1～2 天浇 1 次,保持畦面湿润,以利幼芽出土。严防畦面干燥,旱死幼苗。

幼苗出土后,仍需经常浇水。一般 3～4 天浇 1 次。天热干旱时,1～2 天浇 1 次,以保持畦面湿润,降低地温和气温。雨后应及时排水,防止涝害。遇热雨应浇冷凉的井水降温,防止高温雨水造成根系窒息。芹菜长出 1～2 片真叶时,进行第一次间苗。间拔并生、过密、细弱的幼苗。在长出 3～4 片真叶时,定苗,苗距 2～3 厘米。结合间苗,及时拔草。在幼苗 2～3 片真叶时追第一次肥。每公顷施硝酸磷肥或硝酸磷钾肥 100～150 千克。15～20 天后追第二次肥,每公顷施硝酸磷肥或硝酸磷钾肥 150～225 千克。苗期,根系浅,浇水后有的根系露出。可在浇水后,覆细土 1～2 次,把露出的根系盖住。

定植前 15 天,应减少浇水,锻炼秧苗,提高其适应能力。芹菜秋延迟栽培定植前本芹的壮苗标准是:苗龄 50～60 天,苗高 15 厘米左右,5～6 片真叶,茎粗 0.3～0.5 厘米,叶色鲜绿无黄叶,根系大而白。西芹的苗龄稍长,一般为 60～80 天。

4. 定植 定植前应及早把前茬作物的残株清理出田外。每公顷施优质腐熟有机肥 75 000 千克或商品有机肥 300～400 千克,另混入硝酸磷肥或硝酸磷钾肥 300 千克。然后深翻、耙平,做成宽 1～1.5 米的平畦。

栽植前,育苗床应浇透水,以便起苗时多带宿土,少伤根系。定植应选阴天或晴天的傍晚进行,防止中午高温日灼伤害幼苗,降低定植成活率。

定植株行距一般为 12 厘米×13 厘米,单株较大的西芹品种,如美国芹菜为 16～25 厘米×16～25 厘米。根据行距开深 5～8 厘米的沟,按株距单株栽苗。

栽植深度以埋没短缩茎为宜。既不要过深埋没心叶,也不要让根系露出地表。定植后立即浇水。

5. 田间管理

(1)肥水管理 定植后 4～5 天浇缓苗水。待地表稍干即可中耕,以利发根。以后每 3～5 天浇水 1 次,保持土壤湿润,降低地温,促进缓苗。定植 15 天后,缓苗期已过,即可深中耕、除草,进行蹲苗。蹲苗 5～7 天,使土壤疏松、干燥,促进根系下扎和新叶分化,为植株的旺盛生长打下基础。待植株粗壮,叶片颜色浓绿,新根扩大后结束蹲苗,再行浇水。以后每 5～7 天浇 1 次水,保持地表见干见湿。

定植后 1 个月左右,植株已长到 30 厘米左右,新叶分化、根系生长和叶面积扩大,进入旺盛生长时期。此时正值秋季凉爽、日照充足季节,外界条件很适合芹菜的需求。加上蹲苗后根系发达,吸收力增强。因此,在管理上应加大水肥供应,一般每 3～4 天浇 1 次水,保持地表湿润。蹲苗结束后追第一次肥,每公顷随水冲施人粪尿 75 000 千克,或硝酸磷肥或硝酸磷钾肥 225～300 千克。以后每隔 10～15 天每公顷随水冲施硝酸磷肥或硝酸磷钾肥 225～300 千克,于收获前 20 天停止追肥。

秋延迟芹菜定植前期外界温度较高,浇水量宜大。待进入保护设施后,外界气温渐低,保护设施内的温度也不高,加上塑料薄膜的阻挡,土壤蒸发量很小,浇水次数应逐渐减少,浇水量也应渐渐降低。在华北地区 11 月上旬,露地土壤结冻的时候,可浇 1 次透水。以后只要土壤不干燥就无须浇水,如浇水也应在上午进行,下午及时掀开塑料薄膜排出湿气,防止空气湿度太大而发生病害。在收获前 7～8 天浇最后 1 次水,以促进叶柄生长充实,保持叶片鲜嫩,防止叶柄老化和空心。这一时期浇水次数减少,追肥也相继减少。如后期缺肥,叶片黄化时,可根外喷施 0.3%尿素或复合肥 2～3 次。

(2)光照、温度管理 芹菜秋延迟栽培中,在华北地区早霜来临前的 10 月中旬,即应把保护地的塑料薄膜扣好。夜间加盖草苫保温。白天尽量保持 15℃～20℃,夜间 6℃～10℃。入冬前多数植株尚未长足,适宜的温度条件可以保证芹菜继续生长,增加产量。

在栽培后期,外界寒冷,保温覆盖物要晚揭早盖,减少通风,保证保护设施内夜间不低于 0℃,白天尽量保持在 15℃以上。有条件时,在畦上设小拱棚,利用多层覆盖,保持温度。

芹菜在营养生长期,不喜强光,一般塑料设施内的光照即可满足其生长发育要求。但是光照时间过短,光照强度过低,会造成叶片黄化,植株生长停滞。所以,在连阴天或外界温度太低时,在中午应揭开草苫,尽量让植株多见光。

在入冬后,外界气候寒冷,保护设施内的气温继续下降,待设施内最低温度降到2℃左右时即应收获上市。防止长时间的低温冻伤植株,降低食用品质。

6. 收获 秋延迟栽培芹菜的收获期不严格。由于市场价格是收获越晚价格越高,越接近元旦和春节价格越高,所以应尽量晚采收。一般株高60～80厘米即可采收。在冬季采收时,应选晴暖天气,从畦的一头全部刨根收获。如果保护设施内温度条件适宜,也可用擗叶的方法多次采收。从11月下旬开始,利用芹菜叶片分化能力强、生长快的特性,分次擗收外叶柄。每15～20天左右收1次,每次擗收外叶1～3片,共可收4次,直到保护设施内温度太低不能生长时为止。每次擗叶后,过4～5天新叶又长出时,可酌情浇水、追肥,以促进下一批叶的生长。

芹菜收获后,为了延长上市期,获得更大的利润,可采用贮藏的方法,延至元旦、春节时上市。贮藏方法见贮藏保鲜一节。

(三)软化栽培技术

在植株完全或部分避光的条件下生长发育,这称为软化栽培技术。软化栽培的芹菜,叶柄变得柔嫩、细腻、色泽洁白、纤维减少,而受人们青睐,经济效益也远比一般芹菜高。在华北地区,夏季气温高,光照强,很不适宜芹菜生长。即使栽培了芹菜,由于纤维多,食用质量很差,也很不受人们欢迎。利用软化栽培技术,解决了这一问题,不但丰富了市场供应,满足了人们的食用要求,而且也成了菜农的致富项目。

1. 栽培季节 在华北地区4月下旬至5月中旬播种育苗,6月中旬定植,7月收获上市。

2. 选择品种 应选用耐热性强、叶柄充实、不易老化、纤维少、品质好、株型大、抗病、适应性强的品种。目前常用的品种有:美国芹菜、津南实芹1号、天津黄苗、玻璃脆、意大利冬芹等。

3. 育苗 同秋延迟栽培。

4. 田间管理　同秋延迟栽培。

5. 软化技术　培土软化的方法有下列 3 种：培土法、围板培土法和整体软化法。目前常用的是整体软化法。整体软化栽培是在保护地内进行的。保护地顶部的塑料薄膜一直保留着，采收前 15～20 天，在栽培畦上方，搭拱架，上覆草苫，或遮阳网，以降低光照强度，进行整株软化。收获同春早熟栽培。

(四)越冬栽培技术

芹菜越冬栽培是在秋季播种育苗，秋末或初冬定植在保护设施内，于冬季或翌年春上市供应的一种栽培方式。这种栽培方式生产的芹菜产量高、品质好，上市期恰值寒冬缺菜季节，经济效益很高，是目前发展速度最快的一种栽培方式。芹菜很耐寒，越冬栽培无须性能很好的保护设施，因而成本低，且受冻损失的风险很小，广大菜农乐于栽培。因此，芹菜越冬栽培是保护地栽培中面积最大的一种。

1. 栽培设施及时间　芹菜越冬栽培设施及时间各地差异很大，华北地区利用风障阳畦或有草苫覆盖的塑料小拱棚栽培时，一般于 8 月上旬至 8 月下旬露地育苗，9 月下旬至 10 月上旬定植。12 月下旬即可开始采收上市，直至翌年 2 月份。

利用保温性能稍差的日光温室栽培时，露地播种育苗期为 8 月中旬至 9 月中旬，10 月上旬定植，12 月下旬开始收获，直至翌年 2 月份。

在越冬栽培中，生长期处于严寒的冬季，所以保护设施应具有适当的保温性能。一般设施内的最低气温应在 2℃ 以上。由于越冬芹菜的经济效益不如栽培黄瓜、番茄高，所以不用保温性能良好的日光温室，多用跨度大、低矮、建造方便的春用型塑料日光温室。

2. 品种选择　越冬芹菜的育苗期在温度较高的秋季，生长期在寒冷的冬季。因此，选用的品种应具有耐寒的特性。以实心、生长缓慢、耐贮藏、品质好的品种为佳。鉴于冬季人们喜食绿色蔬菜,最好选用青秆、深绿色的品种,忌用黄绿色或白色的品种。目前常用的品种有:玻璃脆芹菜、美国芹菜等。近年来,美国芹菜以其产量高、纤维少而渐受生产者和食用者的青睐。

3. 育 苗

(1)育苗畦建造 越冬芹菜播种期正值雨季,因此育苗畦应选地势高燥、能灌易排、不受涝害的地块建造。每公顷施腐熟有机肥45 000～75 000 千克或商品有机肥 300～400 千克,加硝酸磷肥或硝酸磷钾肥 300 千克,浅翻、耙平,做成宽 1～1.5 米的平畦。

芹菜幼苗生长缓慢,杂草易生,为防杂草,应用除草剂防治。方法是在播种后,立即用 33％二甲戊灵乳油稀释液喷布地表,然后浇水播种。

如果播种前未施药,也可于播种覆土后喷施 50％除草剂 1 号可湿性粉剂,每公顷 1 000～1 200 克,加水 750～1 500 升。

(2)催芽 芹菜种子发芽缓慢,必须进行催芽处理。先用清水浸种 24 小时,后置于 15℃～20℃的环境中催芽。为了促进种子萌发,提高发芽势、发芽率,达到苗齐、苗壮、根系发达,浸种可用鲁虹植壮 500 倍液,浸种 24 小时即可。种子捞出后用纱布包好,放在 15℃～20℃的冷凉处催芽。

此期间天气炎热,如在 25℃～30℃的室温内催芽,则很难出芽。故应放在阴凉的地窖、井内、山洞内催芽。芹菜种子发芽喜光和氧气,故应经常翻动、喷水和见光。经 5～7 天,即可发芽露白。

有些品种的种子采收后有 1～2 个月的休眠期,利用当年的新种子催芽,发芽很不整齐。为此,可用 5 毫克/千克赤霉素浸种 12小时;或用 1 000 毫克/千克硫脲浸种 10～12 小时;或冷藏处理 30天,均可缩短休眠时间,提高发芽率。

(3)播种 播种前,畦内灌足水,待水渗下,撒种,覆土厚 0.5厘米。育苗每公顷用种 15～22.5 千克,每公顷苗可栽 3～4 公顷。

(4) 遮阴　芹菜出苗缓慢,为防日灼、土壤干旱而致死种芽,以及防止大雨冲淋,使种芽失去覆土,应采取措施遮阴降温、防雨。常用的方法有:秸秆、塑料薄膜、遮阳网等物品遮盖育苗畦。

幼苗出齐后,应逐渐减少遮阳物。待幼苗长出 1～2 片真叶时,全部撤除所有的遮阴物。

(5) 苗期管理　芹菜幼苗期根系不发达,吸收能力弱,植株细小,同化能力亦弱,生长相当缓慢。因此,对肥水的要求极为严格。出苗前应保持畦面湿润,从播种翌日起至出苗前,每 1～2 天浇 1 次水。浇水应早、晚进行,水量宜小,防止冲刷种子。有条件时,可用喷灌法。出苗后至第一真叶展开,根系细弱不抗干旱,应保持畦面见湿不见干。幼苗 2～3 片真叶时,在天气干旱时应及时浇水,保持土壤湿润。在 4～5 片真叶时,可减少浇水次数,保持畦面见干见湿。此时浇水过多易引起根系发育不良和茎叶徒长。适当少浇水可促进根系发育和加速幼叶的分化。大雨时应及时排水防涝,热雨后应及时用冷凉的井水串灌降温。

芹菜苗期对氮和磷肥的需要量很大,除了整地时施足基肥外,苗期还应及时追施速效肥。在苗高 5～6 厘米时,结合浇水每公顷追施硝酸磷肥或硝酸磷钾肥150～225 千克;也可根外追施0.3%～0.4%大量元素水溶肥或含腐殖酸水溶肥料。以后每10～15 天追 1 次肥,方法同第一次。初秋雨多,肥料多易随水下渗,而芹菜苗根系又浅,因此追肥应少量多次,及时保证幼苗所需的肥料。

在芹菜幼苗生长 1～2 片真叶时,进行第一次间苗,间去丛苗、对棵苗、弱苗和小苗,保持苗距 1～2 厘米。在苗 2 片叶时,可把间出的苗定植到大田内。

芹菜苗期杂草较多,应及时拔草,防止草大压苗。并注意防治病虫害。

(6) 定植前壮苗的形态　本芹越冬芹菜栽培育苗的苗龄为

50～60 天。具有 4～5 片真叶,高 15～20 厘米,根系发达的幼苗方为壮苗。西芹的壮苗标准见西芹栽培要点。

4. 定植

(1)定植期 越冬芹菜定植的时间,因希望上市的时间和保护设施不同而异。总的要求是定植后在保护设施内要有 1 个多月的适于芹菜生长发育的适温期,使芹菜生长量基本达到商品产量。如定植过早,则上市提前,影响经济效益;过晚则因温度低,生长量不足而影响产量。定植期见栽培时间部分。

(2)整地、施肥 在上茬作物拉秧后,立即清除残株杂草,清除出保护设施。芹菜生长量大,产量高,需肥多,需施大量基肥。一般每公顷施腐熟有机肥 75 000 千克或商品有机肥 300～400 千克,加入硝酸磷肥或硝酸磷钾肥 300 千克。

然后深翻、耙平,做成宽 1～1.2 米的平畦。

如在温室内栽培,可直接定植在温室中。如在阳畦、塑料中小棚中进行越冬栽培时,在做畦时应预先留出建造风障或中小棚立柱的位置来。

(3)定植 定植起苗时,应浇大水,尽量少伤根系,带土坨起苗。栽植深度以埋不住心叶为度,宜浅不宜深,栽后覆土埋实,立即浇水。定植密度为株行距 12 厘米×13 厘米,单株定植。一般每公顷保苗 45 万～52 万株。单株重较大的美国芹菜应稍稀植。见西芹栽培要点。

5. 田间管理

(1)缓苗期管理 定植后,在缓苗期外界气温并不低,加上保护设施有塑料薄膜覆盖,设施内的温度条件比较适宜。因此,缓苗速度较快。缓苗期可浇 2 次水。7～10 天后,植株即缓苗开始生长。缓苗后应适当控制浇水,进行蹲苗,促进根系发育和叶片分化。

(2)扣膜后的肥水管理 芹菜越冬栽培中,一般于蹲苗结束后不久,约在 10 月中下旬,华北地区即应加盖塑料薄膜。11 月份夜间加盖草苫。在蹲苗结束后,旺盛生长开始时,即苗高 25 厘米左右时,生长显著加快。此时应大量浇水追肥。在寒冷季节来临前,华北地区约在 12 月初,应把总施肥量的 80% 施入。从 10 月中下旬至 11 月底可追施 2～3 次化肥。每次每公顷施硝酸磷肥或硝酸磷钾肥 300 千克,随水冲施。进入 12 月份,天气寒冷,保护设施通风减少,土壤蒸发量很小,可不浇水。此时浇水过多会降低地温,增加空气湿度,诱发病害的发生。只要地表不发白,叶色不发生变浓绿的干旱症状即不需浇水。如土壤干旱,浇水应在上午进行,下午及时通风排除湿气。寒冷季节不浇水,也无须追肥。在收获前 20 天停止追肥。

(3)植物生长调节剂的利用 定植缓苗后每隔 10～15 天,喷 1 次鲁虹回生露 500 倍液。鲁虹回生露是一种新型的植物生长调节剂,其主要作用是激发细胞潜能,提高光合速率,促进生长发育,提高抗逆力,促进缓苗,促进植株迅速生长。

赤霉素对芹菜生长也有明显的刺激作用。生长期喷洒 20～50 毫克/千克赤霉素可增产 20% 以上。施药后还能使叶柄脆嫩,改善品质。在生长盛期,追肥充足、植株健壮的田块,可每 7～10 天喷 1 次赤霉素,连喷 2～3 次,收获前 15 天停喷。覆盖塑料薄膜后的寒冬季节不宜喷洒。

(4)扣膜后的温度、光照管理 在覆盖薄膜的前期,亦即在 11 月份,外界气温尚高,应注意通风降温。白天保持温度 15℃～20℃,不可超过 25℃;夜间保持 6℃,不能低于 0℃。此期注意勿使温度过高,造成植株徒长,降低抗寒力,影响产量。随着外界气温逐渐下降,逐步缩小通风口,盖严塑料薄膜,夜间加盖草苫保温。

在严寒季节,保温覆盖物要晚揭,早盖,减少通风,保证夜间温度在 0℃以上,白天尽量保持在 15℃以上。如天气严寒,保护设施内温度低于 0℃,芹菜受冻,可待芹菜解冻后再揭草苫。否则,受冻的芹菜骤然见光,叶片迅速增温解冻,叶细胞突然失水,来不及恢复而受损伤,致使叶片发黄或致死。如果保护设施内保不住适宜的温度,夜间连续有-3℃～-4℃的低温发生时,应考虑采收上市,或转入贮存。否则,会因冻伤而降低产量和品质。

芹菜较耐阴,但适当的光照,有利于提高产量和改善品质。冬季应尽量使芹菜多见阳光。连阴天时,应在中午揭草苫见光,否则会使叶片长期不见光而发黄。寒冬,在保证温度的前提下,应在太阳照到前屋面时,揭草苫;下午太阳光照不到前屋面时,盖草苫。经常清扫塑料薄膜,保证光照时间和光照强度。尽管采用上述方法,由于冬季光照弱、光照时间短,芹菜仍感光照不足。为了改善光照条件,有条件的地方,可用石灰水刷白日光温室的北墙,把照到墙上的日光反射到芹菜上来。亦可用镀铝反光幕进行增光、加温。镀铝反光幕是在塑料薄膜上镀一层金属铝,增强反光性能,一般幅宽为1米。把镀铝反光幕2幅或3幅横挂在北山墙上,亦可挂在后立柱上。利用镀铝反光幕后可使幕前2米内的光照强度增加40%～50%,提高气温2℃,在寒冬可有效地提高芹菜的产量。利用镀铝反光幕后,应注意适当增加灌水。在光照增强的3月份应及早摘除,以免光照过强灼伤植株。

(5)收获 越冬芹菜的收获方法同秋延迟栽培。

(五)栽培中植物生长调节剂的使用方法

适用于芹菜的植物生长调节剂很多。绝大多数植物生长调节剂有增产、改善品质的功效。目前国内市场上出售的植物生长调节剂名目繁多,有些宣传单纯说明植物生长调节剂的作用,而不讲清应用的范围和注意的事项,以致菜农盲目应用,而出现副作用的例子屡见不鲜。为此,菜农在应用植物生长调节剂时,要注意如下事项。

1. 浓度准确,用量适当 绝大多数植物生长调节剂在应用时,都有严格的浓度范围。浓度不足,促进生长作用或其他作用效果不明显;浓度过大,往往会起相反的作用,如抑制生长,徒长,叶面萎缩等。很多植物生长调节剂,如赤霉素、乙烯利等用量很少,浓度极低,应用时稍有不慎,就会发生副作用。因此,应用中应严格注意配制浓度与用量,一定要按使用要求进行配制和应用。

2. 施用时间、部位要恰当　有的植物生长调节剂用于花期;有的用于营养生长期;有的要施用于根部;有的施用于茎、叶部。因此,应用植物生长调节剂时应根据不同的要求,在不同的时间或部位恰当应用,方会有益而无副作用。

3. 其他管理要跟上　植物生长调节剂多是起刺激生长的作用,不能代替其他的营养成分。在应用植物生长调节剂后,芹菜生长加速,需要的水分、矿质营养及其他营养增多,必须紧紧跟上。如果这些管理跟不上,不但不会起期望的好作用,反而会发生副作用。如赤霉素,有促进生长的作用,但施用后如果肥水供应不足,芹菜不但提高不了产量,还会发生增加空心和增加纤维含量的副作用。

4. 常用的植物生长调节剂　有天然芸薹素、赤霉素、叶面宝、多效好、植物活力素、五四〇六、腐殖酸钠、丰产素等。上述植物生长调节剂均有促进生长,改善质量,提高产量,提高抗病性能等作用。此外,还有邻氯苯氧乙酸、马来酰肼等生长后期应用可抑制抽薹。应用中可按照说明进行。

(六)栽培中经常出现的问题及解决方法

1. 先期抽薹　芹菜的食用商品是叶和叶柄,在作为食用商品收获前,植株长出花薹的现象,称为先期抽薹。先期抽薹的芹菜植株,其部分营养转入花薹的生长,供食用的叶柄产量必然降低。随着花薹的生长,叶柄的纤维增加,食用品质下降。春早熟栽培中的先期抽薹现象非常严重。

芹菜抽薹有 3 个条件:一是幼苗的大小。当芹菜具备 2～3 个真叶后,即可通过春化阶段,发生抽薹现象。二是低温条件。无论是芹菜秧苗,还是成株,在 10℃以下的低温环境中,就可通过春化阶段。三是低温时间。在低温环境 10 天左右方可完全通过春化阶段。通过春化阶段后,在高温、长日照的条件下,植株就迅速抽生花薹,进入生殖生长阶段。因此,避免和减轻芹菜先期抽薹的重点是春季收获栽培的芹菜。目前常用的措施有如下几个方面。

(1)品种选择 芹菜品种中抗寒性强的实秆品种,在通过春化阶段时需要的温度较低,而且必须有充足的时间。也就是说,它们通过春化阶段比较困难,其冬性较强。这样的品种先期抽薹现象较轻。在选用品种时,还应注意选用生长旺盛的品种。这些品种在生产中,由于营养生长很旺盛,可抑制花茎的生长,不至于严重降低芹菜的质量。这类的品种有玻璃脆芹菜、天津黄苗芹菜、意大利冬芹等。

(2)种子 芹菜种子的使用寿命是 1～3 年。贮藏期超过 3 年仍有一定的发芽率。当年的芹菜种子,通过休眠期后,具有很强的生命力,其发芽率、发芽势均较高。用这样的种子培育的植株生长旺盛、产量较高。随着种子贮藏年限的增加,种子内营养物质逐渐消耗,各种酶的活性大大降低,其发芽率和发芽势逐渐下降。用这种陈种子培育的植株生长势弱,营养生长抑制不住生殖生长,往往是花薹伸长超过叶柄,使芹菜失去食用价值。为此,在进行芹菜春季栽培时,应尽量使用新种子和籽粒饱满的良种。

当年或翌年的芹菜种子色泽鲜艳,有浓郁的芹菜香味,种子与种子之间的黏着力较强。多年的陈种子色泽暗淡,香味淡泊,种子之间的黏着力较差。在购置种子时,可用此法鉴别,以求购得良种。

(3)栽培措施 在春季芹菜栽培中,采取一切措施提高芹菜育苗畦的温度,避免通过春化阶段的低温,是减少先期抽薹的有效措施。春季栽培芹菜育苗时值寒冷冬季,在阳畦内如能始终保持10℃以上的夜温和白天15℃～20℃的温度条件,就可避免通过春化阶段。为达到这一目的,通常采取如下措施:适当晚播种晚育苗,躲避高寒季节,在气温回暖时育苗,从而保持育苗畦内有较高的温度;播种前充分"烤畦",使播种前畦内有较高的温度;建好风障,加厚保温覆盖物草苫、苇毛苫的厚度,提高防风保温性能;白天及时揭盖保温覆盖物,充分利用阳光,提高畦内温度;寒冷天气及时覆盖保温覆盖物,减少畦内热量外逸;经常打扫、擦拭塑料薄膜,使之有较高的透光度;苗期少浇水,不浇大水以免降低地温。

春季栽培的芹菜在生长阶段给以充足的肥水和适当的管理,促进旺盛的营养生长,有抑制生殖生长、减缓先期抽薹的作用。因此,在生长期间不能蹲苗,要适当多浇水,保持地面湿润,见湿不见干;经常追施氮素化肥。同时,要及时清除田间杂草。杂草丛生,与芹菜争夺肥水,影响芹菜生长,也能加重先期抽薹。与肥水的作用相同,及时防治病虫害,也有利于植株旺盛生长,减轻先期抽薹的危害。

(4)植物生长调节剂　赤霉素对芹菜有显著的促进营养生长、提高产量、改善品质、减缓先期抽薹的作用。

(5)收获　春芹菜长成后,多数植株已有花薹,收获早的花茎短些,收获越晚,花薹越长。因此,要及时早收,以免花薹过长,降低品质。采用掰叶收获,也是防止先期抽薹的措施。

2.空心现象　华北地区春早熟栽培和秋季栽培的芹菜,以实秸品种为主,实秸品种抗寒性强,品质脆嫩,产量很高。长期生产的结果,使当地人形成了喜食实秸芹菜的习惯,所以春、秋季只有芹菜实心才好销售,才有较高的经济效益。在生产中常常出现种的是实秸芹菜,长出的芹菜却有很多空心现象。这种现象往往影响了销售和经济效益。

公认的实秸品种,在种植过程中出现了超乎常规的空心,称为

空心现象。这种现象发生的原因和防止措施如下:

（1）品种选择　用种子一定要采用确为实心的品种。

（2）种子选用　有些优良的实秸芹菜品种,经多年的种植出现退化现象,也会出现空心现象。因此在种植时,一定选用种性纯、质量好的实秸品种。

（3）栽培技术　在芹菜生长过程中,特别是中后期,如遇高温、干旱、肥料不足、病虫危害等因素,芹菜的根系吸肥水力下降,地上部得不到充足的营养,叶片生理功能下降,制造的营养物质不足。在这种情况下,叶柄中接近髓部的薄壁细胞,首先破裂萎缩,致使髓部的空腔变大,实秸品种的叶柄就成了空心的。高温干旱越严重,空心现象也越严重。环境条件不良和栽培技术是实秸芹菜出现空心现象的重要原因。为此,在生产中,除了定植后适当蹲苗外,在旺盛生长期前后一定要肥水猛攻。特别是要经常浇水,保持土壤湿润。浇水还有降低地温、改善小气候、使其更适于芹菜生长的作用。浇水应坚持不懈,一直到收获前5～6天才能停止。及时防治病虫害,保持叶片有较强的光合同化能力,充足供应叶柄薄壁细胞所需的营养物质也是防止空心现象的重要措施。与肥水的作用相同,在盐碱地、黏重地等不良的土壤中,实秸芹菜空心现象严重。因此,选择适宜的地块种植芹菜也至关重要。

赤霉素有促进芹菜生长的作用。但是只有在肥水供应充足、管理措施得当、芹菜本身比较粗壮时喷施,才能取得增产的作用。如果上述条件不具备,喷施赤霉素后,芹菜虽长高,但外观细弱,而且易出现空心现象。特别是某些半实秸品种,往往形成全部空心。因此,在施用赤霉素时,其他管理措施一定要跟上,半实秸品种更应慎用。

（4）收获期　芹菜的收获期不明显,只要长成就应及时收获。如果收获期偏晚,叶柄老化,叶片制造营养物质能力下降,根系吸收能力减弱,这时会因叶片老化、营养不足而使叶柄中的薄壁细胞破裂而形成空心现象。所以,适期收获也是防止实秸芹菜发生空心现象的措施之一。

芹菜在贮藏期间如干旱失水、受冻后化冻过速、细胞失水等因素也会引起空心现象。为此,在贮藏期根部泥土应一直保持湿润。受冻后,不要急于提高温度与见光,应使在无光的条件下缓慢化冻后再见光。

3. 纤维增多 芹菜叶柄中的维管束周围是厚壁组织,在叶柄表皮下有厚角组织。厚角组织是叶柄中主要的机械组织,支撑叶柄挺立。正常情况下,维管束、厚壁组织、厚角组织皆不发达,所以纤维素较少,叶柄脆嫩、品质好。在生产中往往因高温干旱、肥水不足等环境因素和栽培技术不当等原因,使厚壁组织增加,厚角组织增厚,薄壁细胞减少,而总的表现为纤维素增加。纤维增加的结果,大大降低了食用品质。纤维增加的原因和防止措施如下。

(1)品种选择 芹菜不同的品种间叶柄含纤维的多少差异很大,一般绿色叶柄的芹菜含纤维较多;而白色、黄绿色叶柄的芹菜含纤维较少。实秸芹菜比空秸芹菜含纤维少。在种植时,应尽量选用含纤维少的品种。

(2)栽培措施 芹菜生长季节如遇高温、干旱、缺水等因素,芹菜体内水分不足,为保持水分,减少水分蒸腾,叶柄的厚角组织增厚、厚壁组织发展,因而纤维增多。如果缺肥或病虫危害,往往造成薄壁细胞大量破裂,厚壁组织、厚角组织增加,纤维素比率提高,因而食用时脆嫩感减少。为了防止纤维增多,改善品质,应加强肥水供应,多浇水,降低地温、及时防治病虫害,以及利用软化栽培技术等。总之,栽培措施得当,芹菜的品质就会提高。

(3)植物生长调节剂应用和适时收获 生长旺盛期适当喷施赤霉素,不但能提高产量,还能使纤维含量相对减少,改善品质。适时收获也是防止芹菜老化和纤维增多的措施之一。

4. 芹菜心腐病

（1）**症状** 这种病开始时，芹菜心叶叶脉间变褐，叶缘细胞逐渐坏死，呈黑色、褐色，最后心部腐烂。该病在保护地栽培中易发生。在高温、干旱、施肥过多等条件下，影响了根系对钙的吸收，植株缺钙而诱发此病。酸性土壤中，该病较多。

（2）**防治措施** 栽培中避免高温、干旱，进行适湿、适温管理；酸性土壤可施用石灰粉改良；施用氮、磷、钾肥应适量。该病发生时，可用 0.5％氯化钙或硝酸铵钙液进行叶面喷雾。

5. 缺硼症 芹菜缺硼时，叶柄异常肥大、短缩，并向内侧弯曲。弯曲的部分内侧组织变褐，逐渐龟裂，叶柄扭曲以至劈裂。严重时，幼叶边缘褐变，心叶坏死。芹菜缺硼的原因是：土壤中硼的有效含量太低。防治方法是给土壤施硼肥，每公顷施硼砂 15 千克，或用 0.1％～0.3％硼砂水溶液根外喷施。

6. 叶柄开裂 芹菜生长后期，叶柄及茎基部开裂，极易造成腐烂，降低食用品质。其产生原因是：在低温、干旱的条件下，叶柄表皮组织角质化，突遇高温、浇水，组织内迅速膨大，而表皮不能相应地增大而破裂。预防措施是：适时浇水、追肥，防止旱涝不均，增施有机肥，促进根系发育，增强抗旱能力等。

四、多茬、立体、周年栽培技术

第一，大蒜间作越冬菠菜，套种冬瓜，套种芹菜的种植模式。保护地中采用平畦，大畦宽 1.5 米，小畦宽 80 厘米。9 月下旬至 10 月上旬，于大畦内栽大蒜，小畦内种越冬菠菜。翌年春越冬菠菜收获后，于 4 月下旬种冬瓜。6 月上中旬收大蒜后种芹菜。冬瓜拉秧后种秋芹菜。

第二，早熟番茄间作冬瓜，复种秋芹菜。保护地中建大畦宽 1.2 米，小畦宽 60 厘米。番茄于 3 月下旬定植在大畦内，并搭架。

5月上旬定植冬瓜在小畦内。番茄收获后令冬瓜爬架。到秋季全部种芹菜。

第三，春早矮、密黄瓜或番茄——夏豇豆间作草菇——秋黄瓜或番茄间作芹菜，1年3茬6作6收。在塑料保护地内，3月上中旬定植黄瓜或番茄，利用加行高矮秧密植技术。6月中旬拉秧，夏豇豆与草菇隔畦种植。第三茬草菇畦种秋黄瓜或番茄，豇豆畦种芹菜。

第四，保护地黄瓜间作佛手瓜，套种秋芹菜。早春保护地种春早熟黄瓜，4月份定植佛手瓜。8月份黄瓜拉秧，定植秋芹菜。10月中下旬佛手瓜、芹菜一起收获。

第五，葡萄间作芹菜套种春黄瓜或番茄。塑料大棚保护地中定植葡萄，行距1.5～2米。冬季11月上中旬定植芹菜，翌年3月份收获。3月份定植春黄瓜或番茄，5月底拉秧。

五、栽培技术日历

(一)保护地春早熟栽培技术日历

该日历适于华北地区。栽培设施为塑料保护地。日期可前后移动5天。

1月1日至1月5日：在风障阳畦或塑料保护地内设育苗畦，白天盖塑料薄膜，夜间加盖草苫保温，提高育苗畦温度。

1月5日：芹菜种浸种催芽。

1月10日至1月12日：芹菜播种。播后及时扣严塑料薄膜，夜间加盖草苫，保持育苗畦20℃～25℃。

1月13日至1月30日：继续保持温度，白天15℃～20℃，夜间8℃～10℃。

1月31日至2月10日：继续保持苗床温度，白天15℃～20℃，夜间8℃～10℃。进行第一次间苗。

2月11日至2月20日：继续保持苗床温度，白天15℃～20℃，夜间8℃～20℃。浇1次水，追第一次肥，每公顷追施硝酸磷肥或硝酸磷钾肥150千克。

2月21日至3月2日：继续保持温度，浇第二次水。

3月3日至3月12日：适当通风，降低温度，白天保持10℃～15℃，夜间8℃。12日浇大水。

3月3日：塑料保护地扣塑料薄膜提高设施内温度。并施肥、整地。

3月13日至3月15日：芹菜定植。定植后，浇水。扣严塑料薄膜。

3月16日至3月20日：塑料保护地内白天保持20℃左右，夜间10℃～15℃。浇缓苗水。

3月21日至3月31日：适当通风降温，白天保持15℃～20℃，夜间8℃～10℃。中耕松土，并进行蹲苗。

4月1日至4月5日：注意通风，保持15℃～20℃，夜间8℃～10℃。浇大水1次，并每公顷追施硝酸磷肥或硝酸磷钾肥225～300千克。

4月6日至4月25日：白天外界气温在20℃以上时，掀开塑料薄膜通风。夜间在8℃以上时，进行昼夜通风，或去掉塑料薄膜，转入露地栽培。每3～5天浇1次水，4月20日追第二次肥，每公顷追施硝酸磷肥或硝酸磷钾肥300千克。西芹应培土2次，并摘除萌蘖2次。

4月26日至5月10日：陆续收获。

（二）保护地秋延迟栽培技术日历

该日历适于华北地区，栽培设施为塑料保护地，日期可前后移动5天。

7月25日：芹菜种子催芽，建育苗畦，畦上设遮阴材料。

7月31日:苗床浇水,播种,并进行遮阴。

8月1日至8月10日:每1～2天在苗床上喷水或浇水,保持苗床土壤湿润。

8月11日至8月20日:每2～4天浇1次水,保持土壤湿润。间苗1次,并拔小草。

8月21日至8月31日:拔草1次,每2～4天浇1次水。每公顷追施硝酸磷肥或硝酸磷钾肥105～150千克。

9月1日至9月7日:定苗,苗株行距为2～3厘米。每2～4天浇1次水,每公顷追施硝酸磷肥或硝酸磷钾肥105～150千克。拔草1次。

9月8日至9月15日:每5～7天浇1次水。保持土壤见干见湿。喷乐果乳油1 000倍液和杀菌剂1次。

9月16日至9月20日:定植在塑料保护地中,定植后及时浇水。

9月21日至9月24日:浇缓苗水1次。

9月25日至9月30日:每3～5天浇1次水,保持土壤湿润。

10月1日至10月8日:深中耕1次,进行蹲苗。

10月9日至10月10日:每公顷追施人粪尿7 500千克,硝酸磷肥或硝酸磷钾肥300千克。每5～7天浇1次水,保持土壤见干见湿。

10月11日至10月20日:每5～7天浇1次水。

10月21日至10月31日:塑料保护地扣塑料薄膜,白天通风,保持15℃～20℃,夜间扣严塑料薄膜,保持6℃～10℃。每3～5天浇水,保持土壤湿润。每公顷追施硝酸磷肥或硝酸磷钾肥225～300千克。

11月1日至11月15日:加强覆盖,白天保持15℃～20℃,夜间6℃～10℃。每10天浇1次水,保持土壤湿润。

11月16日至11月20日:每10天浇1次水,每公顷追施硝酸磷肥或硝酸磷钾肥 300 千克。

11 月 21 日至 12 月 10 日:每 15 天浇 1 次水。保持白天 15℃左右,夜间 0℃以上。

12 月上中旬:收获。

(三)越冬栽培技术日历

该日历适于华北地区,栽培设施为日光温室,日期可前后移动 5 天。

8 月 10 日:芹菜种子催芽。建露地育苗床,床上设遮阴材料。

8 月 15 日至 8 月 20 日:育苗畦播种。播后覆盖遮阴物。

8 月 21 日至 8 月 25 日:每 1~2 天浇 1 次水,保持土壤湿润,促进出苗。

8 月 26 日至 8 月 31 日:每 2~3 天浇 1 次水,保持土壤湿润。拔草、间苗 1 次,撤遮阴覆盖物。

9 月 1 日至 9 月 10 日:每 4~5 天浇 1 次水,拔草 1 次。每公顷施尿素 105~150 千克。

9 月 11 日至 10 月 5 日:每 4~5 天浇 1 次水,定苗,苗株行距 2~3 厘米。每公顷追施硝酸磷肥或硝酸磷钾肥 105~150 千克。

10 月 6 日至 10 月 15 日:每 7~10 天浇 1 次水。

10 月 16 日至 10 月 18 日:定植于日光温室中。定植后即扣塑料薄膜,白天通风,夜间扣严。

10 月 18 日至 10 月 25 日:保持日光温室内白天 20℃左右,夜间 6℃~10℃,浇 1 次缓苗水。

10 月 26 日至 11 月 2 日:白天通风,夜间扣严薄膜,保持白天 15℃~20℃,夜间 6℃~10℃。中耕 1 次,进行蹲苗。

11 月 3 日至 11 月 10 日:每公顷追施硝酸磷肥或硝酸磷钾肥 300 千克,每 3~5 天浇 1 次水。继续保持温度。

11 月 11 日至 11 月 30 日:每 5~7 天浇 1 次水,保持土壤湿

润,每公顷追施硝酸磷肥或硝酸磷钾肥 300 千克。保持白天 15℃
左右,夜间 6℃ 左右。

12 月 1 日至 12 月 20 日:浇 1 次水即可。尽量保温,白天通
风散湿。保持室温在 0℃ 以上。

12 月下旬至 2 月上旬:陆续收获。

六、病虫害防治

(一)病害防治

1. 芹菜斑枯病

(1)症状　该病发生有 2 种类型:一种类型是老叶先发病,后
传染到新叶上。叶上病斑多散生,大小不等。初为淡褐色油渍状
小斑点,扩大后中部呈褐色,开始坏死,外缘多为绿红褐色且明显,
中间散生少量黑点。这种类型多为大型斑,病斑直径 3~10 毫米。
第二种类型后期病斑中央呈黄白色或灰白色,边缘明显,黄褐色,
聚生很多黑色小粒点,病斑外常有一圈黄色晕环。病斑直径不等,
但较小,一般很少超过 3 毫米。

该病为真菌病害。在冷凉、高温的气候条件下该病发生严重。
在 20℃~25℃ 的温度和多雨的情况下易发生和流行。

(2)防治方法　参照黄瓜霜霉病。

2. 芹菜叶斑病　又名早疫病或斑点病。我国发生普遍,危害
严重。

(1)症状　叶上病斑初为水渍状黄绿色斑点,后发展为圆形或
不规则形,大小为 4~10 毫米,略微突起,褐色或暗褐色,边缘色稍
深不明晰。严重时病斑扩大成斑块,叶片枯死。茎及叶柄上发病,
初为水渍状条纹,后发展为椭圆形,直径 3~7 毫米,灰褐色、稍凹
陷的病斑。高温时,病斑上长出灰白色霉层。

该病为真菌病害。

(2)防治方法 同斑枯病。

3. 芹菜软腐病 又名"烂疙瘩"。

(1)**症状** 该病先从柔嫩多汁的叶柄开始发病,初出现水渍状,形成淡褐色纺锤形或不规则形的凹陷斑。后呈湿腐状,变黑发臭,仅残留表皮。

该病为细菌病害。栽培过程中,机械损伤多,伤口多,及昆虫咬伤多,均易导致病害的发生。此外,温度高、雨水多,使植株上的伤口不易愈合,也增加了发病机会。

(2)**防治方法** 实行 2 年以上的轮作;松土除草时避免伤根,减少机械损伤;培土不宜过高,避免把叶柄埋入土中;雨后及时排水,发病时减少浇水次数;及时拔除病株,病穴中撒上石灰消毒。发病初可用 72% 硫酸链霉素,或 90% 新植霉素可溶性粉剂 3 000～4 000 倍液,或 14% 络氨铜水剂 350 倍液。用上述药剂之一,或交替应用,每 7～10 天喷 1 次,连喷 2～3 次。

(二)虫害防治

危害芹菜的害虫有蚜虫、白粉虱等,防治方法同黄瓜。

附　录

附录1　硝酸磷肥的生产工艺、产品特点及执行标准

1. 生产工艺　目前,国家认可的硝酸磷肥生产方法有2种:一种是混酸法生产的,另一种是冷冻结晶法生产的。实践证明,采用冷冻结晶法生产硝酸磷肥效果较好,天脊集团亦是采用此法。用冷冻结晶法不仅不消耗硫资源,不会产生磷石膏,还可以做到无废物排放,环境污染小。采用冷冻结晶法不仅保证生产的产品硝态氮含量较高,与其他生产工艺相比,能更好地解决复合肥产品中磷流动性差和难溶于水的难题,提高了养分的利用率,产品综合肥效显著。

2. 产品特点　硝酸磷肥是一种含硝态氮、铵态氮和水溶性磷、枸溶性磷的高效复合肥料,可以有效改良土壤,增加土壤团粒结构,使土壤不结块。硝酸磷肥中硝态氮和铵态氮共存,既能保证作物前期的快速生长,又能防止作物后期脱肥,磷采用优质磷矿,大大提高了作物对磷的吸收作用。同时,它还有以下优势。

第一,硝酸磷肥除了含有较高含量硝态氮外,还含有作物不可缺少的钙、镁、硫、铁、锰等中微量元素,大大满足作物对中微量元素的需求,同时还有一定的抗虫抗菌作用。

第二,硝酸磷肥吸收利用率高,挥发损失小。一般尿素和碳酸氢铵在贮存和使用过程中的氮损失在 $40\%\sim50\%$,硝酸磷肥含有的硝态氮,无须土壤转化即可被作物直接吸收,氮的挥发少,作基

肥和追肥其肥效快,可对作物进行快速补氮。

第三,硝酸磷肥安全性好,热稳定性好,不板结,易贮存和搬运,是一种安全的硝基肥料。

3. 执行标准 硝酸磷肥和硝酸磷钾肥执行标准见附表1。其中,硝酸磷肥总养分≥38%,氮≥26.5%,磷≥11.5%;执行标准:GB/T 10510—2007。

附表1 硝酸磷肥和硝酸磷钾肥执行标准

项 目	硝酸磷肥			硝酸磷钾肥		
	优等品	一等品	合格品	优等品	一等品	合格品
	27—13.5—0	26—11—0	25—10—0	22—10—10	22—9—9	20—8—10
总养分的质量分数,% ≥	40.5	37	35	42	40	38
水溶性磷占有效磷百分比,% ≥	70	55	40	60	50	40
水分(游离水)的质量分数,% ≤	0.6	1	1.2	0.6	1	1.2
粒度(粒径1.00~4.75毫米),% ≥	95	85	80	95	85	80
氯离子的质量分数,% ≤	—	—	—	3.0	3.0	3.0

注:①单一养分测定值与标明值偏差的绝对值不大于1.5%。

②如硝酸磷钾肥产品氯离子含量大于3.0%,并在包装容器上标明"含氯",可不检测该项目;包装容器未标明"含氯"时必须检验氯离子含量。

附录2　天脊蔬果肥的选用

天脊蔬果肥的选用见附表2。

附表2　天脊蔬果肥选用表

施肥时期	选择配方（N—P_2O_5—K_2O）	备注
蔬果基肥	硝酸磷型复合肥（15—15—15）	通用型，亦可用于蔬果坐果期、花芽分化期
	硝酸磷复合肥（18—18—9）	低氯型，对氯敏感蔬果慎用
	硝酸磷钾肥（22—9—9）	高氮型
	大量元素水溶肥（18—18—18、20—20—20）	平衡型，全水溶
蔬果提苗肥	硝酸磷肥（26.5—11.5—0）	迅速提苗、壮苗
	硝酸磷钾肥（22—9—9）	硝硫基，迅速提苗、壮苗
	硝酸磷钾肥（22—8—10）	低氯型，对氯敏感蔬果慎用
蔬果膨大肥	硝酸磷型复合肥（16—6—20，15—6—23，15—10—20，17—7—17）	配方任选其一或交替施用
	滴灌冲施复合肥（20—5—20，15—5—25）	配方任选其一或交替施用
	硝酸钾（N≥13.5%，K_2O≥44.5%）	提高品质，促果实膨大
	稳定肥（13—7—25）含 NMAX® 稳定因子	养分利用率高，全水溶，肥效持久
	大量元素水溶肥（14—6—30，13—0—46，20—5—25）	配方任选其一或交替施用

续附表 2

施肥时期	选择配方(N—P$_2$O$_5$—K$_2$O)	备 注
其他蔬果全生育期选配产品	土壤调理剂	改良配性土壤,补钙,建议基施,并与土壤充分混匀
	硝酸铵钙(N≥15.5%,CaO≥25%)	增加果皮弹性,防裂果,延长货架期、采收期,作物早期施用,效果更佳
	硝酸钾镁(N≥12%,K$_2$O≥25%,MgO≥6.5%)	促进果实着色,提早上市
	硝酸钾钙(N≥14%,K$_2$O≥25%,CaO11%)	提高品质,延长货架期和采收期
	UAN液体肥(N+P$_2$O$_5$+K$_2$O≥300 克/升,CaO+MgO≥20 克/升)	提苗、促苗
	含腐殖酸水溶肥(N+P$_2$O$_5$+K$_2$O≥300g/L,腐殖酸≥30 克/升)	释放土壤养分,促进根系生长,增强作物抗性
	有机液体肥(主要成分:硝酸钙60%,黄腐酸钾 10%)	增加产量,提高果实商品性,防裂果,延长货架期、采收期